砂砾料筑坝技术

关志诚　汤洪洁　杨玉生　边策　著

中国水利水电出版社
www.waterpub.com.cn
·北京·

内 容 提 要

本书结合近年来已建和在建的大型砂砾料筑坝工程，围绕工程建设运行中的关键技术问题，对砂砾料工程性质及工程应用技术等进行阐述和总结提炼。全书共分为 8 章，主要内容包括砂砾料筑坝技术综述、砂砾料分类及参数定义、砂砾料变形和强度特性、砂砾料渗透工程特性、砂砾料动力特性、砂砾料筑坝填筑标准与压实质量控制、砂砾料筑坝抗震技术、砂砾石地基处理等。

本书可供水利水电工程设计、施工等专业技术人员借鉴，也可供相关科研单位研究人员及高等院校的师生参考使用。

图书在版编目（ＣＩＰ）数据

砂砾料筑坝技术 / 关志诚等著. -- 北京 ： 中国水
利水电出版社，2021.2
ISBN 978-7-5170-9399-2

Ⅰ．①砂… Ⅱ．①关… Ⅲ．①胶凝－砾石－筑坝
Ⅳ．①TV541

中国版本图书馆CIP数据核字(2021)第029478号

书　　名	**砂砾料筑坝技术** SHALILIAO ZHUBA JISHU
作　　者	关志诚　汤洪洁　杨玉生　边　策　著
出版发行	中国水利水电出版社 （北京市海淀区玉渊潭南路 1 号 D 座　100038） 网址：www. waterpub. com. cn E - mail：sales@ mwr. gov. cn 电话：（010）68545888（营销中心）
经　　售	北京科水图书销售有限公司 电话：（010）68545874、63202643 全国各地新华书店和相关出版物销售网点
排　　版	中国水利水电出版社微机排版中心
印　　刷	北京印匠彩色印刷有限公司
规　　格	184mm×260mm　16 开本　13.25 印张　322 千字
版　　次	2021 年 2 月第 1 版　2021 年 2 月第 1 次印刷
定　　价	**95.00 元**

序

进入21世纪以来，我国西部地区的坝工建设与筑坝技术快速发展，已建、在建和拟建水利水电项目众多。这些地区的共同特点是天然砂砾料储量丰富。就目前而言，上述地区以砂砾料为填筑主体的土石坝工程在地基处理难度、大坝高度、抗震措施等方面均处于国际领先水平。作为在新疆这块热土成长起来的专家学者，目睹了我国西部地区水利水电事业发展的建设成就，也亲身经历和见证了国家重点工程的建设历程和运行成果，如已建的卡拉贝利水利枢纽工程，为抗震标准最高的混凝土面板砂砾石坝；在建的尼雅水库工程，为最高的沥青混凝土心墙堆石砂砾石坝（最大坝高131.8m）；在建的大石峡水利枢纽工程，为目前世界最高的混凝土面板砂砾石坝（最大坝高247m）。

就工程物料的性质而言，天然级配砂砾料具有施工碾压后沉陷变形小、抗剪强度与变形模量高等工程特性。就施工和建设成本而言，与堆石料相比，砂砾料开采方便，基本不受施工强度限制，可减少弃料的水土保持处理和环境次生影响，施工成本低，可大幅度节约建设资金等。根据掌握的资料，在建和拟建的重点工程建设条件和工程地质背景更为复杂，工程建设难度加大，更具有技术挑战性。所以，该专著研究和论述砂砾料工程特性、总结工程建设成果、提出应注意的问题和应对方法具有必要性和应用价值。

著者围绕砂砾料的物理力学特性和筑坝应用中的关键技术，针对设计、施工、科研等工程技术人员关心的问题，以现场砂砾料大型物性试验和新型试验装备试验成果为背景、以近期建设的工程应用技术为实例展开论述，具有新意。该专著提出的砂砾料的分区利用、高地震区复杂地质背景下高坝抗震性能要求与措施、大坝整体渗透稳定，以及如何规避砂砾料工程特性中的弱点，作为必须要解决好的关键技术问题，均属高坝安全性的重点。该专著较为明确解答和叙述了初步设计阶段以室内试验为基础的砂砾料技术指标与现场实际的偏差问题，合理界定了高坝设计控制标准和重要参数拟定方法；通过对比分析堆石料和砂砾料的沉降变形量、施工期变形收敛、分级压缩模量等数据，量化了以砂砾料为填筑主体的高坝和超高土石坝变形控制技术指标，在技术认识上，使得 250～300m 级分区砂砾料筑坝在技术上可能成为现实。

该专著以问题为导向，具有深入浅出、视角独特、图文并茂、通俗易懂的特点。其显著特色是理论研究与工程实践紧密结合，在广泛调查研究的基础上，针对性地收集国内典型的砂砾石高坝及超高坝建设的工程案例，系统地研究了砂砾料筑坝的工程特点、填筑标准、质量控制、抗震设计、安全评价以及砂砾石地基处理等内容，得出了许多重要的认识和结论。该书中的数据均来自工程实践，可信度高，可操作性强，使得本书不仅具有很高的学术价值，而且具有很好的工程应用价值，将会对我国砂砾料筑坝的设计施工起到重要的指导作用。

根据该书论述的已建工程成果，对砂砾料筑坝坝体材料功能分区，利用当地材料的工程特性进行合理组合，采取有效结构措施规避砂砾料不利因素，认真做好坝体防渗排水，有效控制坝体变形，可以满足高坝稳定、变形与渗流安全性要求。已建工程表明，以砂砾料为填筑主体的土石坝大坝运行期处于安全状态。

我相信以该书为基础，通过对以砂砾料为填筑主体的高坝和超高坝工程建设应用技术的总结和提炼，将为同类工程建设发展提供新技术理念和信息，对提高高坝建设的安全性认识和推动技术进步会产生重要的作用。

中国工程院院士

邓铭江

2021 年 8 月

撰写专业性很强的图书是一件很劳神的事，由于各自工作繁忙，编写组经历了几次开始又几次搁置的工作过程。作为主要撰写者，最终还是想明白了，专著是总结工程经历与经验的最好手段，并且期望能为同行派上用场，尽管水平有限，能做一件有意义的事心里也就安慰了。尤其是我的职业生涯贯穿了水利水电工程设计、施工现场配合、各阶段技术审查、全过程咨询、安全鉴定与评估等工作，加之业内同仁的支持与关注、创建的课题研究平台、大量现场实验研究成果、较完善的设计与施工经验总结等，均提供良好的技术支撑，也就有了尽量写好专著的信心和动力。从现阶段水利水电工程发展态势看，针对以砂砾料为填筑主体的高坝和超高坝建设进行应用技术总结和提炼，为同类工程建设发展提供技术理念和信息，也是非常必要的。

著者力求将近 10 年和以往较重要的砂砾料筑坝建设成就、最新发展成果包含其中，力求符合最初策划撰写原则：体现技术先进性、实用性、对后续工程建设指导性。为此，本书除了提供适用的理论、公式、方法、图、表和经验之外，还突出了工程设计和建设过程中的关键技术和需要解决的难点问题；也提出了设计、施工等技术进步的发展趋势，以启发工程技术人员思考和创新。

根据多年工程经验的总结，再提及一下砂砾料天然级配的适用性、砂砾料筑坝有待解决的问题，以及超高土石坝建设安全性评价等，以便加深认知。

从砂砾料粒组划分与组合情况看，并不是说砂砾料都是可利用和有工程价值的。砂砾料主要是天然冲积形成，其级配特征与地质成因密切相关，其颗粒构成具有广泛性，各地区砂砾料天然级配存在很大差异性。通常，自然沉积的砂砾料会表现出天然级配的特点，因而具有较好的连续性，为工程所需。但我们接触的实际工程中，出现过砂砾料级配不连续分布或间断的情况，粗粒组或细粒组占优势（超标）的情况，由于人为因素导致某粒组缺失的情况等，需采取适当的工程措施才可加以利用。

根据大坝安全性要求，需对砂砾石地基进行增模与灌浆加固及帷幕防渗处理时，由于砂砾料颗粒状态在灌浆工艺作用下的表现，其实施效果具有不确定性，有待进一步深入探讨。从应用技术角度看，涉及问题包括砂砾石地基处理相关控制和评价标准的确定、有缺陷表层砂砾石地基和深部地层复杂构造处理方式选择、质量验收方法与验收评定标准等。砂砾料在坝体填筑利用中的主要问题是浅表层部位抗震能力的问题，本书已经对抗震加固措施进行了系统介绍，工程处理有效性尚待实践检验。

砂砾料相对堆石料的优势在于良好的压实特性、变形特性及技术经济性。以砂砾料为填筑主体的土石坝的关键优势是解决了高坝和超高坝变形控制问题，施工期变形收敛快、运用期累积变形小，大大提高了防渗体的安全性。从已经取得的工程建设经验看，砂砾料压实后具有较高的抗剪强度和较低的压缩性，比同等填筑标准的爆破堆石料具有更高的变形模量，变形稳定时间短，高围压下强度衰减小。

当坝体变形得以有效控制，根据具体工程设计要求，按坝体功能进行合理分区，可以提高砂砾料自身稳定性。同时，采取有效结构措施规避砂砾料不利因素，比如采用加筋网和锚固格栅等保证砂砾料抗震稳定，认真做好坝体防渗排水与排水保护。通过以上技术措施，是可以实现超高坝在稳定、变形与渗流安全性方面的要求，可以确保大坝运行期处于安全状态。此外，我国的高坝建设成就与施工技术进步是密不可分的，施工工艺水平和设备能力的提升，以及施工过程实时监控，使得坝体填筑质量控制和防渗处理更为可靠，这也对设计理念更新和促进设计进步起到了积极作用。基于以上认识，使得250～300m级分区砂砾料筑坝在技术上可能成为现实。

本书中的技术观点可能存在争议，是正常的。如有表达不当、逻辑关系有欠缺和文字疏漏敬请谅解。

为保证书稿质量，初稿完成后，约请国内同行专家进行校审和提出修改意见，借此机会代表编写组表示衷心感谢！

值得说明的是，土石坝技术发展是没有止境的，尽管我国利用砂砾料建设高坝的勘查、设计、施工、科研和工程管理已经达到国际领先水平，但应该看到250m级高砂砾石坝建设任务还相当艰巨，仍要面对建设条件更为复杂的技术挑战。重要工程的地基处理和坝体结构适用性仍需探索和不断创新，需要不断研究和解决新的问题。

2021 年 8 月

我国在以砂砾料为填筑主体的土石坝工程建设中取得了突破性进展。这其中的重要原因是：我国西北、西南地区河流河床上多有覆盖层发育，砂砾料储量丰富，可就地取材和便于运输；作为大坝填筑体，砂砾料具有易于压实、整体模量高、后续变形小等重要特点，为高坝建设变形控制提供了必要条件；相比堆石料其不需要爆破开采，具有良好的经济性。所以就建设条件和技术论证而言，在已建工程运行良好情况下，砂砾料的合理利用成为必然。

工程技术与建设经验有一个积累过程，也需要有运行检验的过程。作为设计者，工程前期调查研究和方案比选论证，其成果体现在推荐方案技术经济合理性上；作为施工和建设管理者，要做好工程质量的过程控制，需采用先进设备和工艺满足设计要求，其结果是保证在各设计工况下大坝运行处于安全状态。作为本书的著者，以砂砾料筑坝技术为题目，其含义不仅仅是从物料的基本定义和物理力学性质展开叙述评价，更重要的是提炼其在工程应用过程中的关键技术。当砂砾料在设计方案中作为一种主要填筑材料时，其名称虽然简单，但其实施行为却要贯穿工程建设全过程，著者希望通过本书向工程技术人员表达这种物料在特定级配下的工程内涵和属性，以及在工程建设过程中制定设计标准，使施工质量控制与检验标准更为明确和具有可操作性。

本书撰写的整体思路是：依托重点工程建设成果和最新技术进展，以现场砂砾料大型物性试验和新型试验装备试验成果为背景，以砂砾料的物理力学特性和筑坝应用中的关键技术为核心，有针对性地提出以砂砾料为填筑主体的高坝建设中设计、施工、科研等工程技术人员普遍关心的问题，以基本理论和工程数据解答问题，为工程技术应用与发展提供技术支撑。

引用和借鉴的代表性工程包括：在建的大石峡水利枢纽工程，坝高247m，是目前在建的世界最高混凝土面板砂砾石坝，砂砾料填筑方量达2105万 m^3，相关控制标准和安全运用要求已经突破现有技术规范的规定；2019年建成的阿尔塔什水利枢纽工程，混凝土面板砂砾石堆石坝坝高164.8m，建于约 100m 深厚覆盖层上，其抗震设防烈度为Ⅸ度，设计地震基岩水平动峰值加速度为 0.375g，具有"高坝、高地震烈度、高边坡、深厚覆盖层"于一体的特点，建设难度极大；2021 年建成的大石门水利枢纽工程，坝高 128.8m，为沥青混凝土心墙砂砾石坝，工程位于高陡狭窄河谷中，左坝岸坡为古河道砂砾石覆盖，大坝抗震设防烈度为Ⅸ度；2018 年建成的卡拉贝利水利枢纽工程，坝高 92.5m，为混凝土面板砂砾石坝，根据《中国地震动参数区划图》(GB 18306—2015) 的规定，工程场地基本烈度为Ⅸ度，复核后的大坝抗震设计和校核标准下的地震动峰值加速度分别达 0.647g 和 0.78g。

关键技术问题包括：砂砾料填筑标准、压实工艺与变形控制；砂砾料分区利用；高地震区复杂地质背景下高坝抗震性能与措施；大坝整体渗透稳定；砂砾石地基处理；如何规避砂砾料工程特性中的弱点等。

主要内容与特点：根据已建和在建混凝土面板砂砾石坝工程的资料，通过砂砾料特点和基本性质如工程分类、颗粒级配和相对密度等的分析评价，利用计算机模拟技术、室内及现场试验和理论分析，系统总结和介绍了砂砾料筑坝压实、变形、强度、渗透和动力特性，以及最新研究进展等内容；经对典型工程设计指标及特性的对比分析，分别提出了砂砾料筑坝的填筑标准确定方法、配套施工工艺参数，以及砂砾石地基处理技术等。

在砂砾料筑坝的填筑标准和施工质量控制方面，对于重点工程，强调通过现场原型级配砂砾料大型相对密度试验，确定砂砾料筑坝的填筑质量控制指标，并在施工中根据现场实际情况进行动态设计，结合信息化施工监控系统，实现大坝变形控制和变形协调控制的既定目标，确保大坝填筑质量。

大坝稳定、变形及渗流安全性要求是分区选择的基本原则，应充分考虑天然砂砾料的级配关系和工程特性，通过物料筛选进行合理分区设计。在砂砾石坝抗震设计方面，提高大坝填筑标准是全局性的大坝抗震措施；对于较重要工程，大坝抗震设计应采用物理模拟和数值模拟相结合的手段，从坝体变形、稳定、防渗体和地基安全等角度评价保障措施可靠性，特别重视地震永久变形及其引起的防渗系统损伤，强调基于场址最大可信地震验证评价大坝抗震设计的有效性。从建设期和运行期安全评价角度，需对工程监测资料进行总结，获得反馈信息的启示，必要时与原设计成果进行印证，或反演复核计算，以便评估大坝运行状态和安全性。

值得一提的是，"十三五"国家重点研发计划项目"复杂条件下特高土石坝建设与长期安全保障关键技术"研究项目为本书的编写创造了条件。此外，本书引用了课题"300m 级特高土石坝建设与安全保障技术"（编号：2017YFC0404805）有关专题研究成果和国家自然基金项目（51679264、

51209234）的部分研究成果。

本书在撰写过程中引用了大量的基础资料。由衷感谢水利部水利水电规划设计总院、中国水利水电科学研究院、新疆水利水电规划设计管理局和新疆水利水电勘测设计研究院、南京水利科学研究院、大连理工大学、河海大学、中国电建集团西北勘测设计研究院有限公司、中水东北勘测设计研究有限责任公司、辽宁省水利水电勘测设计研究院有限责任公司、新疆新华叶尔羌河流域水利水电开发有限公司、新疆巴音郭楞蒙古自治州大石门水库管理处、新疆卡拉贝利水利枢纽工程建设管理局、河南省前坪水库管理局、西藏拉洛水利枢纽及灌区管理局、中国水电基础局有限公司、中国水利水电第十五工程局有限公司等单位的专业技术人员给予的大力支持和帮助。此外，本书在撰写过程中也查阅了大量的研究成果，在书中以参考文献的方式列出。在此，对相关管理、设计和科研院所各专题项目完成人表示衷心的感谢。

《砂砾料筑坝技术》涉及内容较多，撰写时间仓促，书中不足或疏漏之处，敬请读者批评指正。

作者

2021 年 8 月

1 砂砾料筑坝技术综述

进入 21 世纪以来，我国水利水电建设进入了快速发展阶段，水库大坝的建设日新月异，在筑坝技术、施工机械化、建设和运行管理水平等方面均有大幅度的提升和加强。以砂砾料为填筑主体的土石坝工程秉承因地制宜、就地取材的设计原则，在建设数量、地基处理难度、大坝高度、抗震措施等技术发展和关键问题处理等方面均处于国际领先水平。据不完全统计，国内已建或在建超过 150m 级的高土石坝约 25 座，现有土质心墙坝坝高已达 300m 级，混凝土面板坝坝高达 250m 级，碾压式沥青混凝土心墙坝坝高达 150m 级，已具备建设相应高坝及超高坝的经验。

近几年我国在西部地区防洪、供水、灌溉等水资源开发利用枢纽工程建设较为迫切，已建、在建和拟建项目众多。在砂砾料储量丰富的地区，经坝型比选技术经济论证，以砂砾料为填筑主体的工程优势明显，新疆、西藏已建和在建的混凝土面板、沥青混凝土心墙防渗的砂砾石坝分别见表 1-1 和表 1-2。

以砂砾料为填筑主体的土石坝之所以快速发展，一个重要原因是其在坝体变形控制的有效性方面具有独特优势，并为工程界所认可。采用砂砾料筑坝充分体现了土石坝"宜材适构"的特点，并可以大幅度降低工程建设成本。在设计关键技术与复杂问题处理、计算理论与现场试验研究、施工质量控制与配套施工设备应用等日臻完善和不断提高的大背景下，砂砾料筑坝工程建设开发前景广阔，其建设规模、应用范围和数量不断攀升也将成为必然。

以砂砾料为主填筑体，体现其技术进步和创新的典型工程集中在新疆地区。

（1）在建的大石峡水利枢纽工程，为最高的混凝土面板砂砾石坝，最大坝高 247m；坝体砂砾料填筑量 2105 万 m³，堆石料填筑量 859 万 m³。大石峡水利枢纽平面布置和混凝土面板砂砾石坝剖面分别见图 1-1 和图 1-2。

（2）在建的尼雅水库工程，为最高的沥青混凝土心墙堆石砂砾石坝，最大坝高 131.8m，坝体砂砾料填筑量 166 万 m³，堆石料填筑量 191 万 m³。

（3）已建的阿尔塔什水利枢纽工程，为深厚覆盖层上建设的混凝土面板砂砾石堆石坝，最大坝高 164.8m，砂砾石地基覆盖层处理最大深度 93.9m，防渗结构复合高度 258.7m。坝体砂砾料填筑量 1251 万 m³，堆石料填筑量 1257 万 m³。阿尔塔什水利枢纽平面布置和混凝土面板砂砾石坝剖面分别见图 1-3 和图 1-4。

表 1 – 1　新疆砂砾石坝建设情况一览表

序号	工程名称	所在河流	工程等级	坝高/m	坝轴线长/m	坝型	抗震等级/地震动峰值（设计、校核）	防渗结构地基特性	坝体工程量	建设年份
1	楼庄子水库	头屯河	Ⅲ等中型	82.6	570.31	黏土心墙砂砾石坝	Ⅷ	覆盖层	砂砾料 455 万 m³、黏土 70 万 m³	在建
2	红山水库	金沟河	Ⅲ等中型	74	1160	黏土心墙砂砾石坝	Ⅷ	基岩	砂砾料 286 万 m³、黏土 73 万 m³	初设
3	尼雅水库	尼雅河	Ⅲ等中型	131.8	368	沥青混凝土心墙堆石砂砾石坝	Ⅶ	基岩	砂砾料 166 万 m³、堆石料 191 万 m³	在建
4	大石门水利枢纽	车尔臣河	Ⅱ等大(2)型	128.8	205	沥青混凝土心墙砂砾石坝	Ⅸ/0.52g	基岩	砂砾料 359 万 m³	在建
5	巴木墩水库	巴木墩河	小(1)型	128	306	沥青混凝土心墙砂砾石坝	Ⅶ	基岩	砂砾料 369 万 m³	在建
6	八大石水库	庙尔沟河	小(1)型	115.7	313	沥青混凝土心墙砂砾石坝	Ⅶ	基岩	砂砾料 298 万 m³	在建
7	阿拉沟水库	阿拉沟河	Ⅲ等中型	105.26	365.5	沥青混凝土心墙砂砾石坝	Ⅶ	覆盖层	砂砾料 357 万 m³	在建
8	五一水库	迪那河	Ⅲ等中型	102.5	374	沥青混凝土心墙砂砾石坝	Ⅷ	基岩	砂砾料 191 万 m³	2015 年
9	大石峡水利枢纽	库玛拉克河	Ⅰ等大(1)型	247	576.5	混凝土面板砂砾石坝	Ⅷ/0.365g (P_{100}、2%)、0.436g (P_{100}、1%)	基岩	砂砾料 2105 万 m³、堆石料 859 万 m³	在建
10	阿尔塔什水利枢纽	叶尔羌河	Ⅰ等大(1)型	164.8	795	混凝土面板砂砾石堆石坝	Ⅸ/0.375g (P_{100}、2%)、0.441g (P_{100}、1%)	覆盖层	砂砾料 1251 万 m³、堆石料 1257 万 m³	2019 年
11	38 团石门水库	莫勒切河	Ⅲ等中型	75.5	565	沥青混凝土心墙砂砾石坝	Ⅷ	覆盖层	砂砾料 520 万 m³	2016 年

续表

序号	工程名称	所在河流	工程等级	坝高/m	坝轴线长/m	坝型	抗震等级/地震动峰值（设计、校核）	防渗结构地基特性	坝体工程量	建设年份
12	加那朵什水库	别列则克河	Ⅲ等中型	69	432	沥青混凝土心墙堆石砂砾石坝	Ⅵ	基岩	堆石料157万m³，砂砾料27万m³	在建
13	伯斯阿水库	清水河	Ⅲ等中型	111	218	沥青混凝土心墙砂砾石坝	Ⅷ	基岩	砂砾料249万m³	在建
14	卡拉贝利水利枢纽	克孜勒苏河	Ⅱ等大（2）型	92.5	1363	混凝土面板砂砾石坝	Ⅸ/0.647g（P_{50}，2%），0.780g（P_{100}，2%）	基岩	砂砾料740万m³	2019年
15	阿肖水库	皮山河	Ⅲ等中型	57.5	687	沥青混凝土心墙坝		覆盖层	砂砾料347万m³	2018年
16	努尔水利枢纽	奴尔河	Ⅲ等中型	80	740	沥青混凝土心墙砂砾石坝	Ⅷ	覆盖层	砂砾料742万m³	2015年
17	米兰河山口水库	米兰河	Ⅲ等中型	83	415	沥青混凝土心墙砂砾石坝	Ⅶ	覆盖层	砂砾料420万m³	2015年
18	肯斯瓦特水利枢纽	玛纳斯河	Ⅱ等大（2）型	129.4	475	混凝土面板砂砾石坝	Ⅸ	基岩	砂砾料740万m³	2014年
19	斯木塔斯水电站	阿克牙孜河	Ⅱ等大（2）型	106	147.8	混凝土面板砂砾石坝-堆石坝	Ⅷ	基岩	砂砾料、堆石共126万m³	2014年
20	石门水电站	呼图壁河	Ⅲ等中型	106	312.5	沥青混凝土心墙砂砾石坝	Ⅷ	基岩	砂砾料276万m³	2013年
21	下坂地水利枢纽	塔什库尔干河	Ⅱ等大（2）型	78	406	沥青混凝土心墙砂砾石坝	Ⅷ	覆盖	砂砾料450万m³	2010年
22	察汗乌苏水电站	开都河	Ⅱ等大（2）型	110	352	混凝土面板砂砾石坝	Ⅷ	覆盖层	砂砾料409万m³	2007年
23	乌鲁瓦提水利枢纽	喀拉喀什河	大（2）型	133	365	混凝土面板砂砾石坝	Ⅶ	基岩	砂砾料682万m³	2003年
24	大河沿水库	大河沿水库	大（2）型	75	500	沥青混凝土砂砾石坝	Ⅷ	覆盖层	砂砾料413万m³	2020年

表1-2

西藏砂砾石坝建设情况一览表

序号	工程名称	所在河流	工程等级	坝高/m	坝轴线长/m	坝型	抗震等级/地震动峰值(设计、校核)	防渗结构地基特性	坝体工程量	建设年份
1	狮泉河水电站	狮泉河	Ⅱ等大(2)型	32	407	黏土心墙砂砾石坝	Ⅶ(10%)	覆盖层	砂砾料60万m³	2007年
2	旁多水利枢纽	拉萨河	Ⅰ等大(1)型	72.3	1052	沥青混凝土心墙砂砾石坝	Ⅷ/0.20g(10%)	覆盖层	砂砾料900万m³	2013年
3	波堆水电站	波堆藏布	Ⅲ等中型	44.65	150	沥青混凝土心墙砂砾石坝	Ⅷ/0.20g(10%)	覆盖层	砂砾料61.67万m³	2016年
4	雅砻水库	雅砻河	Ⅲ等中型	73.5	323.84	沥青混凝土心墙砂砾石坝	Ⅷ/0.20g(10%)	覆盖层	砂砾料344.1万m³	2018年
5	结巴水库	旺曲	Ⅳ等小(1)型	67.6	335	沥青混凝土心墙堆石坝	Ⅶ/0.15g(10%)	覆盖层	砂砾料164万m³	2019年
6	扎仓嘎水库	嘎托河	Ⅲ等中型	46.5	313	沥青混凝土心墙砂砾石坝	Ⅶ/0.15g(10%)	基岩	砂砾料95万m³	2020年
7	拉洛水利枢纽	夏布曲	Ⅱ等大(2)型	61.5	425.6	沥青混凝土心墙砂砾石坝	Ⅶ/0.10g(10%)	覆盖层	砂砾料143.25万m³	2019年
8	湘河水利枢纽	湘河	Ⅱ等大(2)型	51	571	沥青混凝土心墙砂砾石坝	Ⅶ/0.15g(10%)	覆盖层	砂砾料155万m³	在建
9	羊湖措水库	冷曲	Ⅲ等中型	39	403	沥青混凝土心墙砂砾石坝	Ⅶ/0.15g(10%)	覆盖层	砂砾料59万m³	在建
10	宗通卡水利枢纽	昂曲	Ⅱ等大(2)型	78	310	沥青混凝土心墙砂砾石坝	Ⅶ/0.15g(10%)	基岩	砂砾料176万m³	拟建
11	帕古水库	尼木玛曲	Ⅲ等中型	58.5	542	沥青混凝土心墙堆石坝	Ⅷ/0.20g(10%)	覆盖层	砂砾料128万m³	拟建

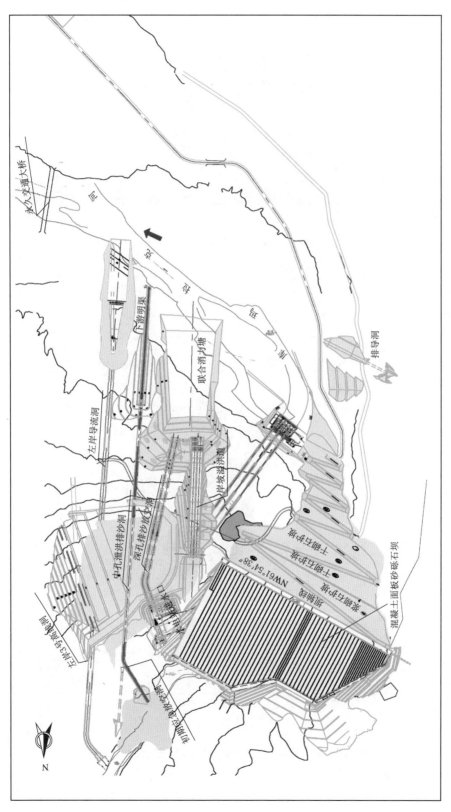

图 1-1 大石峡水利枢纽平面布置图

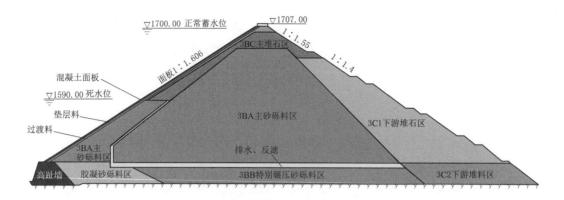

图 1-2　大石峡水利枢纽混凝土面板砂砾石坝剖面图

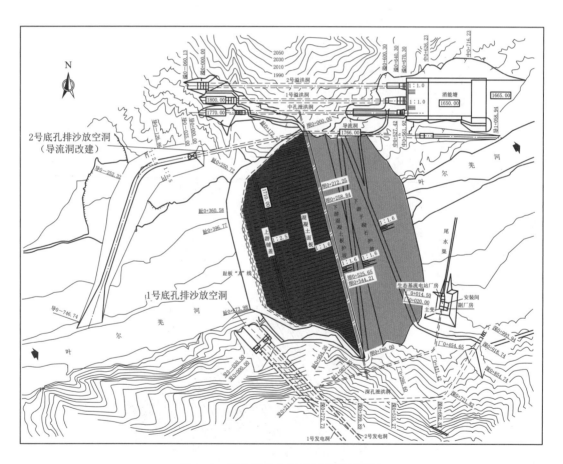

图 1-3　阿尔塔什水利枢纽平面布置图

　　(4) 已建的卡拉贝利水利枢纽工程，为抗震标准最高的混凝土面板砂砾石坝，工程区地震基本烈度为Ⅸ度，设计抗震标准采用基准期 50 年超越概率 2% 的地震动峰值 0.647g；校核抗震标准采用基准期 100 年超越概率 2% 的地震动峰值加速度 0.780g。最大坝高

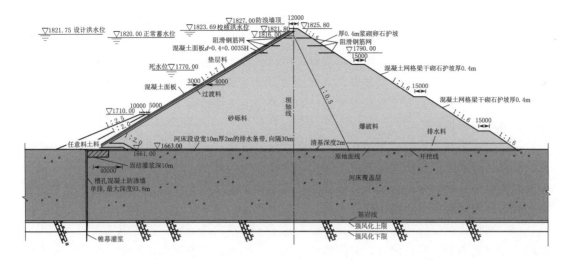

图 1-4　阿尔塔什混凝土面板砂砾石坝剖面图（单位：mm）

92.5m，坝体砂砾料填筑量 740 万 m³。

（5）已建的大河沿水库工程具有最大的砂砾石覆盖层地基处理深度。沥青混凝土心墙砂砾石坝坝高 75m，砂砾石地基覆盖层处理最大深度 186m，防渗结构复合高度 261m，坝体全砂砾料填筑量 413 万 m³。

以上典型工程建设成果在大坝高度、地基覆盖层处理深度、坝体坝基复合防渗规模、抗震能力及技术措施等方面均取得突破性进展。考虑到砂砾料占坝体填筑量权重较大，对工程建设投资影响较大，总结其工程特性和设计要点，提高其应用技术水平，对于同类工程开发建设具有重要意义。

1.1　砂砾料筑坝技术问题

在土石坝工程建设应用技术发展和经验积累日趋完善的情况下，面对量大面广的信息和资料，有必要针对以砂砾料为填筑主体的高坝和超高坝建设进行应用技术总结和提炼，为同类工程建设提供新技术理念和信息，提高对高坝建设的安全性认识。

根据高坝工程建设实践经验和检验成果，本书主要解决以下工程技术问题。

（1）室内试验受尺寸效应影响，室内试验成果具有局限性，导致设计阶段提出的控制性指标存在偏差，了解和掌握较高压实密度下砂砾料更为真实的变形、渗透和稳定性能有利于提高对高坝建设安全性认识。分析和评价现场各项大型试验成果，并对比分析室内试验尺寸效应的影响程度，对合理界定高坝设计控制标准和重要参数拟定、改进施工质量评定方法等具有工程应用价值。

（2）防渗体的安全性取决于填筑体的变形量与变形稳定性，针对以砂砾料为填筑主体的土石坝开发的关键技术，解决了高坝和超高坝变形控制问题，关键技术路线包括：以现场试验和工程安全监测资料为依据，对比分析堆石料和砂砾料的分期沉降变形量、施工期变形收敛、分级压缩模量等数据，进一步分析砂砾料在大坝变形控制的优势，论述 200m 级及以上高坝砂砾料压实标准确定、设定参数与现场验证过程，为提高设计水平和高坝建设安全评价奠定基础。

（3）规避砂砾料在工程应用中的弱点，提高自身稳定和抗震稳定是必须要解决好的问题。在砂砾料的分区利用、高地震区复杂地质背景下高坝的抗震性能与措施、大坝整体渗透稳定设计，以及相关技术要求的实施已取得较完整经验情况下，有必要对需解决的问题进行论证和系统性总结。

（4）筑坝物料利用的经济指标在土石坝设计方案选择上具有重要作用。相比其他主体填筑材料，砂砾料以料场级配适应性宽泛、开采方便、低部位填筑与运输直达、水土保持恢复处理简单、具有分区利用条件等优势，其综合单价和成本构成的对比结果也有利于提高工程界利用砂砾料筑坝的认知。

（5）高坝建设设计技术要求的提高也推动了施工技术进步，促进了施工工艺管控水平和施工设备能力的提升，同时，监控监测反馈信息也对设计理念更新和促进设计进步起到了积极作用。采用填筑质量智能监控避免了以往大坝填筑漏压漏碾现象，使得施工环节与过程管控取得了成效，大坝变形控制得以贯彻。对比评价近 30 年大坝变形统计资料得以验证，值得对这些成果进行总结和系统化提升。

（6）砂砾石覆盖层地基处理中的灌浆设计方案与效果有待进一步探讨。针对具体问题灌浆处理定位和目的性需要事先界定清楚，由于砂砾石覆盖层的原状结构特性对灌浆效果影响大，应避免投入大而效果不达标等问题。

（7）高土石坝现行设计、施工、验收等技术标准和相关规定基本完备，已涵盖了 200m 级混凝土面板堆石坝和 150m 级碾压式沥青混凝土心墙土石坝工程建设。目前，以砂砾料为填筑主体的大坝高度与安全控制技术、强震区高坝抗震安全问题等已超出现行规范规定的范围，需结合工程特点进行专题研究，使其成果为工程建设实施提供技术支撑。

1.2　砂砾料的工程特性

我国很多地区储存的天然砂砾料广泛分布于河床、滩地和大戈壁滩，储量十分丰富。在筑坝材料选择上，体现了料源丰富、就地取材、便于施工、造价较低的优势。砂砾料作为无黏性粗粒料具有透水性强、抗剪强度高、压实密度大、沉陷变形小等一系列较优的工程特性。砂砾料具有较宽的级配，且颗粒磨圆度较好，易于压实；在高围压下具有较高的抗压强度和变形模量，压缩变形较小；由于其模量较高，作为主要筑坝材料经筛选获得的分区填筑体的应力与变形易于协调，经压实后的砂砾石相关料区的级配过渡和反滤关系易于满足设计要求。砂砾料的工程特性主要包括，压实特性、变形与抗剪强度特性、渗透特性、抗震特性。

1.2.1　压实特性

随着高混凝土面板砂砾石坝或心墙砂砾石坝的开工建设，为满足施工质量控制和工艺参数需要，对于较重要的工程逐步采用现场大型相对密度试验代替室内试验，获得筑坝砂砾料的最大、最小干密度作为大坝填筑质量控制依据。砂砾石坝坝体施工质量检测，是通过挖坑检测，进行试坑砂砾料筛分，确定其施工碾压干密度，并与设计填筑标准进行比较来判断是否满足要求。

传统的相对密度试验方法为室内缩尺砂砾料的振动台法或表面振动法，试验最大干密度一般不超过 2.30g/cm^3，最小干密度不超过 2.00g/cm^3。采用现场密度桶法对原级配料进行的相对密度试验，其最大、最小干密度均明显大于室内缩尺料试验结果，设计采用前期室内试验成果偏低，也低估了高砂砾石坝填筑变形控制能力。在大型施工振动机械普遍应用的条件下，采用现场密度桶法确定砂砾料最大、最小干密度更符合实际。

以大石门水利枢纽工程沥青混凝土心墙砂砾石坝、卡拉贝利水利枢纽工程混凝土面板砂砾石坝、阿尔塔什水利枢纽工程混凝土面板砂砾石堆石坝等工程为例：其筑坝砂砾料级配特征中下包线小于 5mm 含量在 12%～17% 之间、平均线小于 5mm 含量在 20%～30% 之间、上包线小于 5mm 含量在 25%～42% 之间；最优级配 P_5（P_5 为砂砾料大于 5mm 的含量，也称含砾量或粗颗粒含量）在 75%～78% 之间，所对应的最大干密度达 2.42g/cm^3，最小干密度一般为 2.00g/cm^3 以上。

虽然砂砾石级配中 P_5 与含泥量均对其工程特性产生一定的影响，作为一种天然建筑材料，已建工程表明其适用级配相对较为宽泛，可根据其实际的材料特性进行设计和加以利用。按照砂砾料设计级配包线，根据上包线、上平均线、平均线、下包线、下平均线的级配，采用料场风干砂砾料人工配料，开展现场大型相对密度试验，确定相应级配下的最大、最小干密度，并确定最优含砾量级配进行复核。根据最大、最小干密度试验结果，可以绘制 $\rho_d \sim P_5 \sim D_r$ 三因素相关图（见图 1-5～图 1-8），从图 1-5～图 1-8 中可以看出，砂砾料筑坝碾压层进行试坑开挖检测，确定相应试坑的干密度，经对试坑开挖砂砾料进行筛分，确定 P_5。根据试坑开挖获得的 P_5（横坐标）和干密度（纵坐标），在三因素图上点出对应的点，根据该点位置即可对填筑质量进行评价。若该点落在设计填筑标准对应的质量控制线以上的区域，则满足设计相对密度（D_r）填筑要求。前坪水库设计填筑标准为 0.80（见图 1-5），当试坑开挖点在 $D_r \geqslant 0.80$ 以上的区域时，则满足设计填筑要求。

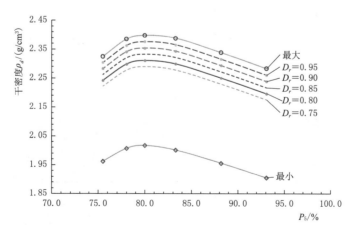

图 1-5 前坪水库 $\rho_d \sim P_5 \sim D_r$ 三因素图（$D_r \geqslant 0.80$ 满足设计填筑要求）

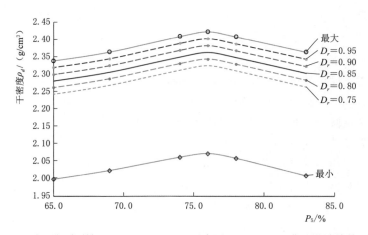

图 1-6 大石门水利枢纽 $\rho_d \sim P_5 \sim D_r$ 三因素图（$D_r \geqslant 0.85$ 满足设计填筑要求）

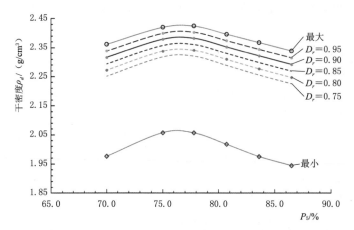

图 1-7 阿尔塔什水利枢纽 $\rho_d \sim P_5 \sim D_r$ 三因素图（$D_r \geqslant 0.90$ 满足设计填筑要求）

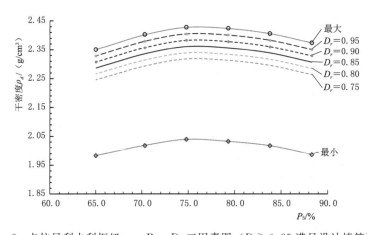

图 1-8 卡拉贝利水利枢纽 $\rho_d \sim P_5 \sim D_r$ 三因素图（$D_r \geqslant 0.85$ 满足设计填筑要求）

1.2.2　变形与抗剪强度特性

无黏性粗粒土的抗剪强度指标应根据岩性、级配、密度和应力水平等条件综合确定。对于高坝和重要工程，要尽量模拟现场的实际条件，采用相关大型试验获取。根据已建和在建高坝现场试验成果证实，由于缩尺效应影响，常规室内试验获得的变形和强度参数与大坝筑坝材料真实参数有明显差异。

（1）变形模量和强度指标获取。

1）现场载荷试验可测定承压板下土体的承载力和变形模量，测定载荷与沉降变形曲线以及各级荷载下土体变形分布规律，可为邓肯—张等模型参数反演提供基本资料。

2）旁压试验是利用钻孔在覆盖层一定深度部位进行的原位载荷试验，获得旁压荷载与位移关系曲线，可通过反演确定变形特性参数。

3）原位大型直剪试验可分析全级配条件下土体的抗剪强度，可对室内试验结果合理性进行修正；通过研究原级配坝料强度特性，确定强度指标。

4）直接剪切试验是测定土的抗剪强度的一种常用方法，对于砂砾料一般采用慢剪试验，即在施加垂直压力及水平剪切力的过程中，均应使试样排水固结。

5）近年开发研制了1500t大型动静三轴试验机，为联合进行现场试验与室内试验，对比并综合确定砂砾料的变形和强度特性创造了条件。

6）超大三轴试验：国内最大的超大型静、动三轴仪，试样直径分别为1000mm和800mm，可以联合大型三轴仪（试样直径300mm）进行爆破堆石料和砂砾料的变形和强度特性试验，确定筑坝材料缩尺误差并进行修正，使模型参数更加合理地反映原型级配特点。

（2）变形及强度特性指标。砂砾石的变形和强度特性主要受围压力大小、剪应力水平、应力路径和应力历时的影响。典型工程现场大型载荷试验成果见表1-3，从表1-3中可以看出，在较高围压下，砂砾料表现较高变形模量。

表1-3　　　　　　　　　典型工程现场大型载荷试验成果表

工　程　名　称		临塑荷载值/MPa	极限荷载值/MPa	变形模量/MPa
卡拉贝利水利枢纽	砂砾料	3.67	5.37	136.20
阿尔塔什水利枢纽	砂砾料	3.16	5.09	127.43
	灰岩堆石料	2.90	4.60	94.95
玉龙喀什水利枢纽	花岗岩堆石料	2.76	4.64	112.89

工程采用现场大型的试验，在平均级配情况下获得的与变形有关的模量指标如下：大石峡水利枢纽工程主堆砂砾料干密度 $\rho_d = 2.27$，模量系数（干、湿条件）$K = 1537 \sim 1294$，模量指数 $n = 0.29 \sim 0.32$；阿尔塔什水利枢纽工程主堆砂砾料干密度 $\rho_d = 2.32 \sim 2.39$，模量系数（干、湿条件）$K = 2259 \sim 1462$，模量指数 $n = 0.4 \sim 0.43$。早期工程中，碧口水利枢纽工程砂砾料级配上包线，干密度 $\rho_d = 2.2$，模量系数（干）$K = 750$，模量指数 $n = 0.3 \sim 0.4$；小浪底水利枢纽工程砂砾料过渡层，干密度 $\rho_d = 1.9$，模量系数（干）$K = 600$，模量指数 $n = 0.73$。从以上可以看出，早期建设工程采用室内试验，相比近期

工程现场大型试验获得模量指标明显偏小。

（3）超大三轴试验对变形和强度特性的影响。针对阿尔塔什水利枢纽大坝筑坝砂砾料及堆石料，采用超大型三轴试验，研究静动力本构模型参数以及缩尺效应对筑坝材料永久变形模型参数的影响规律。表 1-4 给出了砂砾料和爆破堆石料的大型三轴试验（试样直径 300mm）与超大型三轴试验（试样直径 1000mm）参数的对比。

表 1-4   大型三轴试验与超大型三轴试验参数对比表

土料（试验方法）	干密度 ρ_d/(g/cm³) 或相对密度 D_r	φ_0/(°)	$\Delta\varphi$/(°)	K	n	R_f	K_b	m
砂砾料（大型三轴试验）	0.900	43.9	4.0	1320	0.45	0.82	720	0.15
砂砾料（超大型三轴试验）	0.900	52.9	9.0	1650	0.55	0.85	950	0.25
爆破堆石料（大型三轴试验）	2.155	52.6	8.7	1150	0.40	0.82	585	0.02
爆破堆石料（超大型三轴试验）	2.155	50.2	6.5	980	0.31	0.74	420	0.01

从表 1-4 中可以看出，超大型三轴试验的弹性模量系数 K 以及体积模量系数 K_b 较大型三轴试验相比，爆破堆石料小 25% 左右，而砂砾料大 25% 左右，表征抗剪强度的初始摩擦角也表现出了一致的对应关系。砂砾料和爆破堆石料的大型三轴试验和超大型三轴试验分别表现出不同的规律，主要是由于两种坝料分别采用了不同的试验控制标准，砂砾料采用相对密度控制，爆破堆石料采用孔隙率（或干密度）控制。理论上讲，超大型三轴试验的试样直径达到了 1000mm，试验条件相对大型三轴试验更加接近于现场实际，试验结果更加可信。对于砂砾料，由于其是经过天然搬运沉积而成，颗粒磨圆度高，土颗粒本身破碎变位的余地很小，当采用接近于原级配土进行大尺寸试样三轴剪切试验时，所确定的变形模量参数就较缩尺级配土小尺寸试样的试验结果要高，这和现场原位测试变形模量较室内缩尺试验确定土体变形模量高的道理是一致的。而对于爆破堆石料，由于土颗粒为人工爆破而成，其颗粒棱角突出磨圆度较差，而且受爆破力影响块石本身就已经存在很多结构性缺陷，这些爆破堆石颗粒组合在一起，在高应力条件下很容易产生颗粒破碎，导致堆石料的变形模量降低。这一现象在粗颗粒土大尺寸试样中体现得更加明显，所以导致了超大型三轴试验测试爆破料的模量参数较大型三轴试验要有所降低。

因此，对于砂砾料筑坝，采用超大型三轴进行筑坝材料的变形和强度特性试验，模型参数更加合理地反映原型级配，计算成果更合理可信，更加体现筑坝材料现场的实际工作状态。

1.2.3 渗透特性

土石坝坝体和坝基渗流量超标或异常增大是大坝病险隐患的重要表征指标，土石坝失事中，由于各种形式的渗透变形而导致的失事占 1/4～1/3。坝基及坝体的渗透变形最常见区域是渗流出口和土层间的接触冲刷。渗透变形问题直接关系到大坝的安全，是坝体和地基发生破坏的重要原因之一。

工程物料渗透稳定性是土石坝设计重要内容，各料区的渗透系数（K）、反滤与过渡保护、渗透破坏坡降等设计参数大多来自室内试验成果。

存在的问题主要有：由于仪器尺寸的限制，受室内试验缩尺影响，对如何合理测定砂砾料各料区渗透性、评价坝体整体渗透性以及测定的砂砾料渗透系数是否能反映坝料原级配的真实渗透性能等问题，均需要进一步研究；砂砾料渗透破坏坡降是否能反映坝料原级配的真实渗透变形性能和抗冲性能，也存有疑问。

（1）砂砾料渗透性基本特点。以往对砂砾料渗透特性的研究，主要针对坝壳砂砾料、垫层料、过渡料、砂砾石地基等开展相关工作。砂砾料渗透性主要以渗透系数表示，其大小受级配、结构、密实程度及孔隙比等影响，其中级配和孔隙比是主要因素。天然砂砾石料级配离散性大，故渗透系数变化大（1×10^{0} cm/s 到 $1 \times 10^{-3} \sim 1 \times 10^{-4}$ cm/s 不等）；施工受振动碾压实影响，容易发生粗细颗粒上下层分离，特别是细颗粒（粒径小于 5mm）含量较大时，在表面形成细颗粒层，导致填筑体整体垂直渗透系数小于水平渗透系数。

砂砾料小于 5mm 的含量及含泥量对渗透系数有很大影响，其大小取决于细粒填充粗粒之间孔隙的程度，当大于 5mm 含量为 $50\% \sim 60\%$、含泥量小于 5% 时，渗透系数大于 1×10^{-2} cm/s；当含泥量 $5\% \sim 15\%$ 时，渗透系数减小到 $1 \times 10^{-3} \sim 1 \times 10^{-4}$ cm/s。

砂砾料的渗透破坏形式和破坏坡降与砂砾料的颗粒级配特性（级配的连续性、不均匀系数、砾石含量等）有密切关系。当小于 5mm 颗粒含量达到 $30\% \sim 35\%$ 时，细料大致能够填满骨架孔隙，渗透破坏坡降增速明显减小。

砂砾料渗透系数也与密实度、颗粒形状有关。即试样越密实，干密度 ρ_d 增大，其渗透系数越小。当细料含量小于 30% 时，随着试样干密度增大，渗透系数减小幅度较大。

（2）渗透变形控制。当渗流量和渗透变形不满足设计要求时，要采用工程措施加以控制。措施主要内容包括：分析坝体和坝基的渗流量、渗透压力、坝体浸润线位置、流场流线、等势线、水力坡降分布及出逸区水力比降大小等，用以评价渗透安全性；合理进行坝体渗透稳定分析，满足水力坡降过渡；增加有效渗流路径，合理设置反滤层，满足排水反滤要求，保护渗流出逸区。

1.2.4　抗震特性

地震引起的坝体振动和破坏，主要是由于基岩向上传播的水平振动剪切地震波产生的惯性力和动剪应力作用，引起坝体剪切破坏或者产生累积残余变形。砂砾料在低应力条件下，由于受浑圆度的影响，其抗剪强度比堆石料低，在地震荷载作用下易于出现剪胀、开裂、滑脱等现象。抗震措施是地震区砂砾料筑坝建设必须要考虑的，故要了解砂砾料的动力特性，提高对工程抗震安全重要性的认识，加强管理和技术防御，在设计上要依据相关标准设防，防患于未然。在下游坝坡附近应力较小区域设置堆石区，对坝体砂砾石有所约束，有利于保证大坝抗震稳定。

土石坝抗震设计及抗震安全评价的基础是把握砂砾料的动力特性，确定合适的动力特性参数，采用适当的抗震措施。

砂砾料的动力特性包括动力变形特性、动力残余变形特性和动强度特性。动力变形特性参数与大坝的地震加速度响应密切相关，影响坝体地震剪应力的大小。一般来说，最大动剪模量越大，坝体刚度越大，在地震作用下地震加速度响应越大，坝体内地震剪应力越大，可能造成的坝体剪切破坏和坝坡失稳的可能性也越大，即坝体的动力变形特性与坝体地震剪切破坏和坝坡稳定密切相关。此外，当动力作用水平高于砂砾料屈服剪应变时，在动荷载作用下，砂砾料发生累积变形，产生地震永久变形，过大的地震永久变形也会造成坝体结构功能损坏，给大坝带来安全风险。

由于砂砾料颗粒磨圆度较高和其级配特点，在低应力条件下，其强度较堆石料低，但在高应力条件下，其强度衰减较小，其强度特性要优于堆石料。当砂砾石坝体达到一定的压实密度后，紧密砂砾料在地震作用下不会发生液化，不存在坝体地震液化稳定问题。如新疆很多砂砾石坝工程的填筑标准相对密度要求在 0.85~0.90 之间，其抵抗地震残余变形的性能良好。

砂砾料的动力变形特性参数是进行砂砾石坝地震动力反应分析的基本输入参数，一般通过室内动力变形特性试验确定，或通过联合现场波速试验和室内动力试验综合确定。典型工程砂砾料在不同干密度和固结比条件下的最大动剪模量系数 C 与指数 n（见表 1-5），阿尔塔什水利枢纽工程筑坝砂砾料不同干密度和固结比条件下应变效应的数值化以及不同影响因素下，砂砾料动剪模量比和阻尼比随剪应变的变化关系（见图 1-9）。

表 1-5　　　　　　　典型工程砂砾料最大动剪模量参数汇总表

工程名称	坝料	干密度 ρ_d/(g/cm³)	相对密度 D_r	固结比 K_c	C	n
阿尔塔什水利枢纽	主堆砂砾料	2.32	0.90	1.5	3319	0.453
				2.5	4171	0.401
		2.39		1.5	4358	0.434
				2.5	4832	0.385
		2.26		1.5	2299	0.543
				2.5	3781	0.409
大石峡水利枢纽	S3 砂砾料	2.28	0.90	1.5	2401	0.343
				2.5	2406	0.338
库什塔依水电站	主堆砂砾料	2.17	0.90	1.5	2970	0.485
				2.5	3681	0.408
肯斯瓦特水利枢纽	主堆砂砾料	2.14	0.85	1.5	3266	0.466
				2.5	3358	0.488
卡拉贝利水利枢纽	主堆砂砾料	2.31	0.88	1.5	3474	0.487
				2.5	4362	0.422

从表 1-5、图 1-9 中可以看出，砂砾料的动剪模量比随干密度、固结比和围压力呈现规律性的变化。在相同的干密度和固结比下，围压力越大，相同剪应变水平下的动剪模量比 G/G_{max} 和阻尼比 D 就越大，尤其是在剪应变达到 1×10^{-4} 以上时，动剪模量比 G/G_{max} 和阻尼比 D 受围压力的影响更加明显。在相同干密度和围压力下，固结比越小，相同剪应变水平下的动剪模量比 G/G_{max} 和阻尼比 D 越大，阻尼比受固结比的影响相对较小。固结应力条件相同时，干密度越小，动剪模量比 G/G_{max} 和阻尼比 D 越大，阻尼比受干密度的影响相对较小。

需要注意的是，由于室内试验确定最大动剪模量对微小应变测试技术有较高的要求，不同的单位往往有不同的做法，在应用时要注意最大动剪模量与动剪模量比 G/G_{max} 和阻尼比 D 的配套关系，不能将两者割裂起来使用。

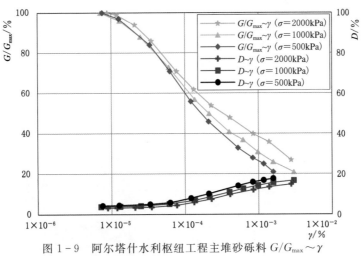

图 1-9　阿尔塔什水利枢纽工程主堆砂砾料 $G/G_{max} \sim \gamma$
和 $D \sim \gamma$ 曲线图（$\rho_d = 2.32\text{g/cm}^3$，$K_c = 1.5$）

1.3　砂砾料与堆石料的工程对比

天然砂砾料与爆破堆石料是目前土石坝常用的两种主要筑坝材料，其利用性具有地域特点，与工程区天然建筑材料的特性及分布有关。以堆石料为主填筑体的土石坝建设经验相对成熟，近年来以砂砾料为主填筑体的土石坝建设发展较快，相应的工程经验、科研试验以及安全监测资料逐步完善。通过对两种筑坝材料的对比分析，可提高技术人员对砂砾料筑坝技术的认识。

爆破堆石料是有棱角的材料，咬合力较大，为非冲蚀性材料；而砂砾料粗颗粒磨圆度较好，咬合力差；在低围压区，细料可被渗透水流冲蚀，故砂砾料抗冲蚀能力低，渗透稳定性低于堆石料，在渗流作用下可能较易产生渗透破坏。另外，砂砾料的天然级配受人工扰动，上坝摊铺碾压后级配有所变化，随机性较强，经振动碾其表部具有分层特点，即细颗粒上浮明显，表层渗透系数降低，局部渗透系数变化较大；如果细粒较多、级配较好，存在渗透系数较小（可达 1×10^{-4} 量级）情况，其自身排水性能降低，因此砂砾料筑坝一般需考虑坝体排水体设计。在低应力条件下，由于砂砾石浑圆度影响，其抗剪强度比堆石料低，地震荷载易于剪胀、松动；作为坝体内部填筑料区，砂砾料具有与堆石料相当的抗震性能，但在下游坝坡坡面一定厚度范围内，其抗震性能不如堆石料，因此全断面填筑砂砾石坝应采取抗震措施，确保坝体较高部位的抗震稳定。

砂砾料相对堆石料的优势在于良好的压实特性、变形特性及技术经济性。根据近期建设的典型工程数据，对砂砾料与堆石料的压缩模量对比、施工与运行期沉降变形对比、经济指标对比等进行评价。

1.3.1　压缩模量对比

在相同垂直压力的条件下，砂砾料的压缩模量大于堆石料，其压缩变形相对较小；因天然砂砾料级配特性，具有良好的压实特性，有利于高土石坝变形控制，并为混凝土面板伸缩缝和沥青混凝土心墙的正常工作创造条件。典型土石坝工程砂砾料及堆石料压缩试验得出的不同垂直压力与压缩模量关系（见图1-10）。

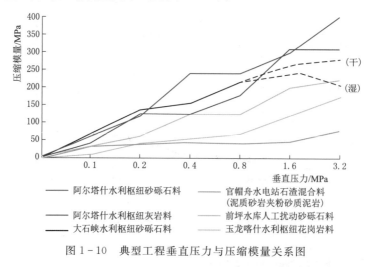

图1-10　典型工程垂直压力与压缩模量关系图

从图1-10中可以看出，阿尔塔什水利枢纽与大石峡水利枢纽工程的堆石料均为中硬岩（饱和抗压强度不小于30MPa），官帽舟水电站的堆石料属于软岩（弱风化泥质粉砂岩饱和抗压强度为19.39～28.07MPa，微风化粉砂质泥岩饱和抗压强度为4.5～7.2MPa），前坪水库砂砾料为人工采砂扰动后的砂砾石料。①总体规律为砂砾料的压缩模量要高于堆石料的压缩模量，其变形模量相应较高，砂砾料的压缩变形量小于堆石料，对高坝的变形控制及变形协调较为有利；②天然砂砾料的压缩模量优于人工采砂扰动的砂砾料，前坪水库是由于料源不足不得已采用人工采砂扰动料，在料源丰富地区，天然砂砾料是优良的首选筑坝材料；③软岩虽然在填筑施工时表现出与砂砾石近似的压缩现象，但其压缩模量最小，反映出软岩筑坝变形较大，不利于坝体变形控制，高坝建设作为主填筑体时应加强研究论证及施工控制。

1.3.2　施工与运行期沉降变形对比

（1）根据工程安全监测资料坝体累计沉降变形对比。不同筑坝材料典型工程的坝体累积沉降量和沉降量对比分别见表1-6和图1-11。

从表1-6、图1-11中可以看出，①以砂砾料为主填筑体的大坝坝体累积沉降量小于以堆石料为主填筑体的大坝，说明砂砾料的变形性能优于堆石料；②施工质量的有效控制有利于提高压实效果，达到或高于设计填筑标准要求；③施工碾压机具的进步使得大坝变形量及变形协调易于控制，实现高坝建设安全目标。

阿尔塔什水利枢纽混凝土面板坝的变形监测资料就很明显反映出砂砾料变形小于堆石料的特性，截至2019年12月底大坝河床处断面的沉降变形观测资料（见图1-12），坝体上游为砂砾料区，下游为堆石料区，坝体最大沉降量778.4mm中有375.0mm是坝基沉降贡献的，坝基沉降量占其总沉降量的48.2%；坝体最大变形位于堆石区内。

表 1-6　　　　　　　　坝 体 累 积 沉 降 量 表

工程名称	坝型	主要筑坝材料	坝高/m	压实设计标准（孔隙率、相对密度）	碾压机具	最大沉降量/mm	沉降量占坝高比/%
阿尔塔什水利枢纽	混凝土面板坝	砂砾料	164.8	$D_r \geqslant 0.90$	32t 振动碾	558.9	0.34
		灰岩料		$n \leqslant 19\%$		778.4	0.47
水布垭水电站		灰岩料	233	19.6（上游堆石），20.7（下游堆石）	25t 振动碾	2600	1.12
黔中水利枢纽		灰岩料	157.5	20%（上游堆石），22%（下游堆石）	25t 振动碾	871.2	0.55
吉音水利枢纽		斜长角闪片岩	124.5	$n \leqslant 22\%$	20t 拖式振动碾和 26t 自行振动碾	485	0.39
小井沟水库		砂岩料	87.6	$D_r = 2.07$	26t 振动碾	297.2	0.34
冶勒水库	沥青混凝土心墙坝	石英闪长岩	124.5	$n \leqslant 22\%$	18t 振动碾	2144	1.72
去学水电站		玄武质熔结角砾岩	173.2	$19\% \leqslant n \leqslant 21\%$	33t 振动碾	857	0.49
官帽舟水电站		泥质粉砂岩夹粉砂质泥岩	108	$n \leqslant 24\%$，$\rho_d \geqslant 2.09 \mathrm{g/cm^3}$	25t 振动碾	1095	1.01
卡拉贝利水利枢纽	混凝土面板坝	天然砂砾料	92.5	$D_r \geqslant 0.85$	22t 振动碾	450.4	0.48
肯斯瓦特水利枢纽			129.4	$D_r > 0.85$	20t 振动碾	399	0.31
察汗乌苏水电站			110	$D_r > 0.9$，$n \leqslant 17\%$	20t 振动碾	534	0.49
下坂地水利枢纽	沥青混凝土心墙坝		78.0	$D_r > 0.8$，$n \leqslant 22\%$	20t 振动碾	267	0.34
努尔水利枢纽			80	$D_r \geqslant 0.85$	26t 振动碾	320	0.4
旁多水利枢纽			72.3	$D_r \geqslant 0.85$	18t 振动碾	320	0.44

注　其中阿尔塔什水利枢纽、冶勒水库、察汗乌苏水电站、下坂地水利枢纽、努尔水利枢纽、旁多水利枢纽等工程的大坝最大沉降量均含覆盖层坝基沉降量，统计数值截至 2021 年 12 月。

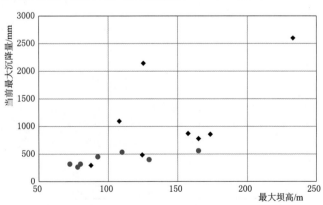

◆ 堆石料填筑料[冶勒水电站(闪长岩)、水布垭水电站(灰岩)等]
● 砂砾料填筑料[官帽舟水电站(泥质粉砂岩夹粉砂质泥岩)]

图 1-11　土石坝累积沉降量图

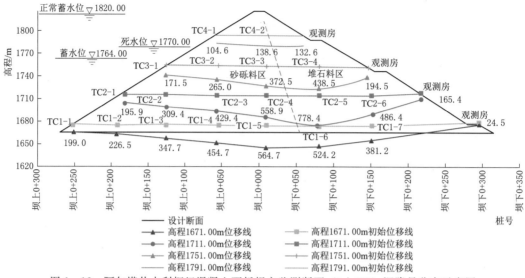

图 1-12 阿尔塔什水利枢纽混凝土面板坝主监测断面（0+475）沉降量分布示意图

大坝的沉降变形与坝高和筑坝料的压缩模量有关，大致与坝高的平方成正比，而与压缩模量成反比。根据已建同类工程监测成果统计资料，采用砂砾料作为主填筑区的坝体变形值比堆石体为主的坝体小约 30%～50%。对于高土石坝变形控制和变形协调，采用砂砾料作为大坝填筑主体具有更为明显的优势。

（2）施工期与运行期坝体沉降变形对比。对于混凝土面板坝来说，坝体竣工或蓄水开始后的沉降量更有实际意义，因为该量值是影响混凝土面板安全的关键。

以砂砾料和堆石料为主填筑体的已建土石坝工程沉降变形（见表 1-7）。从表 1-7 中可以看出，对于近期采用重型碾压设备建设的工程，在合适的设计标准和有效的施工控制下，相对于施工期，砂砾料和堆石料在运行期的沉降量增量均不大。

表 1-7   砂砾石与堆石坝坝体沉降量表

工程名称	阿尔塔什水利枢纽		下坂地水利枢纽	卡拉贝利水利枢纽	黔中水利枢纽	去学水电站
坝型	混凝土面板砂砾石堆石坝		沥青混凝土心墙砂砾石坝	混凝土面板砂砾石坝	混凝土面板堆石坝	沥青混凝土心墙堆石坝
坝基特性	深厚覆盖层最大厚度 90m		深厚覆盖层最大厚度 150m	基岩	基岩	基岩
坝高/m	164.8		78.0	92.5	157.5	173.2
施工期最大沉降量/mm	砂砾料区	堆石料区	97.4	191.0	785.0	662.0
	445.8	676.8				
初期运行最大沉降量/mm	558.9	778.4	267.0	450.4	871.2	857.0
沉降量增值/mm	113.1	101.6	169.6	259.4	86.2	195.0

注 1. 施工期最大沉降量取值于各工程蓄水安全鉴定报告。

　　2. 阿尔塔什水利枢纽水位 1770.00m，坝前水深 109m，与正常蓄水位 1820.00m 相差 50m；其余工程均已稳定运行。

（3）混凝土面板分期施工坝体稳定速率。混凝土面板坝在施工过程中，面板浇筑前需采取预沉降措施，以减少面板浇筑后坝体沉降变形对面板的影响。根据《混凝土面板堆石坝施工规范》（SL 49—2015）第 6.3.2 条的规定：“面板应在达到预沉降期及月沉降率的设计要求后施工。”面板分期施工时，先期施工的面板顶部填筑应有一定的超高，坝高大于 100m 时，分期面板顶部以上超填高度不应少于 10m。因度汛要求等原因，需要提前浇筑面板时，应专题论证。对于预沉降期的控制有不同做法，一般要求坝高 100m 以上按面板顶部处坝体沉降速率 3～5mm/月控制。《混凝土面板堆石坝施工规范》（DL/T 5128—2009）第 8.3.2 条的规定，面板施工前，坝体预沉降期宜为 3～6 个月。

上述规范要求均基于主填筑体为堆石料的工程经验。监测资料表明，由于砂砾料良好的压缩特性及变形特性，其预沉降期要短于堆石料，1～3 个月即可达到设计要求的 3～5mm/月沉降速率。以阿尔塔什水利枢纽工程大坝混凝土面板三期施工为例，其面板混凝土分期施工浇筑情况见表 1-8，大坝一期～三期面板顶部预沉降期面板顶部坝体累计沉降变化分别见图 1-13～图 1-15。

表 1-8　　　　　　阿尔塔什水利枢纽大坝面板混凝土分期施工浇筑情况表

面板分期	面板顶部高程/m	浇筑时间/（年.月.日）		超填堆石高程/m	沉降期/月	沉降速率收敛设计要求/（mm/月）
		开始时间	完成时间			
一期	1715.00	2018.3.10	2018.5.28	1738.80	1	
二期	1776.00	2019.3.2	2019.5.25	1794.80	1	≤5
三期	1821.80	2019.5.29	2020.3.15	1822.30	3	

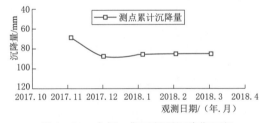

图 1-13　大坝一期面板预沉降期面板顶部坝体累计沉降变化图

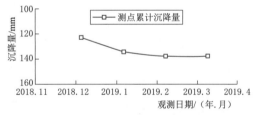

图 1-14　大坝二期面板预沉降期面板顶部坝体累计沉降变化图

从表 1-8、图 1-13～图 1-15 中可以看出，阿尔塔什水利枢纽工程一期混凝土面板施工前，进入预沉降期后第 1 个月沉降速率在 11.6～33.8mm/月之间，第 2 个月沉降速率在 0～4.0mm/月之间，即在坝体停止填筑后 1 个月就达到了沉降速率小于 5mm/月的要求。二期混凝土面板施工前进入预沉降期后第 1 个月沉降速率在 3.2～39.4mm/月

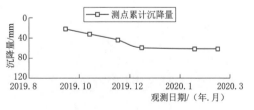

图 1-15　大坝三期面板预沉降期面板顶部坝体累计沉降变化图

之间，第 2 个月沉降速率在 0～3.9mm/月之间，即在坝体停止填筑后 1 个月就达到了沉降速率小于 5mm/月的要求。三期混凝土面板施工前进入预沉降期后第 1 个月沉降速率在

1.8～9.6mm/月之间，第 2 个月沉降速率在 12.0～24.8mm/月之间，第 3 个月沉降速率在 8.5～18.4mm/月之间，第 4 个月沉降速率在 0～0.4mm/月之间，即预沉降 3 个月达到了沉降速率小于 5mm/月的要求，随着分期填筑层深度增加，沉降值增大规律性良好。对比同类工程，表明砂砾料填筑体预沉降期与收敛变形状态均优于堆石料填筑体。

1.3.3　经济指标对比

砂砾料场一般处于工程区地势较低位置，天然级配可直接上坝，物料运输交通便利，相比堆石料开采成本低，基本不受施工强度限制；砂砾料场开采剥离量小，大大减少了弃料水土保持处理和环境次生影响，综合经济指标明显优于堆石料。

根据近期水资源综合利用投资开发建设的土石坝工程，其砂砾料及堆石料综合单价对比见表 1－9。表 1－9 中综合单价为完成上坝 1m³ 填筑体全部工艺的投资；概算单价为初步设计批复工程单价，合同单价即为招标报价，概算单价均高于合同单价；结算单价是考虑材差、变更等情况最终结算单价。表 1－9 中大石峡、阿尔塔什水利枢纽工程砂砾料为堆石料单价 0.65～0.78 倍，堆石料造价较高的主要原因是级配料开采爆破构成所致，现阶段筑坝料投资构成也与环保要求密切相关。

表 1－9　　　　　　　　　　砂砾石与堆石坝综合单价对比表

工程名称	所在地	筑坝材料	总方量/万 m³	运距/km	综合单价/(元/m³)	备注
阿尔塔什水利枢纽	新疆	砂砾料	1251	6.0	28.20	合同单价
		堆石料	1054	2.0～4.0	43.20	
大石峡水利枢纽	新疆	砂砾料	1235	7.0	54.50	概算单价
		堆石料	682	10.0	69.50	
玉龙喀什水利枢纽	新疆	堆石料	1279	9.5	87.79	概算单价
夹岩水利枢纽	贵州		467	3.0	46.38	预算单价
黔中水利枢纽	贵州		520	2.0	49.34	结算单价
吉音水利枢纽	新疆		281	2.5	54.01	结算单价
红鱼洞水库	四川		248	6.8	34.95	合同单价
卡拉贝利水利枢纽	新疆	砂砾料	690	4.0	21.95	结算单价
拉洛水利枢纽	西藏		132	2.0	46.71	结算单价
前坪水库	河南		950	3.0～4.0	31.44	结算单价
大石门水利枢纽	新疆		333	2.5～4.5	22.84	结算单价

1.4　砂砾料筑坝安全性

经过近 20 年来的技术进步和经验总结，我国在砂砾料工程特性研究、填筑碾压标准、合理利用其特点的分区设计、坝坡抗震措施，以及采用新的施工质量控制方法等均对大坝安全性起到技术支撑作用。在利用砂砾料变形控制、易于获取和造价低廉的基础上，采取有效结构措施规避其不利因素，可以确保大坝在工程运行期变形稳定和渗透安全、满足耐久性要求，大坝抗震能力达到并符合《水工建筑物抗震设计标准》（GB 51247—2018）的规定。

1.4.1　大坝变形控制标准和拟定原则

在坝址、坝型和坝体分区确定之后，其面临的主要工程问题就是坝体的变形控制，重点是坝体填筑标准的确定，以及保障在施工过程中，参数能够符合填筑标准的要求。

土石坝变形控制的主要对策措施包括：合理选择筑坝材料、良好的材料级配、优化坝体分区、提高各料区压实密度、有效控制填筑顺序等。

（1）填筑控制标准。根据《混凝土面板堆石坝设计规范》（SL 228—2013）的规定，坝体填料的填筑标准应同时规定孔隙率（或相对密度）和碾压参数。当坝高小于 150m 时，砂砾料相对密度不小于 0.75～0.85；当 150m≤坝高＜200m 时，砂砾料相对密度不小于 0.85～0.90；对重要的高坝，或性质特殊的筑坝材料，已有经验不能涵盖的情况，其填筑标准应进行专门论证。填筑标准应通过生产性碾压试验复核和校正，并确定相应的碾压参数。坝料填筑应提出加水要求，加水量可根据经验或试验确定。

根据《水电工程水工建筑物抗震设计规范》（NB 35047—2015）的规定：对于无黏性土的压实，要求浸润线以上材料的相对密度不低于 0.75，浸润线以下材料的相对密度应根据设计地震烈度大小适当提高。对于砂砾料，当大于 5mm 的粗料含量小于 50％时，应保证细料的相对密度满足上述对无黏性土压实的要求，并按此要求分别提出不同含砾量的压实干密度作为填筑控制标准。

美国陆军工程师兵团土石坝填筑标准中，对于无黏性土，要求平均相对密度不小于 0.85，而且任何部位均不应小于 0.80。

（2）设计指标拟定原则。从定性上，大坝的填筑标准越高，筑坝砂砾料所能够达到的碾压干密度和相对密度会越高，相应的对控制大坝变形就越有利。已有的研究表明，砂砾料的压实特性受自身内因和施工振动碾压机械等外因的共同影响，当砂砾料碾压达到一定的干密度（相对密度）后，单位振动能量所起到的压实效果就很有限了。

对于大坝的碾压标准而言，从控制变形基本原则出发，在经济条件和施工技术可行的情况下，能够得到越高的碾压密实度的碾压标准越合适。由砂砾料的工程特性可知，随着碾压参数的提升，坝料的碾压密实度也在提升。但根据以往的工程经验，坝料碾压密实度提升幅度随碾压参数达到一定水平后逐渐变得很小，或者基本不变。此时为获得略高的坝料碾压效果、达到更高的坝料碾压密实度，而继续提高碾压参数，相应的技术经济投入成本是需要重点考虑的问题。

因此，工程设计填筑标准指标拟定基本原则：在满足规范要求的前提下，要根据具体工程物料性状，考虑技术可行性和经济成本构成，经研究论证，合理确定坝体填筑施工参数。

1.4.2　大坝变形控制要点与方法

工程运行期的安全隐患与问题处理大多与坝体沉降变形有关。如混凝土面板坝运行期发生较大的坝体变形，导致面板塌陷折断、周边缝止水破坏、面板结构性裂缝与垂直缝挤压破坏、大坝渗流量过大等问题；有覆盖层沥青混凝土心墙土石坝因变形协调导致渗漏量偏大，坝体变形导致沥青心墙坝体渗流等。如果在设计及施工过程中对坝体变形量进行有效控制，上述一系列问题就可在很大程度上得到缓解或避免。

土石坝变形控制和控制效果，直接关系到大坝运行安全。如何控制坝体变形和尽量减小坝体变形量，作为土石坝工程建设首要任务已经取得共识。在近几十年工程建设历程中，在相关标准与技术规范修订、对筑坝材料工程特性认识、设计理念与方法完善、施工工艺改进与设备能力提高、建设期施工质量管控，以及工程运行期问题处理和信息反馈，均发生深刻变化，大规模的开发建设推动了技术创新与进步，所取得的成果使得300m级超高土石坝建设成为可能。

（1）控制要点。根据相关标准规定，并综合以往工程建设经验，不同防渗形式坝体变形控制标准有所差别。对于高混凝土面板坝，其填筑标准确定以变形控制为首要目标，在施工技术进步和技术经济可行的前提下，以控制大坝填筑体变形尽量小确定其填筑标准。相对而言，沥青混凝土心墙等防渗体对坝体变形的敏感性和安全性要求低于混凝土面板坝，坝体变形控制要求要低一些，填筑标准以控制大坝填筑体变形在合理范围内即可，可综合考虑变形控制的协调与经济性。

（2）基本方法。在具体工程设计中，可根据规范要求，采用工程经验类比法，拟定砂砾料设计填筑相对密度；对于较重要的工程，可结合室内材料特性试验和相应大坝结构特性分析拟定设计标准；对于较高坝和地震地质条件复杂工程，初步设计和实施阶段，要根据现场原级配大型相对密度试验确定砂砾料设计填筑干密度，通过碾压试验对设计填筑标准及物料级配控制包线进行复核和验证，并据此确定现场施工碾压控制参数。在施工过程中，可采用碾压参数和相对密度两套参数作为施工质量控制标准。

1.4.3　渗透稳定性

砂砾料的渗透性能是砾石料连续级配的属性决定的。砂砾料一般情况可以直接作为过渡区与面板下垫层料级配过渡，可以控制好垫层和过渡层渗流稳定。按现行土石坝设计规范，反滤关系的计算是难点，尤其是现场物料配置发生变化时。因此，渗流控制设计是工程质量的基础，而施工质量控制是关键。

提高砂砾料压实度后，渗透系数和水力坡降与室内试验成果相比也发生明显改变，压实后的抗冲蚀性能明显提高、垂直渗透性能明显减小。因此需重新复核或采用新方法研究坝体渗透稳定性能。

由于砂砾料细粒含量较高，需高度重视砂砾石筑坝工程的大坝渗流安全问题。大坝的渗流安全包括：坝体的浸润线是否足够低，以保证坝体抗滑稳定安全；垫层—过渡层—砂砾料区之间不发生渗透变形破坏。在相关规范中，对砂砾料筑坝设置排水体均有明确规定。比如《混凝土面板堆石坝设计规范》（SL 228—2013）中规定，对渗透性不满足自由排水要求的砂砾石、软岩坝体，应在坝体上游区设置竖向排水区，并与坝底水平排水区连接，将可能的渗水排至坝外。竖向排水区的顶部高程宜高于水库正常运用的静水位，排水区与坝体间应满足水力过渡要求。《碾压式土石坝设计规范》（SL 274—2020）中规定，下游坝壳用弱透水材料填筑的分区坝，反滤层和过渡层可作为竖式排水，底部宜设水平排水将渗水引出坝外。当反滤层和过渡层不能满足排水要求时，可加厚过渡层或增设排水层。当下游坝壳采用弱透水的软岩堆石或砂砾料填筑时，宜在坝壳与岸坡之间设置排水体。

我国大多已建同类工程在砂砾料区中上游设置 L 形排水体，在具体设计方案上，应考虑填筑体上升过程填筑形态与两岸坝坡地形的关系，注重排水体通畅与介质连续可靠性，尤其要严格控制施工和物料质量。

1.4.4 加强抗震措施

要提高对工程抗震安全重要性的认识。在低应力条件下，砂砾料受浑圆度影响，其强度比堆石料低，地震荷载易于出现剪胀、开裂、滑脱等；在高应力条件下，强度与堆石料相当，蓄水影响沉降变形更小更易于稳定。故在地震背景复杂条件下大坝边坡设计中，应针对砂砾料在低应力条件下抗震性能差的弱点，需加强抗震设计，提高设定地震条件下抗震防御能力。

高土石坝地震破坏主要表现为坝顶震陷、防渗体拉裂和错动、坝坡局部凸起和滚石等，应特别重视地震永久变形导致防渗系统损伤。按《水工建筑物抗震设计标准》（GB 51247—2018）的规定和场地地震安全评价，进一步深入研究土石坝极限抗震能力，对提高砂砾石坝抗震安全性认识是非常必要的。大坝极限抗震能力分析评价内容包括坝坡稳定、坝顶震陷与变形、防渗体安全性。大石门水库沥青混凝土心墙砂砾石坝（坝高 128.8m）的极限抗震能力为地震动峰值加速度 $0.70g$ 左右；阿尔塔什水利枢纽混凝土面板砂砾石坝（坝高 164.8m）的极限抗震能力为地震动峰值加速度 $0.60\sim0.65g$；大石峡水利枢纽混凝土面板砂砾石坝（坝高 247.0m）的极限抗震能力为地震动峰值加速度 $0.55\sim0.60g$。

砂砾料压实后密实度提高，渗透性能降低，其抗震稳定性能不如堆石料，故合理利用当地材料进行坝体分区填筑设计，也是提高抗震能力和确保渗透稳定的重要措施之一。例如，阿尔塔什水利枢纽混凝土面板坝坝体分区设计中，砂砾料置于坝体中部干燥区，是利用天然砂砾料储量丰富、承载能力高、压缩变形小的特点；坝顶部及下游坡一定范围内设置堆石区，是利用堆石料为非冲蚀材料、抗剪强度高的特点，提高其抗震性能。

抗震设计要点包括合理确定大坝安全超高（含地震沉陷及涌浪高度）、坝区内高边坡处理、工程区内大型滑坡体对工程安全的影响等；主要的抗震措施包括采用较大的坝顶宽度，放缓坝坡或采用上缓下陡的坝坡坡比，在坝坡变化处设置马道；在下游坝坡上部采取坝内与坡面加固措施，且连接成复式结构；坝坡一定范围内加固可采用土工格栅或水平钢筋网，坡面加固可采用浆砌石或钢筋混凝土框格梁结构；利用堆石料区对坝体砂砾料区有所约束，以满足大坝抗震稳定要求。

在高地震区复杂地形地质条件下，根据《水工建筑物抗震设计标准》（GB 51247—2018）要求，类比以往工程建设情况，已加大投入，增强和进一步提高了砂砾石坝的抗震设防能力。其抗震安全保障措施是可信的。

1.4.5 设计与施工技术进步

我国在土石坝设计、施工、建设管理、质量监督、运行监测等已形成了较完整的规范性技术体系，以及相应的质量控制标准和检测验收标准。

根据现场大型试验研究成果、工程质量检测和安全监测资料分析与总结，对设计理念、技术要求和安全防护措施有所启示，从技术发展过程看，信息反馈推动了砂砾料分区布置、压实标准选择和大坝变形控制、坝体渗透性能和渗流稳定评价、抗震措施可靠性等方面设计技术进步；由于施工技术进步和设备能力提升，以及现场质量管理加强，也进一步提高了设计技术要求、经济指标和安全性等方面认识，增强了建设砂砾石坝信心。

砂砾料筑坝工程建设发展，对施工质量管控和实施能力提出更高要求，也促进了施工技术进步与设备能力增强。在坝体碾压质量控制方面，引进和采用数字化或智能化控制系统，在施工中严格执行压实标准，合理安排施工顺序，有效提高了施工质量管控水平。目前，已基本达到了可针对每一个具体的工程项目，在料场查勘、掌握砂砾料级配与特性的基础上，按照选定的施工工艺和配套施工参数（层厚、遍数、洒水、行车速度与激震力等），采用自行式重型碾压自行式（26t、32t、36t）设备可获取较高的压实度，满足高土石坝的变形控制要求。

对面板坝而言，坝体上游砂砾石区压实度的提高对面板坝防渗体的有效性和安全性至关重要，可以大大改善和控制面板结构挠曲变形。作为核心区填筑体，重型机械碾压密实度增加提高大坝整体的抗震性能，设计在下游坝坡附近应力较小区域设置碾压堆石区，以约束和提高砂砾石区稳定。

1.4.6　安全性认识与评价

从已经取得的工程建设经验看，砂砾料压实后具有较高的抗剪强度和较低的压缩性，比同等填筑标准的爆破堆石料具有更高的变形模量，变形稳定时间短，高围压下强度衰减小，更加有利于坝体特别是上游混凝土面板的变形控制，也对心墙类防渗体起到有效保护作用。所以，利用砂砾料低压缩性、高变形模量的变形特性，是填筑坝体主料区的优选。

稳定、变形与渗流是土石材料筑坝的三大安全问题。根据砂砾石坝体功能分区，利用当地材料的工程特性进行合理组合，采取有效结构措施规避砂砾料不利因素，认真做好坝体防渗排水，有效控制坝体变形，可以满足高坝稳定、变形与渗流安全性要求，确保大坝运行期处于安全状态。

大石峡水利枢纽工程坝体左岸联合取水口及建筑物基础（坝高247m）

大石峡水利枢纽工程坝下游施工区展示

大石峡水利枢纽工程上游围堰和大坝基坑

大石峡水利枢纽工程坝左岸泄洪洞、厂房、泄洪尾水等建筑物地基

阿尔塔什水利枢纽工程大坝坝体砂砾石料填筑（坝高164.8m）

阿尔塔什水利枢纽工程大坝全景

阿尔塔什水利枢纽工程库区左岸全景

阿尔塔什水利枢纽工程大坝下游全景

2　砂砾料分类及参数定义

根据砂砾料分类、物理性质定义以及工程特点，考虑到工程技术应用概念的完整性，本章概括性地描述砂砾料工程分类、筑坝材料的主要参数定义等。

2.1　工程分类

筑坝材料的工程分类按照《土的工程分类标准》（GB/T 50145—2007）中土的工程分类定名，但需按照水利水电行业的要求进行补充。

（1）粗粒料（粗粒土）分类。GB/T 50145—2007 中分别以粒径 200mm、60mm、2mm、0.075mm 和 0.005mm 为界限将土分为漂石（块石）、卵石（碎石）、砾粒、砂粒、粉粒和黏粒，又以巨粒（漂石和卵石或块石和碎石）的含量或细粒的含量将巨粒土（和含巨粒土）、砾类土和砂类土分别定名（见表 2-1～表 2-4）。

表 2-1　　　　　　　　　　　　　　粒组划分表

粒 组	颗 料 划 分		粒径 d 的范围/mm
巨粒	漂石（块石）		$d > 200$
	卵石（碎石）		$200 \geqslant d > 60$
粗粒	砾粒	粗砾	$60 \geqslant d > 20$
		中砾	$20 \geqslant d > 5$
		细砾	$5 \geqslant d > 2$
	砂粒	粗砂	$2 \geqslant d > 0.5$
		中砂	$0.5 \geqslant d > 0.25$
		细砂	$0.25 \geqslant d > 0.075$
细粒	粉粒		$0.075 \geqslant d > 0.005$
	黏粒		$d \leqslant 0.005$

表 2-2　　　　　　　　　巨粒土和含巨粒土的分类表

土 类	粒 组 含 量		土类代号	土类名称
巨粒土	巨粒含量>75%	漂石含量大于卵石含量	B	漂石（块石）
		漂石含量不大于卵石含量	Cb	卵石（碎石）

土 类	粒 组 含 量		土类代号	土类名称
混合巨粒土	50%<巨粒含量≤75%	漂石含量大于卵石含量	BSl	混合土漂石（块石）
		漂石含量不大于卵石含量	CbSl	混合土卵石（块石）
巨粒混合土	15%<巨粒含量≤50%	漂石含量大于卵石含量	SlB	漂石（块石）混合土
		漂石含量不大于卵石含量	SlCb	卵石（碎石）混合土

注　巨粒混合土可根据所含粗粒或细粒的含量进行细分。

表 2-3　　　　　　　　　　砾类土的分类表

土 类	粒 组 含 量		土类代号	土类名称
砾	细粒含量<5%	级配 $C_u \geqslant 5$　$1 \leqslant C_c \leqslant 3$	GW	级配良好砾
		级配：不同时满足上述要求	GP	级配不良砾
含细粒土砾	5%≤细粒含量<15%		GF	含细粒土砾
细粒土质砾	15%≤细粒含量<50%	细粒组中粉粒含量≤50%	GC	黏土质砾
		细粒组中粉粒含量>50%	GM	粉土质砾

表 2-4　　　　　　　　　　砂类土的分类表

土 类	粒 组 含 量		土类代号	土类名称
砂	细粒含量<50%	级配：$C_u \geqslant 5$　$1 \leqslant C_c \leqslant 3$	SW	级配良好砂
		级配：不同时满足上述要求	SP	级配不良砂
含细粒土砂	5%≤细粒含量<15%		SF	含细粒土砂
细粒土质砂	15%≤细粒含量<50%	细粒组中粉粒含量≤50%	SC	黏土质砂
		细粒组中粉粒含量>50%	SM	粉土质砂

土中细粒组质量含量不小于 50% 的土称细粒类土，土中粗粒组含量不大于 25% 的土称为细粒土。粗粒组含量大于 25% 且不大于 50% 的土称含粗粒的细粒土。

在水利水电行业，一般将表 2-1～表 2-4 中的巨粒土、混合巨粒土、巨粒混合土、砾、含细粒土砂、细粒土质砂都统称为粗粒料或粗粒土。进而依据其成因、母岩性质、风化程度和颗粒级配的不同，将粗粒料又分为堆石料、砂砾石（或砂卵石）、软岩堆石料（简称软岩料）、风化料、砾石土（或砾质土）。

（2）细粒土分类。水利水电行业中关于细粒土和特殊土的分类和定名采用 GB/T 50145—2007 和《水利水电工程地质勘察规范》（GB 50487—2008）的相关规定。

试样中有机质含量 5%≤O_u≤10% 的土称有机质土。

细粒土应根据塑性图（见图 2-1）分类。塑性图的横坐标为土的液限（w_L），纵坐标为塑性指数（I_P）。从图 2-1 中可以看出，有 A、B 两条界限线。

1）A 线方程式：$I_P = 0.73（w_L - 20）$。A 线上侧为黏土，下侧为粉土。

2）B 线方程式：$w_L = 50\%$。$w_L \geqslant 50\%$ 为高液限，$w_L < 50\%$ 为低液限。

表 2-5　　　　　　　　　　　　　　细 粒 土 的 分 类 表

土的塑性指标在塑性图 2-1 中的位置		土类代号	土类名称
$I_P \geqslant 0.73$（$w_L - 20$）和 $I_P \geqslant 7$	$w_L \geqslant 50\%$	CH	高液限黏土
	$w_L < 50\%$	CL	低液限黏土
$I_P < 0.73$（$w_L - 20$）或 $I_P < 7$	$w_L \geqslant 50\%$	MH	高液限粉土
	$w_L < 50\%$	ML	低液限粉土

注　黏土—粉土过渡区（CL—ML）的土可按相邻土层的类别细分。

从图 2-1 中可以看出，细粒土应按图 2-1 中的位置确定土的类别，并按表2-5分类和定名。

含粗粒土的细粒土先按表 2-5 规定确定细粒土分类，再按下列规定最终定名。

1）粗粒中砾粒占优势，称含砾细粒土，应在细粒土名代号后缀以代号 G。

示例：CHG——含砾高液限黏土；

　　　　MLG——含砾低液限粉土。

2）粗粒中砂粒占优势，称含砂细粒土，应在细粒土名代号后缀以代号 S。

示例：CHS——含砂高液限黏土；

　　　　MLS——含砂低液限粉土。

3）有机质土可按表 2-5 规定划分定名，在各相应土类代号之后缀以代号 O。

示例：CHO——有机质高液限黏土；

　　　　MLO——有机质低液限粉土。

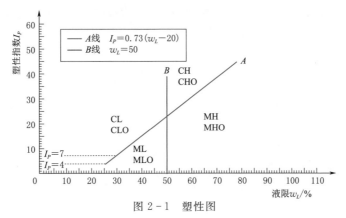

图 2-1　塑性图

注：1. 图中横坐标为土的液限 w_L，纵坐标为塑性指数 I_P。

　　2. 图中的液限 w_L 为用碟式仪测定的液限含水率或用质量76g、锥角为30°的液限仪锥尖入土深度17mm对应的含水率。

　　3. 图中虚线之间区域为黏土—粉土过渡区。

2.2　参数定义

2.2.1　密度

砂砾料密度的定义和试验方法采用《土工试验方法标准》（GB/T 50123—2019）的规

定。按式（2-1）、式（2-2）计算湿密度和干密度：

$$\rho = \frac{m}{V} \tag{2-1}$$

$$\rho_d = \frac{\rho}{1+w} \tag{2-2}$$

式中 ρ ——土的湿密度，g/cm^3；

ρ_d ——土的干密度，g/cm^3；

m ——湿土质量，g；

V ——环刀或试坑体积，cm^3；

w ——湿土的含水率，%。

密度试验有灌水法和灌砂法。

2.2.2 比重

砂砾料的比重按各粒径组比重的加权平均值计算。不同的粒径组采用不同的比重测定方法。粒径小于 5mm 的土采用比重瓶法；粒径大于 5mm 的土，若其中粒径大于 20mm 的颗粒小于 10% 时采用浮称法，若其中粒径大于 20mm 的颗粒大于 10% 时采用虹吸筒法。

2.2.3 颗粒级配

砂砾料的颗粒分析试验采用筛析法（适用于粒径大于 0.075mm 的土），其颗粒级配特性参数主要有：最大粒径 d_{max}、限制粒径 d_{60}、平均粒径 d_{50}、不均匀系数 C_u 和曲率系数 C_c。不均匀系数 C_u 和曲率系数 C_c 的计算式（2-3）、式（2-4）为：

$$C_u = \frac{d_{60}}{d_{10}} \tag{2-3}$$

$$C_c = \frac{d_{30}^2}{d_{60} d_{10}} \tag{2-4}$$

式中 C_u ——不均匀系数；

C_c ——曲率系数；

d_{60} ——限制粒径，在颗粒大小分布曲线上小于该粒径的土含量占总土质量的 60% 的粒径；

d_{10} ——有效粒径，在颗粒大小分布曲线上小于该粒径的土含量占总土质量的 10% 的粒径；

d_{30} ——在颗粒大小分布曲线上小于该粒径的土含量占总土质量的 30% 的粒径。

2.2.4 相对密度

相对密度（D_r）是描述无黏性土的密实程度的一个指标，用土体处于最松状态的孔隙比与天然状态孔隙比之差和最松状态孔隙比与最紧密状态的孔隙比之差的比值来表示，其计算式（2-5）、式（2-6）为：

$$D_r = \frac{e_{max} - e_0}{e_{max} - e_{min}} \tag{2-5}$$

式中 e_{max}——最大孔隙比；

e_{min}——最小孔隙比；

e_0——天然状态下的孔隙比。

相对密度 D_r 也可用式（2-6）来计算：

$$D_r = \frac{(\rho_d - \rho_{dmin})\rho_{dmax}}{(\rho_{dmax} - \rho_{dmin})\rho_d} \qquad (2-6)$$

式中 ρ_{dmax}、ρ_{dmin}——最大、最小干密度，g/cm^3；

ρ_d——天然状态下的干密度，g/cm^3。

3 砂砾料变形和强度特性

变形控制、变形协调和坝坡稳定是砂砾料筑坝设计的关键技术。级配良好的砂砾料压实后通常将比同等压实标准的爆破堆石料具有更高的变形模量，且达到变形稳定的时间更短，从而有利于坝体变形控制和变形协调。特别是对于高山峡谷复杂地形下的高土石坝，大坝的变形控制及各部位（如坝壳与心墙、填筑体与面板、填筑体与岸坡等）的变形协调是较为突出的问题，采用砂砾料筑坝对于控制大坝变形、保证大坝变形协调具有显著的优势。但在低应力条件下，由于砂砾料浑圆度影响，其强度低于堆石料，在地震荷载作用下更易于松动和滑动，不利于坝坡稳定。处于饱和状态砂砾料，如果细粒含量较大，在特定的应力条件和地震力作用下，可能会出现超孔隙水压力上升导致强度降低，甚至发生液化的现象。

在大坝变形和坝坡稳定计算中，合理选择变形和强度特性参数，按规范要求预测大坝变形和坝坡稳定安全系数，是大坝结构设计和安全评价的重点内容。但由于试验材料缩尺效应的影响，室内试验获得的变形和强度参数与大坝筑坝材料真实参数有明显差异。利用室内大型动静三轴试验成果，结合现场试验以综合确定砂砾料的变形和强度特性，如此获得的材料参数将与坝体填筑砂砾料更具符合性。

作为一种散粒体材料，砂砾料的变形和强度特性与围压力大小、剪应力水平、应力路径和应力历史等有关。对这些影响因素的研究通常采用室内试验（压缩试验、三轴试验等）的方法进行，必要时辅之以一定的现场试验（如现场载荷试验、现场直剪试验等）。对覆盖层砂砾料，还可以通过原位旁压试验研究其变形特性，通过反演确定变形特性参数。

本章首先介绍砂砾料变形和强度特性有关概念、表示方法、主要参数确定方法、存在的问题及最新研究进展，然后给出一些典型工程砂砾料变形和强度特性参数，并进行比较分析。

3.1 压缩特性

砂砾料的压缩特性通过侧限压缩试验获得，成果主要用压缩曲线，以及压缩系数、压缩模量等参数表示。压缩模量和变形模量是评估大坝变形和进行工程类比的主要参数。

压缩曲线指的是孔隙比 e 与压力 p 的关系曲线，即 $e \sim p$ 曲线；压缩系数是压缩曲线（$e \sim p$ 曲线）上某一压力范围内割线的斜率，是表征土的压缩性的参数，用 a_v 表示。压缩曲线的形状愈陡，则压缩系数愈大，土的压缩性愈高。工程上习惯用 $p=0.1\sim0.2\text{MPa}$ 范围内的压缩系数作为评价土层压缩性的标准。通常 $a_v<0.1\text{MPa}^{-1}$ 为低压缩性土，$0.1\text{MPa}^{-1}\leqslant a_v<0.5\text{MPa}^{-1}$ 为中压缩性土，$a_v\geqslant0.5\text{MPa}^{-1}$ 为高压缩性土。

压缩模量 E_s 是指土在完全侧限的条件下受压方向的应力 σ_z 与同一方向的应变 ε_z 的比值，它是评价土的压缩性和计算地基变形的重要指标，是进行地基和建筑物沉降计算时需要确定的一个主要土性参数。土在无侧限条件下压缩，受力方向的应力 σ_z 与同一方向的应变 ε_z 的比值，为变形模量 E。由于其中包括弹性变形与塑性变形，故又称总变形模量，以区别于纯弹性体的弹性模量。变形模量 E 与压缩模量 E_s 间的理论关系用式（3-1）计算：

$$E=\left(1-\frac{2\mu^2}{1-\mu}\right)E_s \qquad (3-1)$$

式中 μ——土在侧限压缩条件下的泊松比。

3.2 三轴剪切试验

三轴剪切试验是研究确定砂砾料变形和强度特性有关参数的主要方法。在三轴等压应力状态固结后，保持围压力 σ_3 不变，在试件顶面分级施加竖向偏差压应力 $(\sigma_1-\sigma_3)$，测得每级压力作用下的轴向应变 ε_1、体积变形 ε_v 以及换算得到径向应变 ε_r，从而得到三轴剪切条件下的变形［包括 $(\sigma_1-\sigma_3)\sim\varepsilon_1$、$(\sigma_1-\sigma_3)\sim\varepsilon_v$（$\varepsilon_v$ 为体积应变）等］关系曲线，不同密实度状态下的三轴排水剪切试验的典型结果见图 3-1。

三轴剪切试验条件下，一般用莫尔—库仑定律表示砂砾石料的抗剪强度。用切线变形模量 E_t 或割线变形模量 E_s 来反映砂砾料的变形特性。实际上，土的应变可分为可恢复的弹性应变与造成永久变形的塑性应变两个部分。非线性弹性分析最大的缺点是不能恰当地反映土的剪胀性和应力路径等影响，而弹塑性模型可以较好地克服非线性弹性本构模型的缺点，从理论上讲，弹塑性理论可以更好地反映土体的各种变形特性。但对具体的模型来讲，往往存在一定的局限性。在具体运用中只能根据土体变形的主要特点选用模型。目前，数值计算分析仍以非线性弹性的邓肯—张模型使用最为广泛。

粗颗粒料的室内大型三轴试验常用的试样直径为 300mm，最大颗粒粒径 60mm，因此，室内试验需要对实际原级配坝料进行缩尺。为减少砂砾料室内试验试样材料缩尺效应的影响，目前已有采用试样直径 1000mm 的超大型三轴试验仪，其试样最大颗粒粒径可达 200mm。

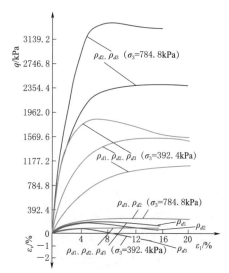

图 3-1 不同密实度状态下砂砾料三轴
剪切试验结果图

注：$\rho_{d1}=2.15\text{g/cm}^3$，$\rho_{d2}=2.25\text{g/cm}^3$，
$\rho_{d3}=2.40\text{g/cm}^3$。

3.3　应力应变模型及计算参数

传统的砂砾石坝基本上是采用工程类比方法进行设计，目前的砂砾石坝设计常采用有限元等数值计算方法进行应力变形分析，以评价坝体、防渗体及地基的应力应变及强度、稳定性等工作性状，而评价结果的可靠性则主要取决于计算中所采用的土体本构模型是否能正确反映材料的应力应变关系（包括剪胀和剪缩）及强度特性，以及模型的材料参数是否反映原型土体的真实情况。在实际应用中，必须针对不同的土类及不同的问题，考虑主要影响因素，采用不同的土体本构模型。同时，更重要的是对于选定的土体本构模型，合理地确定模型参数。

目前，土体的本构模型可主要分为弹性模型和弹塑性模型两类。对弹性模型，又有线性弹性模型和非线性弹性模型之分。依据弹性理论，弹性模型又可以分为 Cauchy 型弹性模型、Green 型超弹性模型和亚弹性模型。广义胡克定律是这三种模型的特例，通常所说的线性弹性模型或非线性弹性模型都是基于该定律。弹塑性本构模型的构建主要需考虑三个方面的假定：①破坏准则和屈服准则；②硬化规律；③流动法则。对这三个假定采用的具体形式不同就形成了不同的弹塑性模型。在国内外一些商业程序中，应用较多的是莫尔—库仑模型、Drucker - Prager 模型、修正剑桥模型。而国内应用较多的是南水双屈服面模型、清华模型、河海大学椭圆-抛物双屈服面模型和修正剑桥模型。实际上，还有一些著名的土体弹塑性本构模型，如剑桥模型、Lade - Duncan 模型、Desai 模型等。

邓肯—张模型能够反映土体应力变形的主要特性——非线性，且由于参数物理意义明确，测试简单，是国内土石坝工程领域应用最广的土体本构模型，积累了大量的实用经验。邓肯-张模型的理论基础是增量广义胡克定律，这决定了模型难以描述土的剪胀性，也难以反映应力路径的影响。同时，增量广义胡克定律的理论基础限定了只能以特定的试验手段测试模型参数，因为要满足切线弹性模量的物理意义。该模型能够反映应力状态的影响，即考虑土的模量随应力而变的非线性性质。模型的建立基于对试验曲线的两种假定，即应力应变关系符合双曲线关系，且轴向应变与径向应变（体应变）之间的关系也符合双曲线的关系，因此邓肯—张模型是对硬化型应力应变曲线的描述，不能考虑应变软化性质。

三轴固结排水剪切试验中，在围压 σ_3 不变条件下，连续增加偏应力 $(\sigma_1 - \sigma_3)$，并测出轴向应变 ε_a 和体积应变 ε_v，从而得到径向应变 $\varepsilon_r = (\varepsilon_v - \varepsilon_a)/2$。邓肯（Duncan）和张（Chang）假定 $(\sigma_1 - \sigma_3) \sim \varepsilon_a$ 和 $\varepsilon_a \sim (-\varepsilon_r)$ 关系都为双曲线，利用这两个关系曲线确定切线弹性模量 E_t、切线泊松比 μ_t，即为非线性弹性邓肯—张 $E—\mu$ 模型。后来，邓肯等人又基于三轴试验提出了体积模量的确定方法，得到了邓肯 $E—B$ 模型。

3.3.1　邓肯—张 $E—\mu$ 模型及参数

切线弹性模量 E_t：

$$E_t = [1 - R_f S]^2 E_i \tag{3-2}$$

$$E_i = KP_a \left(\frac{\sigma_3}{P_a} \right)^n \tag{3-3}$$

$$S = \frac{\sigma_1 - \sigma_3}{(\sigma_1 - \sigma_3)_f} \tag{3-4}$$

式中 R_f、K、n——模型试验参数；

$\qquad P_a$——大气压力；

$\qquad S$——应力水平，反映了强度发挥程度；

$\quad (\sigma_1 - \sigma_3)_f$——土体破坏时的剪应力。

可由莫尔-库仑破坏准则得到：

$$(\sigma_1 - \sigma_3)_f = \frac{2c\cos\varphi + 2\sigma_3\sin\varphi}{1 - \sin\varphi} \tag{3-5}$$

式中 c、φ——黏聚力和内摩擦角。

切线泊松比 μ_t：

$$\mu_t = \frac{\mu_i}{(1-A)^2} \tag{3-6}$$

$$A = \frac{D(\sigma_1 - \sigma_3)}{KP_a\left(\dfrac{\sigma_3}{P_a}\right)^n \left[1 - \dfrac{R_f(1-\sin\varphi)(\sigma_1 - \sigma_3)}{2c\cos\varphi + 2\sigma_3\sin\varphi}\right]} \tag{3-7}$$

$$\mu_i = G - F\lg\frac{\sigma_3}{P_a} \tag{3-8}$$

式中 G、F、D——模型试验参数。

式（3-6）算得的 μ_t 有可能大于 0.5，在试验中测得的泊松比 μ 值也确有可能超过 0.5，这是由于土体存在剪胀性。然而，有限元计算中，μ 若不小于 0.5，劲度矩阵会出现异常。因此，实际计算中，当 $\mu_t > 0.49$ 时，可令 $\mu_t = 0.49$。

邓肯-张 E-μ 模型共有 8 个试验参数，即 R_f、K、n、G、F、D、c 和 φ。可采用如下方法确定。

c、φ 一般可根据土体三轴固结排水剪切试验由莫尔-库仑破坏准则确定。需要注意的是，这里的强度指标应为有效强度指标，为表示方便，没有采用 c' 和 φ'。同样，应力也应该是有效应力。因此，固结排水剪切试验确定的 c、φ 可直接应用，也可采用测孔隙水应力的固结不排水剪切试验确定的有效强度指标。在缺乏三轴试验资料时，也可借用直剪试验的慢剪指标。

对粗粒土，考虑到由于颗粒破碎等原因引起的强度非线性，其内摩擦角常用式（3-9）计算：

$$\varphi = \varphi_0 - \Delta\varphi\lg\frac{\sigma_3}{P_a} \tag{3-9}$$

式中 φ_0、$\Delta\varphi$——试验参数。

使用式（3-9）计算摩擦角；如果 $c > 0$，则意味着采用线性强度指标，这时的内摩擦角取常数。

K 和 n 可利用多个围压力下的三轴排水剪切试验 $(\sigma_1 - \sigma_3) \sim \varepsilon_a$ 曲线确定。假定 $(\sigma_1 - \sigma_3) \sim \varepsilon_a$ 为双曲线，则 $\varepsilon_a/(\sigma_1 - \sigma_3) \sim \varepsilon_a$ 关系应为直线，其斜率为 b，截距为 a。a 即是

初始切线模量 E_i 的倒数，即 $a=1/E_i$。对 $\lg(E_i/P_a)\sim\lg(\sigma_3/P_a)$ 关系用直线拟合（见图 3-2），其截距为 $\lg K$，斜率为 n。

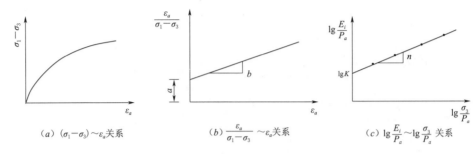

(a) $(\sigma_1-\sigma_3)\sim\varepsilon_a$关系　　　　(b) $\dfrac{\varepsilon_a}{\sigma_1-\sigma_3}\sim\varepsilon_a$关系　　　　(c) $\lg\dfrac{E_i}{P_a}\sim\lg\dfrac{\sigma_3}{P_a}$ 关系

图 3-2　参数 K 和 n 的确定图

$(\sigma_1-\sigma_3)\sim\varepsilon_a$ 关系中当 $\varepsilon_a\to\infty$ 时 $(\sigma_1-\sigma_3)$ 的渐近值即为 $(\sigma_1-\sigma_3)_u$。图 3-2 (b) 中直线的斜率为 $b=1/(\sigma_1-\sigma_3)_u$，由 b 值可确定 $(\sigma_1-\sigma_3)_u$，从而由式（3-10）求得破坏比 R_f：

$$R_f=\frac{(\sigma_1-\sigma_3)_f}{(\sigma_1-\sigma_3)_u}\tag{3-10}$$

试验表明，对不同的 σ_3，R_f 值不同，一般取平均值。

G、F、D 用于确定泊松比，是根据多个围压力下的三轴排水剪切试验 $\varepsilon_a\sim(-\varepsilon_r)$ 曲线确定。点绘 $\dfrac{-\varepsilon_r}{\varepsilon_a}\sim(-\varepsilon_r)$ 关系 [见图 3-3 (a)]，并拟合直线，其斜率为 D，截距为 μ_i。不同 σ_3 下 D 的数值变化不大，故可取平均值；而 μ_i 的大小随 σ_3 变化明显。点绘不同 σ_3 下 μ_i 与 $\lg\dfrac{\sigma_3}{P_a}$ 试验点 [见图 3-3 (b)]，并用直线拟合，其斜率和截距分别为 F 和 G。

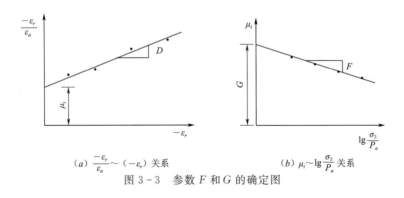

(a) $\dfrac{-\varepsilon_r}{\varepsilon_a}\sim(-\varepsilon_r)$ 关系　　　　　　(b) $\mu_i\sim\lg\dfrac{\sigma_3}{P_a}$ 关系

图 3-3　参数 F 和 G 的确定图

3.3.2　邓肯 E—B 模型及参数

邓肯 E—B 模型切线弹性模量 E_t 仍采用式（4-5）计算。

切线体积变形模量 B_t 由式（4-11）计算：

$$B_t=K_bP_a\left(\frac{\sigma_3}{P_a}\right)^m\tag{3-11}$$

式中　K_b、m——参数。

E—B 模型有 R_f、K、n、K_b、m 和强度指标 c、φ。其中 R_f、K、n 和 c、φ 与邓肯—张 E—μ 模型中一样，需要确定 K_b、m。

在三轴固结排水剪试验中，施加偏应力 $(\sigma_1 - \sigma_3)$ 时平均正应力的变化为 $\Delta p = (\sigma_1 - \sigma_3)/3$。因此

$$B_t = \frac{1}{3} \frac{\partial(\sigma_1 - \sigma_3)}{\partial \varepsilon_v} \tag{3-12}$$

邓肯 E—B 模型假定 B_t 与应力水平 S 无关，即不考虑偏应力 $(\sigma_1 - \sigma_3)$ 的影响，并取与应力水平 $S = 0.7$ 相应的点与原点连线的斜率作为平均斜率 B_t，即：

$$B_t = \frac{(\sigma_1 - \sigma_3)_{S=0.1}}{3 \ (\varepsilon_v)_{S=0.7}} \tag{3-13}$$

对于不同的 σ_3，B_t 不同。点绘 $\lg \dfrac{B_t}{P_a} \sim \lg \dfrac{\sigma_3}{P_a}$ 关系，可用直线拟合 [见图 3-4（b）]，其截距为 $\lg K_b$，斜率为 m。

由于 v 一般应限制在 $0 \sim 0.49$ 之间变化，因此 B_t 须限制在 $(0.33 \sim 17) \ E_t$ 之间。

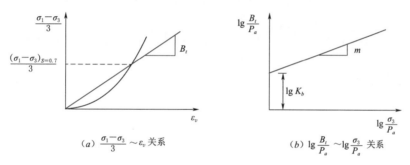

$(a) \ \dfrac{\sigma_1 - \sigma_3}{3} \sim \varepsilon_v$ 关系　　　$(b) \ \lg \dfrac{B_t}{P_a} \sim \lg \dfrac{\sigma_3}{P_a}$ 关系

图 3-4　参数 K_b 和 m 的确定图

3.3.3　小结

邓肯 E—B 模型因其结构简单，参数易于确定，在国内应用较多，各参数的取值积累了丰富的经验，砂砾料邓肯 E—B 模型参数大致变化范围见表 3-1。

表 3-1　　　　　　　　砂砾料邓肯 E-B 模型参数大致变化范围表

参数	c/kPa	φ/ (°)	R_f	K	n	G	F	D	K_b	m	K_{ur}
砂砾料	0	30～40	0.65～0.85	500～2000	0.4～0.7	0.2～0.5	0.01～0.2	1～15.0	100～2000	0～0.5	(1.2～3.0) K

在使用 E—μ 模型和 E—B 模型时，应注意以下几方面。

（1）模型不能反映剪胀性，因此，对密实的砂砾料等剪胀性土，使用时应谨慎。

（2）模型不能反映应变软化特性，不能反映各向异性。

（3）模型不能反映中主应力的影响。

3.4 大型现场试验和模型参数反演

3.4.1 大型载荷试验及参数反演

（1）大型载荷试验。由于缩尺效应影响，目前常规尺寸室内试验获得的变形和强度参数与筑坝材料真实参数有明显差异，综合确定砂砾料的工程变形和强度特性，成为近年砂砾料筑坝实践的发展趋势。在各种原位测试中，一般认为大型载荷试验成果最为可靠，并以此作为其他原位测试成果的对比依据。在实际工作中，当地基土体承载力数据不易获得或不可靠时，载荷试验往往成为首选的原位测试方法，同时大型载荷试验也被广泛应用于在地基处理效果检验中。

通过现场大型载荷试验可以测定承压板下影响范围内土体的承载力和变形模量，同时其载荷—沉降变形曲线还可以作为邓肯—张等模型参数反演的基本资料。

大型载荷试验可采用圆形刚性承压板，每个场地不宜少于 3 个，不均时应适当增加。对无经验区域，采用分级维持荷载沉降相对稳定法（常规慢速法），对有经验区域，采用分级加荷沉降非稳定法（快速法）或等沉降速率法。加荷等级宜取 10～12 级，不应小于 8 级，量测精度不应低于最大荷载的 ±1%。

（2）变形模量。大型载荷试验可以得到荷载 p 与沉降 s 曲线关系和各级荷载下沉降 s 与时间 t 或时间对数 $\lg t$ 关系曲线。根据 $p \sim s$ 曲线拐点，结合 $s \sim \lg t$ 曲线变化特征，确定比例界限压力和极限压力。

当 $p \sim s$ 呈缓变曲线时，可取对应于某一相对沉降值$\left(即 \dfrac{s}{d}，d \text{ 为承压板直径}\right)$的压力评定地基土承载力。土的变形模量应根据 $p \sim s$ 曲线的初始直线段，可按均质各向同性半无限弹性介质的弹性理论计算。

浅层平板载荷试验的变形模量 E_0，按式（3-14）计算：

$$E_0 = I_0 (1 - \mu^2) \frac{pd}{s} \tag{3-14}$$

深层平板大型载荷试验和螺旋板大型载荷试验的变形模量 E_0（MPa），按式（3-15）计算：

$$E_0 = \omega \frac{pd}{s} \tag{3-15}$$

以上两式中　I_0——刚性承压板的形状系数，圆形承压板取 0.785；方形承压板取 0.886；

μ——土的泊松比（碎石土 0.27）；

d——承压板直径或边长，m；

p——$p \sim s$ 曲线线性段的压力，kPa；

s——与 p 对应的沉降，mm；

ω——与试验深度（z）和土类有关的系数，砂砾料的 ω 见表 3-2。

表 3-2　　　　　　　　　　　　　　砂 砾 料 的 ω

$\dfrac{d}{z}$	0.3	0.25	0.2	0.15	0.1	0.05	0.01
ω	0.477	0.469	0.46	0.444	0.435	0.427	0.418

（3）基于大型载荷试验的变形参数反演。通过大型载荷试验，可以得到荷载～沉降曲线，以及各级荷载下土体变形分布规律等。采用有限元数值分析方法模拟大型载荷试验过程，利用非线性优化方法，通过调整参数使计算和实测的结果不断逼近，从而可以反演获得土体的本构模型参数。这种方法首先在公伯峡水电站混凝土面板堆石坝工程中使用。在碾压试验阶段，对实际主砂砾料碾压试验层进行大型载荷试验，除了测定常规的荷载板荷载～位移曲线外，还测定荷载板底下和周围不同深度土体的沉降变形和水平位移，得到各点荷载～位移关系曲线及各级荷载下的土体变形分布规律。采用阻尼最小二乘法非线性优化理论，依据现场原位实测旁压曲线和现场大型载荷试验实测的土体各点荷载～位移（包括垂直和水平位移）关系曲线及变形分布规律，对邓肯 E—B 模型参数进行了反演。

依据大型载荷试验成果（荷载～位移曲线）反演土体本构模型参数可参考以下基本流程和方法进行。

（1）将大型载荷试验的荷载～位移曲线，作为反分析输入的真实位移信息。

（2）建立大型载荷试验的数值模型，对实际载荷试验过程进行数值模拟，计算各级荷载下的计算位移值。

（3）根据具体的工程问题，进行本构模型参数对位移影响的敏感性分析，确定待反演参数。

（4）进行适量的室内试验，测定土体的本构模型参数，并结合工程类比，确定待反演参数的初值范围。

（5）采用大型载荷试验各级荷载下的计算位移值与相应的实测位移值，构建反演目标函数。

（6）结合最优化方法，基于载荷试验的位移反分析，寻找与实测位移值相比误差最小的计算位移值所对应的本构模型参数。

3.4.2 原位旁压试验及模型参数反演

对于覆盖层砂砾石料，可以采用原位旁压试验研究其变形特性，反演土体模型参数。原位旁压试验是一种利用钻孔在覆盖层一定深度部位进行的原位载荷试验，试验成果为原位旁压荷载与原位旁压位移关系曲线。一般采用弹性或理想弹塑性解析理论来对原位旁压试验机理进行解释，确定诸如原位旁压模量、侧压力系数、地基极限承载力等参数。

按 Lame 的柱状孔穴膨胀理论，可以得到旁压模量 E_m：

$$E_m = 2(1+\mu)(V_c + V_m)\frac{\Delta P}{\Delta V} \tag{3-16}$$

式中 μ——土的泊松比；

     V_c——旁压器中腔初始体积，cm^3；

     V_m——近似直线段中点对应的体积增量，cm^3；

     $\dfrac{\Delta P}{\Delta V}$——$P$～$V$ 曲线上直线段斜率，kPa/cm^3。

采用经验关系，由原位旁压模量也可以换算出变形模量 E_0。

由于弹性或理想弹塑性理论不能考虑土体的非线性、弹塑性及剪胀性，这些理论不能很好地模拟原位旁压试验机理，亦不能清楚地解释所测参数的物理意义，试验成果很难应用于数值计算。为此，李广信首先提出了采用原位旁压试验求 Duncan-Chang 模型参数的想法，近年有学者开展了通过原位旁压试验反演覆盖层土体本构模型参数的研究和应用工作。对原位旁压试验得到的荷载～位移曲线，按非线性弹性问题建立目标函数：

$$\Phi(x) = \sum_{i=1}^{n} \left[f_i(x) - u_i \right]^2 \qquad (3-17)$$

式中　　(x)——包括初始地应力 σ^0 及各土体参数的向量；

　　　　$f_i(x)$——土体在第 i 个观测点上发生的位移量的计算值，通常是各土体参数的函数；

　　　　u_i——土体在第 i 个观测点上发生的位移量的实测值；

　　　　n——由现场获取的位移量测值的总个数。

优化反演分析法的计算工作，就是求解上述目标函数，寻找一组适当的（x^*），使相应的目标函数值为最小。该方法首先应用到了察汗乌苏水电站等混凝土面板砂砾石坝工程。

依据原位旁压试验反演模型参数可参照如下流程进行。

（1）将原位旁压试验的荷载～体积曲线转换为荷载～位移曲线，作为反分析输入的真实位移信息。

（2）建立实际原位旁压试验的数值模型，对实际原位旁压试验过程进行数值模拟，计算各级荷载作用下的计算位移值。

（3）根据具体的工程问题，进行本构模型参数对位移影响的敏感性分析，确定待反演参数。

（4）进行适量室内试验，测定土体的本构模型参数，并结合工程类比，确定待反演参数的初值范围。

（5）采用原位旁压试验各级荷载下的计算位移值与相应的实测位移值，构建反演目标函数。

（6）结合最优化方法，基于原位旁压试验的位移反分析，寻找与实测位移值相比误差最小的计算位移值所对应的本构模型参数。

3.4.3　基于监测资料的模型参数反演

土石坝相关规范规定应根据坝的等级、高度、结构型式以及地形、地质条件，设置必要的监测项目及相应的设施，并及时整理分析观测资料。对于 1 级、2 级坝及高坝应对坝面垂直位移、水平位移（纵向和横向）和接缝位移，坝基沉降、坝体内部垂直位移等进行变形监测，对 3 级、4 级、5 级坝及坝高大于 30m 的坝也应进行坝面垂直位移和水平位移监测。对坝基沉降和坝体变形进行安全监测，及时对监测资料进行整理、分析，在施工期可以检验设计的合理性和评价施工质量，在蓄水期和运行期可以对坝的运行状态进行评估，及时发现问题，防止意外发生。除此之外，监测资料是最有价值的原型监测信息，基于监测资料可以进行反演分析，对设计参数和理论计算方法进行验证。

结合工程实践，笔者对依据土石坝和地基监测资料，采用反分析技术确定覆盖层地基和土石坝填筑料的本构模型参数进行了研究。尤其是在工程建设中出现变形异常的水库的后期安全评价和变形预测中，依据实际监测资料采用反分析技术对正确预测变形发展趋势十分必要和有效。此外，对于量大面广的已建运行的高土石坝，基于监测资料的反馈分析评价土石坝的运行形态和安全状况，是未来土石坝全生命周期安全评价和复核中的一项常态化工作。因此，反分析技术在覆盖层地基和土石坝工程领域具有很高的实用价值和广泛的应用前景。国内很多土石坝工程如公伯峡、西北口、三峡茅坪溪、水布垭等水电站均进行了依据监测资料的反馈分析。随着新疆一批砂砾石坝工程的建设，取得了系统的监测资料，可以依据施工期和运行期监测资料，对砂砾石坝体的变形参数进行反演。

3.5 直接剪切试验

直接剪切试验是测定土的抗剪强度的一种常用方法，对于砂砾料一般采用慢剪试验，即在试样上施加垂直压力及水平剪切力的过程中，均应使试样排水固结。

在直接剪切试验中，试验的破坏面（即剪切面）是人为确定的，试样中的应力和应变发布都不均匀且十分复杂，试样内各点应力状态及应力路径不同。直接剪切仪的另一缺点是不能控制试样的排水，但缓慢剪切可以达到完全排水的目的。

直接剪切试验包括缩尺直接剪切试验和原级配直接剪切试验。

3.5.1 缩尺直接剪切试验

缩尺方法包括：剔除法、等量替代法、相似级配法及混合法。虽然不同的方法可以尽可能地逼近于真实土料的抗剪强度特性，但是只能无限逼近于真实土料的抗剪强度。

3.5.2 原级配直接剪切试验

级配是影响土的抗剪强度的重要影响因素之一。不均匀系数越大，说明颗粒覆盖的粒径范围越广，其填充效果和土骨架越强，抗剪强度越大。但是砂砾料的颗粒尺寸过大时，在室内试验过程中，由于设备尺寸的限制，常常使用缩尺的方法近似地逼近真实土料的抗剪强度，而不能直接对真实土料进行试验分析。

原级配大型直接剪切试验可以很好地分析全级配条件下土体的抗剪强度，避免缩尺效应对抗剪强度的影响的同时，也可以对室内试验结果起到合理的修正作用。

3.6 典型工程砂砾料变形及强度参数

近年来，国内有大量新建、在建和拟建的砂砾石坝，结合这些重点工程的建设，在论证中开展了大量的室内和现场试验研究工作，包括室内大型三轴试验、超大型三轴试验，以及现场大型载荷试验。本节对包括阿尔塔什水利枢纽、大石峡水利枢纽和卡拉贝利水利枢纽等工程的相关室内和现场资料进行分析汇总。此外，目前，国内外很多大型工程均使用砂砾料进行坝体填筑，或者将砂砾料作为垫层料进行使用。本节根据工程应用情况，对砂砾料的粒度（典型粒径）、压实特性（干密度、相对密度）以及强度和变形特性（邓肯 $E—B$ 模型、$E—\mu$ 模型参数）进行汇总，方便实际工程利用工程类比法时，进行材料参数预估。

总之，无黏性粗粒土的抗剪强度指标，应根据岩性、级配、密度和应力水平等条件综合决定，对于高坝和重要性的工程，要进行大型的直接剪切仪或大型三轴仪试验，并尽量模拟现场的实际条件。

3.6.1 室内三轴试验确定的变形及强度参数

重点工程砂砾料的变形特性汇总见表 3-3（邓肯 $E-B$ 模型），若干工程砂砾料三轴试验强度和变形参数见表 3-4。

表 3-3　　　　　　　重点工程砂砾料的变形特性汇总表（邓肯 $E-B$ 模型）

工程名称	坝体分区	级配特性	干密度 ρ_d /（g/cm³）	试验状态	φ_0/(°)	$\Delta\varphi$/(°)	K	n	R_f	K_b	m
大石峡水利枢纽	垫层 S3 砂砾料	平均线	2.26	风干	51.10	6.10	1330.5	0.320	0.660	—	—
				饱和	48.70	5.10	1110.2	0.340	0.670	522.1	0.33
	主堆 S1 砂砾料	平均线	2.33	风干	53.60	7.60	1687.8	0.290	0.610	—	—
				饱和	51.90	6.70	1496.6	0.320	0.610	646.6	0.34
	主堆 S3 砂砾料	上包线	2.28	风干	53.10	7.60	1581.2	0.300	0.640	—	—
				饱和	50.20	6.20	1344.0	0.330	0.740	624.4	0.28
		平均线	2.27	风干	52.90	7.60	1537.4	0.290	0.670	—	—
				饱和	50.10	6.30	1294.1	0.320	0.740	545.9	0.26
			2.24	风干	51.50	7.00	1315.2	0.330	0.720	—	—
				饱和	49.00	5.70	1032.2	0.350	0.750	472.6	0.25
		下包线	2.22	风干	52.60	7.70	1336.6	0.280	0.640	—	—
				饱和	49.90	6.40	1191.3	0.300	0.740	497.2	0.21
阿尔塔什水利枢纽	主堆砂砾料	平均线	2.32	饱和	50.74	6.81	1462.0	0.434	0.765	677.0	0.32
			2.39	饱和	55.07	8.39	2239.0	0.403	0.761	865.0	0.29
	坝基		2.20	饱和	45.99	3.63	1203.0	0.480	0.784	560.0	0.29
			2.28	饱和	46.77	4.39	1870.0	0.440	0.725	752.0	0.27
卡拉贝利水利枢纽	主堆砂砾料	平均线	2.37	饱和	55.05	8.84	1646.0	0.410	0.780	806.0	0.33
			2.31	饱和	50.07	6.40	1286.0	0.450	0.850	565.0	0.40
	垫层料		2.36	饱和	55.16	8.55	1544.0	0.410	0.780	796.0	0.26
			2.30	饱和	50.02	6.23	1245.0	0.400	0.810	547.0	0.32

表 3-4　　　　　　　若干工程砂砾料三轴试验强度和变形参数表

工程名称	坝料（砂砾料）	干密度 ρ_d /（g/cm³）	强度参数					变形参数						
			c/ kPa	φ/ (°)	φ_0/ (°)	$\Delta\varphi$/ (°)	K	n	R_f	K_b	m	G	F	D
吉林台水电站	垫层料	2.17	61.0	41.5	48.00	5.70	2301.0	0.45	0.93	1023.0	0.39	0.51	0.19	4.83
	过渡料	2.28	68.0	43.3	51.30	5.90	3531.0	0.30	0.90	2783.0	0.08	0.50	0.12	5.04
	主堆砂砾料	2.19	88.0	44.4	52.10	6.80	3831.0	0.31	0.93	2852.0	0.08	0.48	0.11	5.13
	排水体	1.91	135.0	40.0	52.10	10.30	1434.0	0.41	0.85	873.0	0.05	0.43	0.18	7.57

工程名称	坝料（砂砾料）	干密度 ρ_d/ (g/cm³)	强度参数					变形参数							
			c/ kPa	φ/ (°)	φ_0/ (°)	$\Delta\varphi$/ (°)	K	n	R_f	K_b	m	G	F	D
公伯峡 水电站	主堆砂砾料	2.25			60.0	15.8	1200.0	0.35	0.61					
	主堆砂砾料	2.16	104.0	39.3	50.0	9.0	363.0	0.52	0.80	138.0	0.60	0.35	0.60	2.93
班多 水电站	垫层料 A	2.26	204.0	40.0	51.3	7.0	1678.0	0.30	0.78	1500.0	0.13	0.42	0.07	3.12
	垫层料 B	2.26	231.0	40.2	52.8	7.7	1820.0	0.90	0.75	1529.0		0.13	0.41	0.07
	主堆料 A	2.27	270.0	39.6	54.3	9.1	1721.0	0.27	0.76	1004.0	0.14	0.39	0.10	5.42
	主堆料 B	2.27	280.0	39.5	54.4	9.1	1766.0	0.29	0.77	1009.0	0.12	0.39	0.12	5.77
	主堆料 C	2.27	301.0	39.6	55.0	9.3	1778.0	0.28	0.75	1128.0	0.11	0.37	0.10	5.93
上张水库	主堆砂砾料，饱和	2.03	133.0	40.6	51.9	9.0	887.0	0.28	0.74	411.0	0.14	0.44	0.14	3.55
江坪河 水电站	主堆 3B1 砂砾料	2.25			48.4	5.5	1065.0	0.50	0.86	526.0	0.29			
巴山 水电站	3B2 主堆料， 砂砾料	2.20	216.0	40.4	53.6	8.7	1230.0	0.34	0.72	935.0	0.06	0.48	0.22	7.01
	左岸坝肩 覆盖层料	1.90	112.0	35.1	44.1	6.0	165.0	0.55	0.62	74.0	0.51	0.40	0.22	2.38
羊曲 水电站	主堆砂砾料	2.23	269.0	39.0	52.9	8.6	1575.0	0.37	0.76	1297.0	0.06	0.43	0.15	6.57
茨哈峡 水电站	垫层料平均 （S3 料场，干料）	2.26	204.5	41.0	51.1	6.1	1330.5	0.32	0.66	51.10	6.10			
	垫层料平均 （S3 料场，饱和）	2.26	169.1	40.3	48.7	5.1	1110.2	0.34	0.67	48.7	5.10	0.37	0.09	4.62
	主砂砾料平均 （S1 料场，干料）	2.33	262.6	41.0	53.6	7.6	1687.8	0.29	0.61	—	—			
	主砂砾料平均 （S1 料场，干料）	2.33	234	40.6	51.9	6.7	1496.6	0.32	0.61	646.6	0.34	0.39	0.10	6.26
	主砂砾料上包 （S3 料场，干料）	2.28	261.7	40.5	53.1	7.6	1581.2	0.30	0.64	—	—	—	—	—
	主砂砾料上包 （S3 料场，饱和）	2.28	205.4	39.9	50.2	6.2	1344.0	0.33	0.74	624.4	0.28	0.37	0.09	4.54
	主砂砾料平均 （S3 料场，干料）	2.27	259.6	40.2	52.9	7.6	1537.4	0.29	0.67	—	—	—	—	—
	主砂砾料平均 （S3 料场，饱和）	2.27	201.1	39.7	50.1	6.3	1294.1	0.32	0.74	545.9	0.26	0.36	0.09	4.76
	主砂砾料平均 （S3 料场，干料）	2.24	232.5	39.9	51.5	7.0	1315.2	0.33	0.72	—	—	—	—	—
	主砂砾料平均 （S3 料场，饱和）	2.24	184.2	38.7	49.0	5.7	1032.2	0.35	0.75	472.6	0.25	0.34	0.07	4.6
	主砂砾料下包 （S3 料场，干料）	2.22	264.6	39.6	52.6	7.7	1336.6	0.28	0.64	—	—	—	—	—

工程名称	坝料（砂砾料）	干密度 ρ_d/(g/cm³)	强度参数					变形参数						
			c/kPa	φ/(°)	φ_0/(°)	$\Delta\varphi$/(°)	K	n	R_f	K_b	m	G	F	D
茨哈峡水电站	主砂砾料下包（S3料场，饱和）	2.22	207.00	39.2	49.90	6.40	1191.3	0.30	0.74	497.2	0.21	0.35	0.09	5.16
	垫层料	2.36	110.45	42.5	55.16	8.55	1544.0	0.41	0.78	796.0	0.26			
肯斯瓦特水利枢纽	主堆砂砾料	2.19	0	36.5			690.0	0.31	0.84	320.0	0.21			
	垫层料	2.24	0	37.4			1400.0	0.17	0.72	830.0	0.37			
黑泉水库	主堆砂砾料	2.22	10.00	41.0	46.00	6.50	550.0	0.38	0.76	470.0	0.27	0.48	0.12	0.88
	主堆砂砾料	2.24	20.00	42.0	48.00	7.00	1400.0	0.34	0.89	890.0	0.31	0.48	0.10	1.02
察汗乌苏水电站	垫层料	2.19	102.00	38.6	46.50	5.70	1000.0	0.38	0.891	500.0	0.24			
	垫层料	2.24	168.00	37.7	49.60	8.30	1000.0	0.44	0.873	540.0	0.06			
	小区料	2.19	224.00	36.9	51.80	10.00	1260.0	0.60	0.922	840.0	0.19			
	小区料	2.24	228.00	38.5	53.70	10.60	1850.0	0.44	0.871	1100.0	0.19			
	主堆砂砾料	2.02	142.00	36.9	47.60	7.40	600.0	0.24	0.83	140.0	0.29	0.33	0.11	4.25
	主堆砂砾料	2.19	159.00	38.2	50.00	8.30	1200.0	0.16	0.822	315.0	0.13			
	主堆砂砾料	2.24	197.00	39.0	51.90	8.90	1250.0	0.49	0.851	460.0	0.31			
	次砂砾料	1.98	0.149	36.1	47.30	7.80	460.0	0.34	0.814	190.0	0.13	0.4	0.2	4.44
	次砂砾料	2.16	0.189	38.1	51.40	9.30	1030.0	0.28	0.823	460.0	0.05	0.48	0.23	3.19
	坝基砂砾料	2.11（0.75）	115.00	38.7	48.50	7.20	500.0	0.44	0.84	240.0	0.18	0.39	0.14	3.61
	坝基砂砾料	2.15（0.9）	160.00	38.5	50.00	8.10	1000.0	0.24	0.903	360.0	0.07			
白杨河水库	坝基砂砾料	2.18	67.00	37.8	44.10	4.90	430.0	0.56	0.912	230.0	0.04	0.4	0.2	2.52
	坝壳砂砾料	2.19	98.00	39.4	47.60	6.30	620.0	0.57	0.906	410.0	0	0.43	0.17	1.95
黑孜水库	坝壳砂砾料	2.17					1000.0	0.30		460.0	0.24			
	坝基砂砾料	2.26					1230.0	0.51		1190.0	0.11			

3.6.2　大型载荷试验确定的变形参数

阿尔塔什水利枢纽和卡拉贝利水利枢纽工程，对砂砾料开展了大型载荷试验。现场大型载荷试验曲线见图3-5。据此确定了砂砾料的临塑荷载值、极限荷载值和变形模量。现场大型载荷试验结果见表3-5。从表3-5中可以看出，在设计填筑条件下，卡拉贝利水利枢纽筑坝砂砾料临塑荷载值、极限荷载值和变形模量的平均值为3.67MPa、5.37MPa和136.20MPa，阿尔塔什水利枢纽砂砾料临塑荷载值、极限荷载值和变形模量的平均值分别为5.09MPa、3.16MPa和127.43MPa。现场大型载荷试验荷载～变形曲线可以作为进一步进行有限元反演分析的可靠资料，公伯峡水电站、阿尔塔什水利枢纽、卡拉贝利水利枢纽室内试验变形参数与基于大型载荷试验的反演参数对比见表3-6。

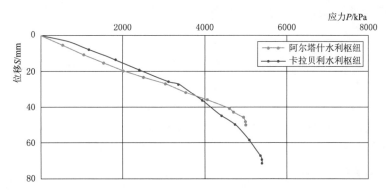

图 3-5 现场大型载荷试验曲线

表 3-5　　　　　　　　　　　现场大型载荷试验结果表

工程名称	试验砂砾料	临塑荷载值（比例界限值）P_f/MPa	极限荷载值 P_l/MPa	变形模量 E_0/MPa
卡拉贝利水利枢纽	第1组	3.50	5.3	124.1
	第2组	3.40	5.35	127.6
	第3组	3.80	5.45	156.9
	平均值	3.67	5.37	136.20
阿尔塔什水利枢纽	第1组	5.21	3.21	135.58
	第2组	5.06	3.16	133.47
	第3组	5.00	3.11	113.24
	平均值	5.09	3.16	127.43

表 3-6　　　　　　室内试验变形参数与基于大型载荷试验反演参数对比表

工程名称	参数类别	干密度 ρ_d	K	n	K_b	m
公伯峡水电站	试验参数	3BI1，堆石料干密度 2.06g/cm³	1422	0.26	650	0.062
		3BI2，堆石料干密度 2.12g/cm³	760	0.65	380	0.17
		3BII，砂砾料干密度 2.14g/cm³	1000	0.48	410	0.03
	反演参数	3BI1，现场平均干密度 2.17g/cm³	1639	0.206	0.037	406
		3BI2，现场平均干密度 2.17g/cm³	1783	0.238	0.030	841
		3BII，现场平均干密度 2.34g/cm³	2786	0.243	0.005	979
阿尔塔什水利枢纽	试验参数	砂砾料（相对密度 0.90 控制）干密度 2.32g/cm³	1462	0.434	779	0.32
		堆石料（设计孔隙率 19%）干密度 2.20g/cm³	1000	0.53	500	0.13
	反演参数	砂砾料干密度 2.36g/cm³	1650	0.56	910	0.281
		堆石料干密度 2.20g/cm³	910	0.33	430	0.11
卡拉贝利水利枢纽	试验参数	试验控制（相对密度 0.88 控制）干密度 2.31g/cm³	1286	0.45	565	0.40
	反演参数	现场控制干密度 2.37g/cm³	1749	0.47	896	0.43

3.6.3　现场大型直接剪切试验确定的强度参数

主堆砂砾料和垫层料现场大型直接剪切试验的设备主要由以下构件组成：直接剪切盒、下盖板、滚排、上盖板、自反力框架、垂直向 1000t 千斤顶、水平向 1000t 千斤顶等。其中剪切盒的长×宽（150cm×150cm），剪切盒高度 122cm，下直接剪切盒的高度为 44cm。直接剪切试验的垂直向荷载是通过主梁和副梁传递到 4 根反力桩承担，水平荷载由自反力框架承担。垂直向位移由安装在上盖板上的 4 只位移传感器测量，百分表由磁性表架固定在基准梁上，水平向位移由安装在剪切盒两侧直接剪切缝处的 2 只位移传感器测量。现场大型直接剪切试验见图 3-6。

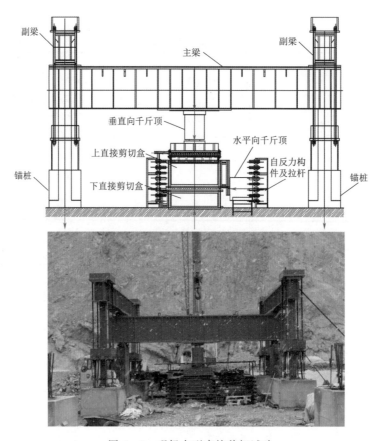

图 3-6　现场大型直接剪切试验

直接剪切试验是在制备好的试样上，施加一垂向荷载（即法向应力），待沉降稳定后，分级施加水平荷载（水平推力），记录直接剪切荷载及剪切位移，直至破坏。对同一组试验内各试样所施加的垂向荷载 σ_v（法向应力）、抗剪峰值 τ（直接剪切应力），采用最小二乘法线性回归分析，便可得到试验料的 c（黏聚力）、φ（内摩擦角）。其试验砂砾料的抗剪强度指标见表 3-7。

（1）由于尺寸效应，室内试验（目前国内大型直接剪切试验最大尺寸为 80cm×

80cm）得到抗剪强度参数及设计指标，难以反映实际坝料真实性能。对原级配实际坝料进行高应力下（最高达 1.5MPa）、150cm×150cm 的现场大型直接剪切试验，可以直接得到实际坝料真实直接剪力性能、直接剪力强度参数和设计指标。

（2）现场大型直接剪切试验得到的实际坝料真实的直接剪力性能、直接剪力强度参数等，是进行尺寸效应研究的宝贵资料和比较基础。

表 3-7 现场大型直接剪切试验砂砾料的抗剪强度指标表

工程名称	试样名称	干密度 $\rho_d/$ (g/cm³)	非线性强度指标		线性强度指标	
			$\varphi_0/(°)$	$\Delta\varphi/(°)$	c/kPa	$\varphi/(°)$
卡拉贝利水利枢纽	砂砾料（干燥样，库区料场）	2.37	57.4	8.82	121.20	44.80
	砂砾料（饱和样）	2.37	56.6	9.40	118.20	43.40
	垫层料（干燥样）	2.36	57.1	10.80	125.70	42.10
	垫层料（饱和样）	2.36	54.7	10.10	115.50	40.50
阿尔塔什水利枢纽	砂砾料（干燥样）		125.5	40.87	52.61	7.46
	砂砾料（饱和样）		122.0	39.35	51.81	8.06
	垫层料（干燥样）		111.9	40.39	52.01	7.69
	垫层料（饱和样）		103.4	39.19	50.59	7.57

3.6.4 基于超大型三轴试验确定的变形参数

阿尔塔什水利枢纽混凝土面板坝工程坝高 164.8m，且建基于厚 93.8m 的深厚覆盖层上，其工程规模大，覆盖层深厚且处于强震区，大坝的变形控制十分重要。工程在设计论证阶段，开展了室内大型三轴试验（试样直径 300mm）和超大型三轴试验（试样直径 800mm）研究，试验砂砾料最大粒径分别为 6cm 和 16cm，开展了固结排水直接剪力试验，研究了筑坝料缩尺效应对坝料砂砾料特性的影响。

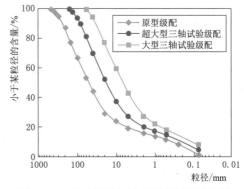

图 3-7 试验级配与试验原型级配对比图

试验原型级配、大型三轴试验级配与超大型三轴试验级配（见图 3-7），砂砾料偏应力～轴向应变～体积应变关系见图 3-8，不同缩尺条件下阿尔塔什水利枢纽筑坝砂砾料邓肯 E—B 模型参数见表 3-8，不同围压下砂砾料颗粒破碎率见表 3-9。

表 3-8 不同缩尺条件下阿尔塔什水利枢纽筑坝砂砾料邓肯 E—B 模型参数表

试验材料	试样直径 /mm	最大粒径 /mm	干密度 $\rho_d/$ (g/cm³)	$\varphi_0/(°)$	$\Delta\varphi/(°)$	K	n	R_f	K_b	m
砂砾料	300	60	2.302	47.9	8.0	1320	0.45	0.82	680	0.22
	800	160	2.302	52.9	9.0	1750	0.5	0.85	950	0.25

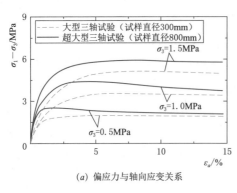 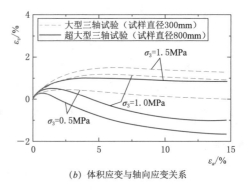

(a) 偏应力与轴向应变关系   (b) 体积应变与轴向应变关系

图 3-8 砂砾料偏应力～轴向应变～体积应变关系图

表 3-9 不同围压下砂砾料颗粒破碎率表

试验编号	$B_m/\%$		
	$\sigma_3 = 0.5\text{MPa}$	$\sigma_3 = 1.0\text{MPa}$	$\sigma_3 = 1.5\text{MPa}$
超大型三轴	1.9	3.9	5.6
大型三轴	1.6	3.2	4.8

从图 3-7 中可以看出，随着最大粒径的增大，较高围压下峰值应力处的轴向应变以及最大体变均减小，相同围压下大型三轴试验的变形模量、体积模量以及峰值强度均要低于超大型三轴试验。由邓肯 E—B 模型参数试验结果可知，砂砾料超大型三轴试验的邓肯 E—B 模型模量参数 K 和 K_b 约为大型三轴试验的 1.3～1.4 倍。砂砾料的颗粒本身较为浑圆，破损主要以整体破裂为主，破裂后的颗粒会产生明显的棱角，对砂砾料抵抗变形的能力可能起到提高的作用。此外，阿尔塔什水利枢纽砂砾料原型级配缩尺后可能较大程度地改变了材料骨架的结构，导致强度及模量的降低。从破碎率来看，相同围压下超大型三轴动静试验的砂砾料的颗粒破碎率与大型三轴动静试验的差距不大，前者较后者仅大 0.3%～0.8%。

3.6.5 基于旁压试验确定的覆盖层砂砾料变形参数

察汗乌苏水电站工程位于新疆巴音郭楞蒙古自治州和静县境内的开都河中游河段，是开都河 9 个梯级电站中装机容量最大的骨干工程之一，水库正常蓄水位 1649.00m，最大坝高 110m，坝顶长 337.6m，覆盖层最大深度 54.7m。

（1）坝基覆盖层概况。工程坝址区河床及左岸宽缓平台上广泛分布着第四纪全新世松散堆积物覆盖层，主要由河流冲积漂石砂卵砾石层及含砾中粗砂层组成。分布宽度一般为 70～90m，厚度 34～46m，最厚达 54.7m，其中趾板线一带分布宽度 80～100m，最大厚度 46m 左右；坝轴线附近分布宽度 75～85m，最大厚度 44m 左右；下游坝坡一带分布宽度 70～80m，最大厚度 50m 左右。

按颗粒的组成和结构的不同，可将覆盖层分为上、中、下三大层，属 2 个岩组。其中上、下部为漂石砂卵石层，属一岩组。中部为含砾中粗砂层，属于另一岩组。

上部漂石砂卵砾石层，左岸厚度一般为 22～27m，河床部位厚度一般为 17～21m，平均 19.24m，底面高程 1517.73～1528.27m。下部漂石砂卵砾石层厚度 11～19m，平均 19.24m，顶面高程 1512.53～1524.69m。漂石砂卵砾石层局部有大孤石，偶夹厚度不等的含砾中粗砂透镜体（厚度一般小于 1.0m）。漂石砂卵石磨圆度好，分选性差，结构呈中等密实～密实状态。颗粒岩性主要为花岗岩、灰岩、各种熔岩、凝灰岩和变质砂岩等。颗粒组成以粗粒为主，级配不良。

中部含砾中粗砂层厚 4.5～8.5m，最厚 8.74m，最薄 3.58m，平均厚度 5.94m。左岸部位埋深 22～27m，平均 25.25m，顶、底高程分别为 1517.93m、1528.27m。河床部位埋深一般 17～21m，平均 19.24m，顶、底高程分别为 1512.53m、1524.69m。该层纵、横向分布连续，以中粗砂为主，结构呈中等密实—密实状态。

（2）原位和室内试验成果。现场旁压试验结合补充钻探工作进行，补充钻探集中于坝趾线上钻孔。对于旁压试验孔，要求钻孔扰动小、孔壁完整平直，且不能穿过大块石。对于选定的试验孔，实行 24 小时跟班作业，首先以 $\phi76$mm 钻头钻进，每次进尺 1.0m。如发现适合于试验的部位，立即下旁压仪探头进行试验。否则，对已进尺部位换大一号钻头进行扩孔，至先前进尺位置，再换 $\phi76$mm 钻头钻孔进尺。如此逐米寻找，对试验孔累计钻孔寻找 100m，进行了 10 个旁压仪试验，成功取得了 6 条完整原位旁压试验曲线，其中 4 个位于砂砾石土层，2 个位于含砾中粗砂土层。试验深度 6.6～38.1m。旁压仪试验取得的 6 个完整的旁压荷载与体变关系曲线见图 3-9，经过整理的旁压荷载与旁压位移关系的试验曲线见图 3-10。这些旁压曲线均体现了一般旁压试验结果的特征规律。

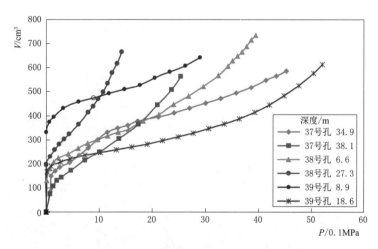

图 3-9 原始旁压曲线试验结果图

坝基和坝体料三轴压缩试验结果见表 3-10。

（3）大坝地基覆盖层反演结果。根据室内试验结果，给定 R_f、$\Delta\varphi$、φ_0 的值（坝基中粗砂 $m=0.033$，$R_f=0.75$，$\Delta\varphi=3.2°$，$\varphi_0=46.5°$；坝基砂卵石 $m=0.180$，$R_f=0.84$，$\Delta\varphi=7.2°$，$\varphi_0=48.5°$），以大型静力三轴试验结果确定的 K、n 及 K_b、m 参数值作为基

础，确定反演变量的初值变化范围，采用基于和声算法的反演程序进行反演计算。其反演参数对比见表 3-11。

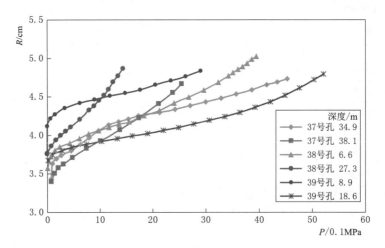

图 3-10   旁压荷载与旁压位移关系试验曲线图

表 3-10   坝基和坝体料三轴压缩试验结果表

试样名称	干密度 ρ_d / (g/cm³)	R_f	$\Delta\varphi$/(°)	K	n	K_b	m
过渡料	2.086	0.950	51.2	7.9	860	0.52	880	0.240
	2.200	0.848	60.7	14.8	2000	0.38	950	0.470
主砂砾料	2.020	0.830	47.6	7.4	600	0.24	140	0.290
	2.190	0.891	53.2	10	14000	0.40	580	0.170
次砂砾料	1.980	0.814	47.3	7.8	460	0.34	190	0.130
	2.160	0.823	51.4	9.3	1030	0.28	460	0.050
坝基砂砾料	2.110	0.840	48.5	7.2	500	0.44	240	0.180
	2.150	0.903	50.0	8.1	1000	0.24	360	0.070
下游堆石料	2.100	0.866	54.4	10.7	990	0.37	510	0.150
坝基中粗砂	1.840	0.745	46.5	3.2	657	0.33	405	0.233

注：表格中 R_f、$\Delta\varphi$ 两列数值横向位置对应关系。

表 3-11   地基覆盖层室内试验参数与反演参数对比表

参数来源	材料名称	干密度 ρ_d/(g/cm³)	K	n	K_b	m
室内试验参数	砂砾石	2.37	800	0.44	400	0.2
	中粗砂	2.16	600	0.33	300	0.04
反演参数	砂砾石	2.37	1353	0.28	345	0.23
	中粗砂	2.16	1195	0.32	300	0.19

从表 3-11 中可以看出，覆盖层邓肯—张模型参数的反演值与室内实验值差异很大。其中 K 和 K_b 的反演值明显大于室内试验值，且考虑 K 和 K_b 相关性的反演值要大于不考虑 K 和 K_b 相关性的反演结果。

采用反演得到的土体模型参数，对各测试点分别进行旁压试验有限元分析，得到反演参数计算的旁压曲线（见图3-11）。为了比较，图3-11中还同时给出了实测旁压试验曲线（称为实测旁压曲线）和采用室内试验参数的计算旁压曲线。

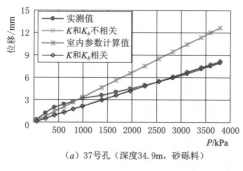
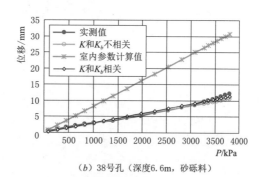

（a）37号孔（深度34.9m，砂砾料）　　　　　（b）38号孔（深度6.6m，砂砾料）

图3-11　旁压试验侧壁位移计算值与实测值对比图

从图3-11中可以看出，采用反演参数的计算旁压曲线与实测旁压试验曲线基本一致，而采用室内试验参数的计算曲线与实测旁压曲线相去甚远，说明室内试验确定的邓肯—张模型参数与实际有较大差异，表明覆盖层地基土体的原位结构性、原位级配及原位密度等因素的影响显著，考虑这些因素的影响有重要意义。

（4）室内试验参数、反演参数计算沉降与监测资料的对比。察汗乌苏水电站混凝土面板坝工程采用水管式沉降仪和电磁式沉降仪相结合的方法进行坝体及覆盖层地基沉降监测，由于坝基存在34~46m的深厚覆盖层，在坝基河床中部沿上下游方面还布置了1个与坝轴线斜交的分层竖向位移监测断面，在该断面处布置了3套电磁式沉降管，分别位于坝上0-040.00、坝轴线0+00.00和坝下0+040处。监测资料表明，坝体最大沉降量为79.4cm，覆盖层最大沉降量为69.4cm。

对察汗乌苏水电站混凝土面板坝进行三维应力应变分析表明，覆盖层参数采用室内试验值时，计算得到的覆盖层最大沉降为104.2cm，远大于监测到的最大沉降值；覆盖层参数采用反演值时，覆盖层最大沉降为56.7cm，与监测实际沉降值比较接近。坝上0-040.00、坝轴线0+00.00和坝下0+040.00处沉降计算值与监测值对比结果分别见图3-13~图3-15。

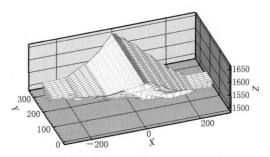

图3-12　察汗乌苏水电站混凝土面板坝
三维有限元网格图

从图3-13~图3-15中可以看出，覆盖层参数采用室内试验值时，计算得到的覆盖层顶部（高程1544.00m处）沉降值远大于实际监测值，覆盖层参数采用反演值时，计算得到的覆盖层顶部沉降值（高程1544.00m处）与实际监测值比较接近。说明察汗乌苏水电站深厚覆盖层具有显著的原位效应，采用现场取散装样运至试验室进行室内缩尺的室内模拟试验，由于原位结构效应和尺寸效应的影响，难以反映覆盖层土体的实际情况，基于现场试验的反演参数能够较好地反映坝基覆盖层的实际情况。

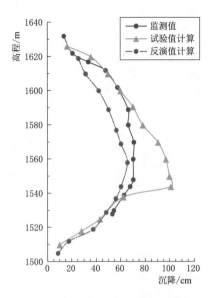

图 3-13 坝上 0-040.00 处沉降
计算值与监测值对比图

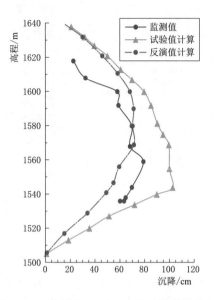

图 3-14 坝轴线 0+00.00 处沉降计算值与
监测值对比图

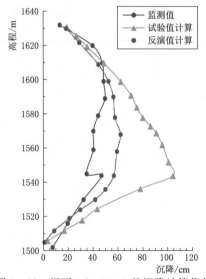

图 3-15 坝下 0+040.00 处沉降计算值与
监测值对比图

4 砂砾料渗透工程特性

砂砾料筑坝技术中,砂砾料渗透性和渗透变形特性,主要涉及三个方面的问题。

(1) 土石坝坝体和坝基的渗漏量大小将直接关系到工程的经济效益,渗流量的异常增大也是大坝发生病患的重要表征指标。砂砾料渗透性大小主要以渗透系数来表示,达西定律中提出了渗透系数的概念,表示水在土中流动的难易程度。渗透系数的大小与其粒径大小和级配、孔隙比、矿物成分及结构等有关,其中级配和孔隙比是主要影响因素。由于天然砂砾料级配离散性大、渗透系数变化大(从 1×10^0 cm/s 到 1×10^{-3} cm/s,甚至 1×10^{-4} cm/s),又因为砂砾料磨圆度好,施工时容易发生粗细颗粒上下层分选,同一碾压层土体从上到下渗透性不同,特别是粒径小于 5mm 的细颗粒含量较大时,振动碾压容易在表面层形成细颗粒层,使碾压层的垂直渗透性小于水平渗透性,导致渗透各向异性。如何合理测定砂砾料渗透特性,并合理评价坝体整体渗透性,是值得研究的问题。另外受仪器尺寸的限制,室内试验需对砂砾料进行缩尺,测定的渗透系数是否能反映坝料原级配的真实渗透特性,也是需要进一步研究的问题。

(2) 流经土体的水流对土颗粒有推动、摩擦和拖曳的作用力,称为渗透力。当渗透力过大时就会引起土颗粒的移动,从而造成土工建筑物及地基发生渗透变形,产生细颗粒被水带出的现象。渗透变形问题直接关系到大坝的安全,它是坝体和地基发生破坏的重要原因之一。从近年来资料看,渗透破坏占土石坝失事总数的 1/4～1/3。坝基及坝体的渗透变形最常见区域是渗流出口和不同土层之间的接触部位。土的渗透变形或破坏形式可以分为四种类型。

1) 管涌。渗流带走土中的细小颗粒,使孔隙不断扩大,渗透流速不断增大,较粗的颗粒也相继被水流逐渐带走,从而形成管状渗流通道,最终产生大面积坍塌。

2) 流土。在向上的渗流作用下,土体表面局部隆起、浮动或某土块体同时起动而流失。

3) 接触流失。在层次分明、渗透系数相差很大的两土层之间发生垂直层面方向的渗流,细粒层中的细颗粒流入粗粒层的现象称为接触流失。表现形式可能是较细层中的单个颗粒进入粗粒层,也可能是细颗粒群体同时进入粗粒层。

4) 接触冲刷。渗流沿着不同级配土层的接触面层层带走细颗粒的现象。

实际坝体及地基渗透破坏形式可能是上面所列举的某一种形式,也可能是其中某几种形式的综合反映。土抵抗渗透变形的能力称为土体的抗渗强度,通常以临界水力比降来表示，土的抗渗强度通过试验确定，也可以通过半经验公式估计。天然砂砾料经常出现缺少1～10mm的粒组，为不连续级配，其抗渗强度低于连续级配。由于仪器尺寸的限制，室内试验存在缩尺效应，测定的砂砾料渗透破坏坡降是否能反映坝料原级配的真实渗透变形性能，对此人们还存有疑虑。

（3）当渗流量和渗透变形不满足设计要求时，要采用工程措施加以控制，称为渗流控制。分析内容包括：坝体和坝基的渗流量、渗流场分布、水力坡降分布及出逸口水力比降大小等，在此基础上评价坝体和坝基的渗透安全性。合理进行坝体结构设计，满足水力坡降过渡。另外，增加有效渗流路径，合理设置反滤层，满足排水反滤要求，保护渗流出逸口，是渗流控制的重要内容同时也是提高渗透安全的有效措施。

本章对渗透和渗透变形基本概念进行了介绍，在此基础上重点对砂砾料的基本渗透性能和典型工程的原位渗透特性进行总结分析。

4.1 基本概念

4.1.1 达西定律

达西对土的渗透性研究发现，水在土中的渗透速度与试样两端面之间的水头差成正比，与渗流路径长度成反比。达西定律假定单位时间通过截面积 A 的渗水量 Q 与上下游水头差（h_1-h_2）成正比，与试样长度 L 成反比，即：

$$Q=KA\frac{h_1-h_2}{L}=KAJ \tag{4-1}$$

$$J=\frac{h_1-h_2}{L}$$

式中　J——水力比降。

渗流流速 v 为：

$$v=\frac{Q}{A}=KJ \tag{4-2}$$

式中　K——渗透系数。

达西定律只适用于层流运动，其适用范围上限通常采用临界雷诺数判别。雷诺数为流体惯性力与黏滞力之比，流速增大，雷诺数增大，当黏滞力失去主控作用，渗流将由层流转向紊流。资料表明，在砂砾料和一些堆石料中，当渗流速度大于 0.5～0.7cm/s 时，渗流将不符合达西定律。

4.1.2 渗透系数

土的渗透系数是一个代表土的渗透性强弱的定量指标，不同种类的土，渗透系数差别很大。因此，准确地测定土的渗透系数是一项十分重要的工作。

（1）渗透系数测定方法。渗透系数 K 的测定方法分室内试验测定和野外现场测定两大类，这里只介绍室内渗透试验。

砂砾料室内圆筒渗透试验装置见图 4－1，为常水头试验法，通过调节下游水位而变化水头。试验前土样应充分饱和，以排除土孔隙中气泡的影响，使渗流通道完全畅通。饱和时通常采用无空气水，同时使试验水温略高于室温，以保证水中空气不因升温而析出。

渗透系数计算：

$$K = \frac{QL}{AH} \qquad (4-3)$$

式中　H——水头差；

　　　Q——稳定时的渗流量；

　　　A——试样过水断面面积；

　　　L——试样渗径长度。

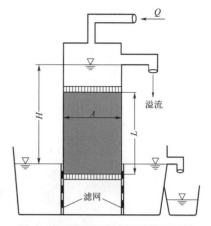

图 4-1　砂砾料室内圆筒渗透试验
装置示意图

K 值还与试验用水的温度有关。通常以 20℃时的水温所测定的渗透系数作为标准的 K 值。若试验时为 t℃水温，由式（4-4）换算为 20℃时的渗透系数：

$$K_{20℃} = K_t \frac{\eta_{t℃}}{\eta_{20℃}} \frac{\gamma_{w\,20℃}}{\gamma_{w\,t℃}} \qquad (4-4)$$

式中　η——水的黏滞性。

颗粒级配组成对砂砾料的渗透系数影响较大，其中主要是粒径小于 5mm 的细粒含量及粒径小于 0.075mm 的含泥率，一般在 $5 \times 10^{-3} \sim 1\text{cm/s}$ 之间变化。

（2）渗透系数的影响因素。由于渗透系数 K 综合反映了水在土孔隙中流动的难易程度，影响 K 值大小的因素包括粒径大小与级配、孔隙比、矿物成分、结构和饱和度。尤其是级配和孔隙比影响最大。水流通过土体的难易程度与土中的孔隙的直径大小（反映在颗粒大小和级配上）和单位土体中的孔隙体积（反映在孔隙比上）直接相关。土中孔隙直径的平均值很难量测，但其大小一般由细颗粒所控制，这是因为在粗颗粒形成的大孔隙中还可被细颗粒充填所致。因此，有学者提出土的渗透系数可用有效粒径 d_{10} 来表示，例如最早的哈臣（A. Hzzen，1911）公式，就是通过对 $d_{10} = 0.1 \sim 3.0\text{mm}$ 的均匀砂土的进行了一系列试验后建立的 d_{10} 与渗透系数 K 之间的经验关系式（4-5），即：

$$K = c d_{10}^2 \qquad (4-5)$$

式中　c——经验系数。

当 d_{10} 用 cm、K 用 cm/s 表示时，c 变化于 $40 \sim 150$ 之间。

4.1.3　渗透力

渗流作用下的单元土粒，首尾两侧出现水头差。单元土粒处于两个力的作用下，一个是垂直作用于颗粒表面的单元渗透水压力 P_i；另一个是沿土粒表面切线方向的单元渗流摩擦力 τ_i，摩擦力的总方向和渗流方向相一致。由于层流中的流速很小，流速水头可忽略不计。用矢量表示这两种单元力，可以得到渗流作用在单元颗粒上的合成单元力 r [图 4-2 (a)]。假如研究的是某一单位体积的土体，同样可找到渗流作用于单位土体上的合

力 R ［图 4-2 (b)］。这个力 R 称为渗流作用下的单位渗透阻力，是一种体积力。一般将矢量 R 分解为两个分力，一个沿垂直向的矢量 $\overline{W}_1$，它就是渗流作用下单位体积的浮托力，$\overline{W}_1=(1-n)\gamma_w$；另一个沿流线的切线方向的矢量 $\overline{W}_\varphi$，该矢量称为单位体积的渗透力，简称渗透力。

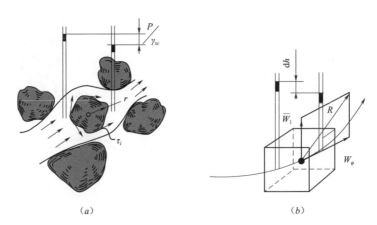

(a)　　　　　　　　　　　(b)

图 4-2　土体中渗透阻力示意图

$$\overline{W}_\varphi = -\gamma_w \mathrm{d}h/\mathrm{d}s = -\gamma_w J \tag{4-6}$$

式中　γ_w——水的容重；

　　　$\mathrm{d}h$——在长度 $\mathrm{d}s$ 的路径上损失的测压管水头。

有渗流的建筑物及地基均承受上述渗透力，作用于土体中的渗透力会引起土体的渗透变形。

4.1.4　渗透变形

4.1.4.1　渗透变形的类型

无黏性土的渗透变形有管涌、流土、接触流失及接触冲刷四种类型，管涌和流土主要出现在均质的土层中，接触流失和接触冲刷主要出现在多层地基土或水工建筑物的反滤层中。

4.1.4.2　流土和管涌的判别方法

无黏性土渗透变形形式的判别可采用以下方法：

（1）不均匀系数 $C_u \leqslant 5$ 时，一般只有流土一种形式。

（2）对于不均匀系数 $C_u > 5$ 的土可采用下列判别方法：

管涌：$P < 25\%$

流土：$P \geqslant 35\%$

过渡型：$25\% \leqslant P < 35\%$

P 为土体中的细料含量，确定细料含量的方法如下：

1）级配不连续的土。当颗粒级配曲线中至少有一个粒组颗粒含量不大于 3% 的土，称为级配不连续的土。如工程中常见的砂砾料，粒径 $1\sim2\mathrm{mm}$ 和 $2\sim5\mathrm{mm}$ 的两种粒径组的总含量一般不大于 6%，此种土称为级配不连续的土。将不连续部分分为粗料和细料，并以此确定细粒含量 P。对于天然无黏性土，不连续部分的平均粒径多为 2mm，也可以将小于 2mm 的粒径含量称为细料含量。

2）级配连续的土。粗细料的区分粒径为：

$$d = \sqrt{d_{70} d_{10}} \tag{4-7}$$

式中　d_{70}——小于该粒径的含量占总土重的 70％ 的颗粒粒径，mm；

　　　　d_{10}——小于该粒径的含量占总土重的 10％ 的颗粒粒径，mm。

（3）接触冲刷宜采用下列方法判别。对双层结构的地基，当两层土的不均匀系数均不大于 10，且符合式（4-8）规定的条件时不会发生接触冲刷。

$$\frac{D_{10}}{d_{10}} \leqslant 10 \tag{4-8}$$

式中　D_{10}、d_{10}——较粗和较细土层颗粒粒径，mm，小于该粒径的土重占总土重的 10％。

（4）接触流土宜采用下列方法判别。对于渗流方向向上的情况，符合下列条件将不会发生接触流失。

1）不均匀系数不大于 5 的土层：

$$\frac{D_{15}}{d_{85}} \leqslant 5 \tag{4-9}$$

式中　D_{15}——较粗一层土的颗粒粒径，mm，小于该粒径的土重占总土重的 15％；

　　　　d_{85}——较细一层土的颗粒粒径，mm，小于该粒径的土重占总土重的 85％。

2）不均匀系数不大于 7 的土层：

$$\frac{D_{20}}{d_{70}} \leqslant 7 \tag{4-10}$$

式中　D_{20}——较粗一层土的颗粒粒径，mm，小于该粒径的土重占总土重的 20％；

　　　　d_{70}——较细一层土的颗粒粒径，mm，小于该粒径的土重占总土重的 70％。

4.1.4.3 流土与管涌的临界水力比降

（1）流土型：

$$J_{cr} = (G_s - 1)(1 - n) \tag{4-11}$$

式中　J_{cr}——土的临界水力比降；

　　　　G_s——土粒比重；

　　　　n——土的孔隙率，以小数计。

（2）管涌型或过渡型：

$$J_{cr} = 2.2(G_s - 1)(1 - n)^2 \frac{d_5}{d_{20}} \tag{4-12}$$

式中　d_5、d_{20}——小于该粒径的含量占总土重的 5％ 和 20％ 的颗粒粒径，mm。

（3）管涌型也可采用（4-13）计算：

$$J_{cr} = \frac{42 \, d_3}{\sqrt{\dfrac{K}{n^3}}} \tag{4-13}$$

式中　K——土的渗透系数，cm/s；

　　　d_3——小于该粒径的含量占总土重的3%的颗粒粒径，mm。

（4）当$C_u > 5$时可采用：

$$J_{cr} = \frac{0.11}{\sqrt[3]{K}} \qquad (4-14)$$

4.1.4.4　无黏性土的允许水力比降

（1）以土的临界水力比降除以$1.5 \sim 2.0$的安全系数；当渗透稳定对水工建筑物的危害较大时，取2的安全系数；对于特别重要的工程也可用2.5的安全系数。

（2）当无试验资料时，可根据表4-1选用经验值。

表4-1　　　　　　　　无黏性土允许水力比降J_c表

允许水力比降	渗透变形形式					
	流　土　型			过渡型	管　涌　型	
	$C_u \leqslant 3$	$3 < C_u \leqslant 5$	$C_u > 5$		级配连续	级配不连续
J_c	$0.25 \sim 0.35$	$0.35 \sim 0.50$	$0.50 \sim 0.80$	$0.25 \sim 0.40$	$0.15 \sim 0.25$	$0.10 \sim 0.20$

注　本表不适用于渗流出口有反滤层情况。若有反滤层作保护，流土型及过渡型可提高3倍，管涌型可提高2倍。

4.1.4.5　接触冲刷的临界水力比降与接触流失的水力比降

（1）接触冲刷的临界水力比降。接触冲刷多发生在土石坝的排水体及有粗颗粒组成的多层地基中，B.C.依斯托美娜的研究表明，无黏性土接触冲刷的临界水力比降取决于两相邻土层的有效粒径d_{10}及D_{10}和细粒土层摩擦系数$\tan\varphi$，$J_{K \cdot cr}$与$\dfrac{D_{10}}{d_{10}\tan\varphi}$的关系曲线见图4-3，其中允许水力比降可除以1.5的安全系数。

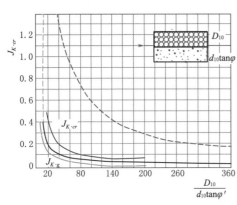

图4-3　$J_{K \cdot cr}$与$\dfrac{D_{10}}{d_{10}\tan\varphi}$的关系曲线图

$$J_{K \cdot g} = \frac{J_{K \cdot cr}}{1.5} \qquad (4-15)$$

从图4-3中可以看出，为使相邻土层在纵向渗流作用下，不产生接触冲刷的条件为$\dfrac{D_{10}}{d_{10}} \leqslant 10$，此时$J_{K \cdot cr} > 1.3$。当$\dfrac{D_{10}}{d_{10}} > 10$时，$J_{K \cdot cr}$急骤减小，易产生接触冲刷。

初步研究表明，当砾石层与饱和度$S_r \geqslant 0.95$的黏性土接触时，$J_{K \cdot cr} = 0.4 \sim 0.5$。当砾石层的孔隙平均直径为3mm时，$J_{K \cdot cr} = 0.6 \sim 0.8$时不会发生接触冲刷。

根据苏联水工科学的研究结果，当两相邻土层中从细粒层带出的土颗粒$d_i > d_3$时，接触冲刷的临界水力坡降可按式（4-16）确定：

$$J_{K \cdot cr} = \left(3 + 15\frac{d_3}{D_0}\right)\frac{d_3}{D_0}\sin\left(30° + \frac{\theta}{8}\right) \qquad (4-16)$$

式中　d_3——细粒层中小于该粒径的土的质量占总质量的3%，（若不易求得d_3可用d_5代替）；

　　　θ——水流方向与重力的夹角。

如果水流方向呈水平向，则：

$$J_{K \cdot cr} = \left(1.51 + \frac{d_3}{D_0}\right)\frac{d_3}{D_0} \tag{4-17}$$

$$D_0 = 0.46 \sqrt[6]{C_u} \frac{n}{1-n} D_{17} \tag{4-18}$$

式中　D_0——粗粒土的孔隙平均直径；

　　　D_{17}——小于该粒径土的质量占总质量的 17%。

（2）接触流失的水力比降。当粗细两相邻层层间关系满足反滤层的要求时，细粒层不会产生接触流失。

4.2　砂砾料渗透工程特性

4.2.1　砂砾料渗透试验方法的比较

从分析模型角度分，渗透试验可以分为渗透变形仪（单元）试验和渗透模型试验。从场地分类角度分，砂砾料的渗透特性试验可分为室内试验和现场（原位）试验。室内试验分垂直渗透试验和水平渗透试验，分别采用垂直渗透变形仪和水平渗透变形仪。

室内试验制样均匀，根据砂砾料的级配情况，一般采用 $\phi 300\text{mm}$ 常规大型渗透变形仪或 $\phi 1000\text{mm}$ 超大型渗透变形仪，为避免或减小缩尺效应影响，宜尽量开展全级配砂砾料渗透特性试验。如果受试验仪器尺寸影响，需对试验用料进行缩尺，为确保缩尺试样求得的渗透系数等于或接近原级配的渗透系数，必须至少保持 30% 的细颗粒级配不变化。从安全可靠出发，建议最多只能替代 60% 的粗颗粒，保证 40% 的细颗粒含量不变化。

砂砾料现场（原位）试验一般采用单环或双环试坑注水法。实际施工过程中，砂砾料存在部分粗细粒分离现象，而且施工采用大型碾压机械，压实功大，采用现场（原位）渗透试验能更准确测定砂砾料碾压填筑体的渗透特性。

4.2.2　砂砾料的基本渗透性能

渗流控制是砂砾石坝设计的关键，其分区设计和尺寸选择与砂砾料的渗透系数和渗透变形特性有关。以往对砂砾石地基、坝壳砂砾料和垫层料的渗透特性与渗透稳定的研究，主要是采用室内尺寸较小的常规大型渗透仪进行。

砂砾料小于 5mm 的含量及含泥量对渗透系数有很大影响。其渗透系数大小取决于细粒填充粗粒之间孔隙的程度，当砂砾料大于 5mm 含量（P_5）50%～60%、含泥量小于 5% 时，渗透系数一般大于 $1 \times 10^{-2}\text{cm/s}$，当含泥量 5%～15% 时，渗透系数减小到 1×10^{-3}～$1 \times 10^{-4}\text{cm/s}$。密云水库白河主坝砂砾料渗透系数随含砾量的变化曲线见图 4-4。从图 4-4 中可以看出，随着 P_5 的增大，渗透系数先减小再增大，当 P_5 为 40%～50% 时，

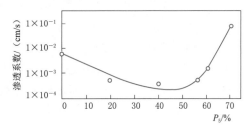

图 4-4　密云水库白河主坝砂砾料渗透系数随含量的变化曲线图

渗透系数最小,之后发生转折,随 P_5 继续增大,渗透系数不断增大。

砂砾料的渗透破坏形式和抗渗比降与砂砾料的颗粒级配特性(级配的连续性、不均匀系数、P_5 等)有密切关系。破坏比降与小于 5mm 颗粒含量的关系见图 4-5,当小于 5mm 颗粒含量超过 20%~25% 时,砂砾料破坏比降明显增大,当小于 5mm 颗粒含量达到 30%~35% 时,破坏比降增速减小。研究表明,当小于 5mm 颗粒含量在 30%~35% 之间时,细料大致能够填满骨架孔隙。某些砂砾料的室内试验得到的临界渗透坡降与 P_5 的关系见图 4-6。

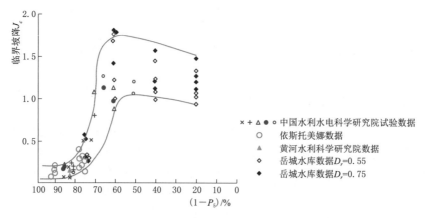

图 4-5 破坏比降与小于 5mm 含量的关系图

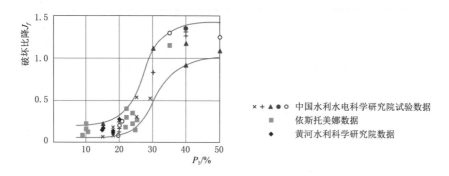

图 4-6 临界渗透坡降与含砾量的关系图

此外,渗透系数 K 与渗透比降也有一定的关系,当渗透系数大于 1×10^{-2} cm/s 时,破坏比降约为 0.1~0.3,当渗透系数小于 1×10^{-2} cm/s 时,破坏比降则迅速增大。砂卵石的渗透比降随渗透系数的变化关系见图 4-7。

除此之外,砂砾料渗透系数也与密实度、颗粒形状有关。相对于级配而言,干密度对渗透系数的影响较小。不同干密度和不同级配特征的渗透试验结果见表 4-2,据此可绘制干密度与渗透系数的关系见图 4-8,从表 4-2 和图 4-8 中可以看出,随干密度的增大,砂砾料渗透系数逐渐减少,即试样越密实,其渗透系数越小。当细料含量小于 30% 时,随着试样干密度增大,渗透系数减小幅度较小;当细料含量不小于 30% 时,随着试样干密度增大，渗透系数 K_{20} 减小幅度较大。

表 4-2　　　　　　　　　　不同干密度和不同级配特征的渗透试验结果表

试验材料		制样干密度 ρ_d/(g/cm³)	孔隙比 e	各土体小于某数径/mm 的土的质量累积百分含量/%										d_{10}/mm	d_{30}/mm	d_{60}/mm	不均匀系数 C_u	标准温度时的渗透系数 K_{20}/(cm/s)
				60	40	20	10	5	2	1	0.5	0.25	0.1					
Z1	1-1	2.08	0.269	100	74.2	53.7	31.8	10	7	5.4	2.3	1.1	0	5.00	9.5	26.0	5.20	$3.541×10^{-1}$
	1-2	2.12	0.245	100	74.2	53.7	31.8	10	7	5.4	2.3	1.1	0	5.00	9.5	26.0	5.20	$3.051×10^{-1}$
	1-3	2.17	0.216	100	74.2	53.7	31.8	10	7	5.4	2.3	1.1	0	5.00	9.5	26.0	5.20	$2.902×10^{-1}$
Z2	2-1	2.08	0.269	100	80.4	56.4	39.6	20	9.1	7.2	5	2	0	2.40	7.5	22.0	9.17	$1.009×10^{-1}$
	2-2	2.12	0.245	100	80.4	56.4	39.6	20	9.1	7.2	5	2	0	2.40	7.5	22.0	9.17	$9.028×10^{-2}$
	2-3	2.17	0.216	100	80.4	56.4	39.6	20	9.1	7.2	5	2	0	2.40	7.5	22.0	9.17	$8.318×10^{-3}$
Z3	3-1	2.08	0.269	100	87.4	63.2	47.8	30	19.1	9.9	8.1	3.8	0	1.00	5.0	16.0	16.00	$9.867×10^{-3}$
	3-2	2.12	0.245	100	87.4	63.2	47.8	30	19.1	9.9	8.1	3.8	0	1.00	5.0	16.0	16.00	$8.690×10^{-3}$
	3-2	2.17	0.216	100	87.4	63.2	47.8	30	19.1	9.9	8.1	3.8	0	1.00	5.0	16.0	16.00	$8.085×10^{-3}$
Z4	4-1	2.08	0.269	100	91.6	74.1	56.1	40	30.8	18.6	8.5	4.3	0	0.48	2.0	12.0	25.00	$8.083×10^{-3}$
	4-2	2.12	0.245	100	91.6	74.1	56.1	40	30.8	18.6	8.5	4.3	0	0.48	2.0	12.0	25.00	$4.484×10^{-3}$
	4-2	2.17	0.216	100	91.6	74.1	56.1	40	30.8	18.6	8.5	4.3	0	0.48	2.0	12.0	25.00	$2.635×10^{-3}$

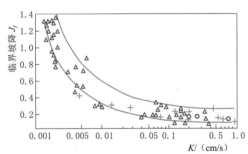

图 4-7　砂卵石的渗透比降随渗透
系数的变化关系图

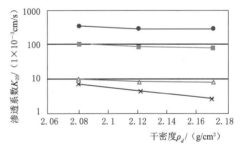

图 4-8　干密度与渗透
系数的关系图

大石峡水利枢纽混凝面板砂砾石坝在建设论证过程中，开展了较系统的室内渗透试验，试验级配和试样干密度（见表 4-3），其试验结果见表 4-4。

从表 4-3 和表 4-4 中可获得以下认识。

（1）细粒含量高的主堆砂砾料上包线（$P_5 = 36\%$）试样渗透系数明显低于平均线（$P_5 = 24.4\%$）试样渗透系数，且随细粒含量的降低，主堆砂砾料渗透破坏的形式由流土

表 4-3　筑坝料渗透试验级配和试样密度表

坝体分区	岩性	级配基本特性	小于某粒径颗粒质量百分含量/%														试验相对密度		试验干密度 ρ_d /(g/cm³)
			400mm	200mm	150mm	100mm	80mm	60mm	40mm	20mm	10mm	5mm	2mm	1mm	0.5mm	0.075mm	最小干密度 ρ_{dmin} /(g/cm³)	最大干密度 ρ_{dmax} /(g/cm³)	
垫层区	灰岩料	设计级配平均线及试验模拟级配						100	88	69	54.5	42.5	30	21.5	14.5		1.83	2.34	2.28
过渡反滤区	砂砾石料	设计级配平均线及试验模拟级配						100	83.5	50	30	10	0				1.69	2.18	2.12
主堆筑区	砂砾料	设计级配上包线			100	90	85	77	67	54	46	36	29	25	20	10	—	—	—
		最大粒径150mm上包线模拟级配			100	90	85	77	67	54	46	36	29	25	20	10	1.91	2.36	2.29
		最大粒径60mm试验模拟级配						100	84.4	64.1	51.6	36	29	25	20	10	1.88	2.34	2.29
		设计级配平均线	100	88	82	73	67	59.2	52	41	33	24.4	19	16	13	6	—	—	—
		最大粒径200mm平均线试验模拟级配		100.0	92.9	82.2	75.0	65.8	57.2	44.1	34.6	24.4	19.0	16.0	13.0	6.0	1.89	2.35	2.28
		最大粒径60mm平均线试验模拟级配						100	84.4	60.5	43.1	24.4	19	16	13	6	1.85	2.34	2.28

表 4-4　　　　　　　　　　　　　　　　筑坝料渗透试验结果表

序号	坝体分区	材料	级配特性	干密度 ρ_d / (g/cm³)	试样尺寸 / (mm×mm)	渗透系数 / (cm/s)	临界坡降	破坏坡降	破坏方式
1	主堆石区	砂砾料	平均线	2.28	1000×1000	$6.69×10^{-4}$	0.82	2.39	管涌
2					300	$3.35×10^{-3}$	1.29	3.20	过渡
3			上包线	2.29	1000×1000	$2.36×10^{-5}$	2.37	2.51	流土
4					300	$1.34×10^{-4}$	3.33	3.59	流土
5	过渡反滤料	砂砾料	平均线	2.12	1000×1000	$3.63×10^{-1}$	—	—	—
6	垫层区	灰岩料	平均线	2.28	1000×1000	$4.90×10^{-4}$	1.90	2.06	流土
7					300	$8.19×10^{-4}$	2.17	2.32	流土
8	垫层料＋ 过渡反滤料	灰岩料	平均线	2.28	1000×1000	—	12.10	13.30	—
		砂砾料	平均线	2.12					
9	垫层料＋ 主堆石料	灰岩料	平均线	2.28	1000×1000	—		3.21	—
		砂砾料	平均线	2.28					
10	垫层料＋ 主堆石料	灰岩料	平均线	2.28	1000×1000	—		3.49	—
		砂砾料	上包线	2.29					

向管涌转变，说明细粒含量对砂砾料渗透性和渗透稳定性有重要影响，也说明进行砂砾料的缩尺渗透特性试验时，采用保持细粒含量不变的等量替代法进行缩尺是合适的。过渡反滤料渗透系数显著大于垫层区灰岩料和主堆石区砂砾料的渗透系数，从结构分区功能的来看，过渡反滤料兼具一定的排水功能。

（2）对比相同干密度、不同尺寸下主堆砂砾料、垫层料和过渡反滤料渗透系数可知，随试样尺寸的减小，渗透系数明显增大，说明试样尺寸对渗透试验结果有一定影响，小尺寸渗透试验结果可能高估砂砾料的透水性，不利于对大坝渗流安全的正确评估。试样尺寸的影响包含两个层面的因素：试样尺寸不同，边界对试样渗透性的影响不同；试样尺寸不同，为满足径径比不低于 5 的比例要求，原级配料缩尺的比例不同，缩尺级配不同也影响试样渗透特性。对于垫层料，最大粒径为 60mm，不同尺寸试样的干密度相同，级配也一致，试样尺寸减小时渗透系数增大的原因主要在于渗透边界条件的影响，尺寸越大，边界条件的影响越小，试验结果越接近现场条件。两种试样尺寸下，主堆砂砾料上包线缩尺后最大粒径分别为 150mm 和 60mm，主堆砂砾料平均线缩尺后最大粒径分别为 200mm 和 60mm。从制样密实度看，砂砾料最大、最小干密度具有尺寸效应，随最大粒径的减小，砂砾料最大、最小干密度均减小，相应的在相同干密度条件下，缩尺后最大粒径越小，其相对密度越大。因此，颗粒排列紧密程度难以解释试样尺寸减小时渗透系数增大的现象。除边界条件的影响外，试样尺寸减小时渗透系数增大的原因很可能与制样时分层填筑表面振动压实带来颗粒离析现象有关，试样直径越大，级配越不均匀，颗粒离析越明显，细颗粒聚集在试样表面，从而形成弱透水薄层，导致其渗透系数大幅降低。

（3）一般来说，对于无黏性粗粒土，渗透系数越小，其临界比降和破坏比降越大。从渗透系数、临界比降和破坏比降来看，随试样尺寸的减小，相同干密度下渗透系数增大，临界比降和破坏比降减小。对于主堆砂砾料平均线，缩尺后最大粒径分别为 200mm 和 60mm，细粒含量均为 24.4%；对于主堆砂砾料上包线，缩尺后最大粒径分别为 150mm 和 60mm，细粒含量均为 36%。从破坏形式来看，随试样尺寸的减小，主堆砂砾料平均线试样破坏形式由管涌型转变为过渡型，主堆砂砾料上包线试样破坏形式仍保持一致，均是流土型。产生这种差异的主要原因在于颗粒排列结构、细粒含量和试样密实度等几个方面的综合影响。细粒含量等于30%是细料开始参与骨架作用的界限值，细粒含量小于30%时，填不满颗粒孔隙。对于主堆砂砾料平均级配缩尺试样，1000mm×1000mm试样最大粒径200mm，细粒含量为24.4%，细粒含量小于30%，细颗粒填不满粗粒孔隙，细颗粒受到约束较小，在孔隙中可能发生移动，相应的其破坏形式为管涌；ϕ300mm试样最大粒径60mm，细粒含量24.4%，相对于1000mm×1000mm试样，相同干密度下其相对密度更大，骨架孔隙相对较小，破坏形式由管涌变为过渡型。对于主堆砂砾料上包线，两种试样尺寸最大粒径分别为150mm和60mm，细粒含量为36%，超过了30%，细粒和粗粒混合料的孔隙与细粒发生密切关系，细粒与粗粒之间形成了统一的整体，破坏形式为流土。总的来看，砂砾料缩尺渗透试验结果会高估碾压填筑体的渗透性和抗渗透破坏能力。开展全级配砂砾料渗透特性试验和现场渗透试验是必要的。

（4）垫层区后设置过渡反滤区的情况下，过渡反滤区渗透系数明显大于垫层区，具有显著的排水减压作用，在过渡反滤区保护下，垫层区料渗透破坏比降由2.06增大到13.3，垫层区抗渗透破坏能力显著增强。主堆区砂砾料渗透系数仅略大于垫层区，垫层区后不设过渡反滤区时，垫层区直接填筑在主堆砂砾料上，则垫层区破坏比降仅略微增大。对于细料含量较高的大石峡面板砂砾石坝，在垫层区后设置过渡反滤区以增强其抗渗透破坏能力是必要的。

（5）实际施工时，砂砾料碾压层厚一般为80cm，碾压后在表层会形成一层细料集聚、渗透系数较小的弱透水层薄层。主堆砂砾料平均线超大型渗透试样高度达到了1000mm，装样时分3层填筑，表面振动压密过程中也在每层的表面形成了弱透水层。为了模拟现场砂砾料填筑时的颗粒离析特性，补充了两组室内试验，用于分析试样制备方法对渗透特性影响。第一组试验：试样分3层振动压实，第1层、第2层振动压实完成后，分别刨除表层离析出的细颗粒，再制作下一层试样，第3层表面离析出的细颗粒保留。第二组试验：试样分3层振动压实，第1、第2两层振动压实完成后，分别刨除表层离析出的细颗粒，将其掺入下一层试样中拌匀，进行下一层试样的制作，第3层表面离析出的细颗粒保留。对两种制样方法下的试样和刨除的细料开展渗透试验，并与不刨除前两层细料的试样渗透试验结果对比（见表4-5）。

表4-5   室内试验制样方法对渗透系数的影响表

试样名称	试 验 情 况	干密度 ρ_d /(g/cm³)	K_{20} /(cm/s)
主堆石区平均线砂砾料	不刨除前两层细料	2.28	$6.69×10^{-4}$
	刨除前两层表面细料	2.28	$2.77×10^{-3}$
	刨除的细料（试样直径300mm）	2.28	$6.82×10^{-5}$
	前两层表层细料掺入下一层	2.28	$1.09×10^{-3}$

从表4-5中可以看出，砂砾料制样过程中振动碾压引起的细颗粒离析现象对渗透系数有明显影响，刨除前两层细料并将其掺入下一层制样，保留第3层表面离析颗粒的制样方法更能反映砂砾石坝的实际施工碾压过程。

4.2.3 典型工程砂砾料原位渗透特性

近年来，随着一些重点工程的推进，开展了现场原型级配砂砾料渗透试验。本节主要根据茨哈峡水电站、大石门水库、大石峡水库和前坪水库等工程现场渗透试验，对砂砾料的原位渗透特性进行介绍。渗透试验采用单环法，结合坝料现场碾压试验在碾压层面上进行。

茨哈峡水电站混凝土面板砂砾石坝上游（3B）区砂砾料试验用料颗粒级配曲线见图4-9。取料点区域计划开采深度8m范围内砂砾料，作为过渡料、垫层料、排水料、反滤料的筛分制备料源。过渡料（3A）区试验用料颗粒级配组成及级配曲线分别见表4-6及图4-10，砂砾石垫层料制备颗粒级配和曲线分别见表4-7和图4-11。

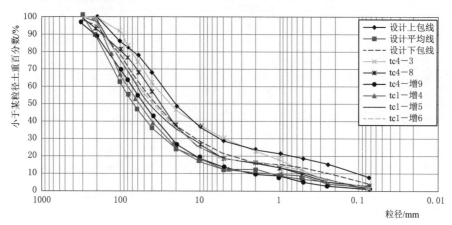

图4-9 上游（3B）区砂砾料试验用料颗粒级配曲线图

表4-6　　　　　　　　　　　过渡料（3A）区试验用料颗粒组成表

项　目	小于某粒径土重百分数/%													最大粒径/mm
	300 mm	200 mm	100 mm	80 mm	60 mm	40 mm	20 mm	10 mm	5 mm	2 mm	1 mm	0.5 mm	0.25 mm	0.075 mm	
设计上包线	100	97.7	82.3	77.1	70.7	60.1	44.0	33.7	25.0	18.5	15.2	11.7	9.4	5.0	300
设计下包线	100	91.9	65.2	57.9	52.0	42.4	29.5	20.8	15.0	10.7	7.8	5.7	4.1	1.7	300
拟定碾压试验用料点位	100	94.4	79.1	74.2	67.1	55.4	41.1	28.7	21.2	17.3	13.6	10.1	7.6	4.3	230

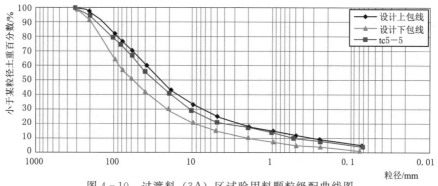

图4-10 过渡料（3A）区试验用料颗粒级配曲线图

表 4 - 7　　　　　　　　　　　　砂砾石垫层料制备颗粒级配表

项 目	小于某粒径总土重百分数/%										
	80mm	60mm	40mm	20mm	10mm	5mm	2mm	1mm	0.5mm	0.25mm	0.075mm
设计上包		100	87	73	59	48	35	30	26	23	10
设计下包	100	86	68	49	39	32	20	13	8	6	2
设计平均	100	94	77	61	49	40	27	22	17	14	6
掺配后颗分	100	91.6	80.1	62.0	48.8	38.9	31.5	25.3	19.4	12.3	5.7

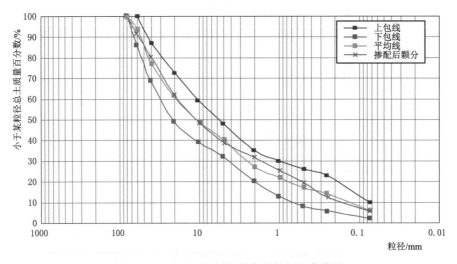

图 4 - 11　砂砾石垫层料制备颗粒级配曲线图

茨哈峡水电站混凝土面板砂砾石坝上游砂砾料区渗透试验成果见表 4 - 8。从表 4 - 8 中可以看出，不同振动碾吨位、不同碾压遍数、不同洒水率条件下，茨哈峡水电站混凝土面板

表 4 - 8　　　　茨哈峡水电站混凝土面板砂砾石坝上游砂砾料区渗透试验成果表

坝体分区	铺料厚度 /cm	振动碾 /t	洒水率 /%	碾压遍数	干密度 ρ_d /(g/cm³)	含砾量 P_5 /%	相对密度 /%	渗透系数 /(cm/s)	备 注
上游砂砾石区	85（粗级配）	26	6	8	2.31	83.6	0.82	7.05×10^{-3}	碾压机械选型
				10	2.32	83.6	0.83	6.78×10^{-3}	
		32	6	8	2.32	83.5	0.83	5.96×10^{-3}	
				10	2.33	81	0.86	5.46×10^{-3}	
	85（中级配）	26	6	8	2.31	78.8	0.85	5.89×10^{-3}	
				10	2.33	79.4	0.88	5.12×10^{-3}	
		32	6	8	2.33	81	0.87	6.53×10^{-3}	
				10	2.34	81	0.89	6.03×10^{-3}	
	85（细级配）	26	6	8	2.31	73.9	0.87	7.00×10^{-3}	
				10	2.32	75.4	0.88	5.91×10^{-3}	
		32	6	8	2.33	76.4	0.89	8.40×10^{-3}	
				10	2.34	75.5	0.92	7.22×10^{-3}	

坝体分区	铺料厚度/cm	振动碾/t	洒水率/%	碾压遍数	干密度ρ_d/(g/cm³)	含砾量P_5/%	相对密度/%	渗透系数/(cm/s)	备注
上游砂砾石区	85	32	6	8	2.34	79.4	0.868	8.23×10^{-3}	
				10	2.34	79.4	0.902	8.07×10^{-3}	
				12	2.36	78.7	0.925	7.61×10^{-3}	
				14	2.36	78.3	0.937	7.25×10^{-3}	
	85	32	10	8	2.34	77.3	0.893	8.47×10^{-3}	洒水率选择
				10	2.34	77.7	0.907	8.19×10^{-3}	
				12	2.35	78.1	0.928	8.37×10^{-3}	
				14	2.36	78.4	0.937	8.20×10^{-3}	
	85	32	15	8	2.31	79.3	0.81	8.11×10^{-3}	
				10	2.32	77.4	0.84	8.25×10^{-3}	
				12	2.33	79.1	0.87	7.64×10^{-3}	
上游砂砾料区	85	32	10	12（粗）	2.35	83.7	0.92	8.23×10^{-3}	碾压复核试验
				12（中）	2.35	78.1	0.93	8.37×10^{-3}	
				12（细）	2.36	76.4	0.96	6.58×10^{-3}	
上游砂砾料区	105	32	10	8	2.3	78	0.8	9.01×10^{-3}	不同厚度碾压试验
				10	2.32	78	0.82	7.98×10^{-3}	
				12	2.32	78.5	0.84	7.77×10^{-3}	
	65	32	10	8	2.35	78.2	0.94	6.82×10^{-3}	
				10	2.37	79.2	0.96	5.47×10^{-3}	
				12	2.38	79.5	0.97	4.25×10^{-3}	

砂砾石坝上游砂砾料区渗透系数均在$n\times10^{-3}$cm/s。总体上来看，在其他因素相同的条件下，铺厚越大、振动碾吨位越大、颗粒越细及碾压遍数越多，渗透系数越小。其过渡区、垫层区、反滤区和排水区砂砾料渗透试验成果见表4-9，从表4-9中可以看出，过渡区、垫层区、反滤区和排水区设计填筑指标下砂砾料渗透系数分别为$n\times10^{-3}$cm/s、$n\times10^{-2}$cm/s、$n\times10^{-2}$和$n\times10^{0}$cm/s。

大石峡水利枢纽、前坪水库和大石门水库筑坝砂砾料渗透系数试验成果（分别见表4-10和表4-11），从表4-10和表4-11中可以看出，渗透系数值与茨哈峡水电站坝砂砾料渗透系数值处于同一个量级水平。

表4-9 茨哈峡水电站过渡区、垫层区、反滤区和排水区砂砾料渗透试验成果表

坝体分区	铺料厚度/cm	振动碾/t	洒水率/%	碾压遍数	干密度ρ_d/(g/cm³)	含砾量P_5/%	相对密度/%	渗透系数/(cm/s)	备注
过渡区	55	26	3	10	2.33	78.9	0.9	1.90×10^{-2}	剔除大于300mm颗粒后的砂砾石料级配
			6	10	2.34	78.4	0.92	2.0×10^{-2}	
			10	10	2.31	77.2	0.87	1.50×10^{-2}	

续表

坝体分区	铺料厚度/cm	振动碾/t	洒水率/%	碾压遍数	干密度 ρ_d/(g/cm³)	含砾量 P_5/%	相对密度/%	渗透系数/(cm/s)	备 注
垫层区	45	26	6	8	2.3	62.7	0.95	5.2×10^{-3}	垫层料最大粒径80mm,小于5mm粒径含量5%～35%,小于0.075mm粒径含量4%～8%
				10	2.32	63.3	0.96	4.1×10^{-3}	
				12	2.33	64.1	0.97	3.2×10^{-3}	
	55	26	4	10	2.33	64.6	0.97	2.38×10^{-3}	
			8	10	2.32	64.8	0.95	2.55×10^{-3}	
			12	10	2.31	64.8	0.94	2.37×10^{-3}	
反滤区	45	26	6	8	2.23	86.4	0.86	7.56×10^{-2}	反滤料最大粒径60mm,最小粒径2mm
				10	2.24	86.1	0.89	6.77×10^{-2}	
				12	2.25	85.4	0.91	6.39×10^{-2}	
	55	26	3	10	2.22	87.4	0.86	1.56×10^{-2}	
			6	10	2.23	86.7	0.88	1.79×10^{-2}	
			10	10	2.21	87.4	0.85	1.67×10^{-2}	
排水区	45	26	6	8	2.11	90.9	0.78	1.96	剔除5mm以下细颗粒的砂砾料
				10	2.13	89.9	0.85	1.68	
				12	2.15	90.8	0.88	1.28	

表 4-10　　　　　　　　大石峡水电站主堆砂砾料区渗透试验成果表

坝体分区	铺料厚度/cm	振动碾/t	洒水率/%	碾压遍数	干密度 ρ_d/(g/cm³)	含砾量 P_5/%	相对密度/%	渗透系数/(cm/s)
主堆砂砾料区	86	36	10	8	2.28	67.3	0.9	3.2×10^{-3}
		36	10		2.35	80.8	0.92	2.7×10^{-3}
		36	10		2.37	72.2	0.98	
		36	10		2.32	70.9	0.88	
		36	10		2.36	79.6	0.92	
		36	10	10	2.31	68.7	0.93	2.3×10^{-3}
		36	10		2.35	71.9	0.93	2.8×10^{-3}
		36	10		2.30	67.1	0.95	
		36	10		2.35	71.9	0.93	
		36	10		2.36	82.1	0.95	
		36	10	12	2.31	67.3	0.98	2.9×10^{-3}
		36	10		2.37	72.7	0.95	2.8×10^{-3}
		36	10		2.34	70.1	0.97	
		36	10		2.39	73.9	0.98	
		36	10		2.36	71.2	0.98	

坝体分区	铺料厚度/cm	振动碾/t	洒水率/%	碾压遍数	干密度 ρ_d/(g/cm³)	含砾量 P_5/%	相对密度/%	渗透系数/(cm/s)
主堆砂砾料区	110	36	10	8	2.27	86.5	0.87	4.5×10⁻³
		36	10		2.32	81.7	0.84	3.7×10⁻³
		36	10		2.32	70.9	0.88	
		36	10		2.28	86	0.87	
		36	10		2.34	78.9	0.84	
		36	10	10	2.26	87.9	0.84	4.2×10⁻³
		36	10		2.33	81.5	0.87	3.4×10⁻³
		36	10		2.35	72.6	0.9	
		36	10		2.34	79.5	0.87	
		36	10		2.34	82.8	0.92	
		36	10	12	2.30	84.1	0.87	3.9×10⁻³
		36	10		2.34	71.9	0.9	2.7×10⁻³
		36	10		2.37	77.6	0.9	
		36	10		2.34	81.1	0.89	
		36	10		2.32	69.7	0.92	

表 4-11　前坪水库和大石门水利枢纽坝壳砂砾料渗透试验成果

工程	坝体分区	铺料厚度/cm	振动碾/t	洒水率/%	碾压遍数	干密度 ρ_d/(g/cm³)	含砾量 P_5/%	相对密度/%	渗透系数/(cm/s)
前坪水库	坝壳砂砾料区	80	26		6	2.238	82.96	0.696	8.20×10⁻³
					8	2.235	82.91	0.678	6.84×10⁻³
				15	6	2.278	85.74	80.600	1.29×10⁻²
					8	2.301	85.06	86.600	2.33×10⁻³
大石门水利枢纽	坝壳砂砾料区	80	26	天然含水状态，含水率1.5%~2.6%	8	2.350	74.10	0.880	2.45×10⁻³
						2.340	73.20	0.880	
						2.400	76.00	0.950	2.42×10⁻³
						2.390	76.30	0.930	
						2.360	74.20	0.900	1.78×10⁻³
						2.370	75.10	0.890	
						2.360	73.50	0.920	1.89×10⁻³
						2.380	74.60	0.940	
						2.350	72.80	0.900	1.92×10⁻²
						2.360	74.00	0.900	
						2.370	74.00	0.930	6.0×10⁻³
						2.350	72.30	0.940	
						2.350	72.40	0.930	2.20×10⁻³
						2.370	72.80	0.970	
						2.370	74.80	0.900	1.60×10⁻³
						2.350	73.00	0.930	
						2.340	78.40	0.870	1.34×10⁻³
						2.360	77.70	0.900	
						2.390	76.00	0.930	1.84×10⁻³
						2.390	75.00	0.950	
						2.340	71.70	0.940	1.60×10⁻³
						2.350	72.80	0.920	
						2.340	71.00	0.960	2.16×10⁻³
						2.350	72.00	0.950	
						2.320	69.10	0.970	1.59×10⁻³
						2.330	70.50	0.950	

5 砂砾料动力特性

土的动力特性主要是指土的动应力应变关系和强度特性，是进行土石坝抗震设计及抗震安全评价的基础资料。

在土循环荷载的作用下，土的动应力应变关系主要表现出压硬性、非线性、应变滞后性和残余变形积累等特性，动强度则表现为随动孔隙水压力累积上升而下降的特性，甚至发生液化的现象。

一般将反映各项因素对土石料动应力应变关系和强度特性影响的数学关系称为土的动力本构模型。土在循环荷载作用下的动力本构模型可分为三类：①黏弹性模型，包括线性黏弹性模型、等效黏弹性模型等；②真非线性模型，如以 Masing 准则为基础发展的非线性模型等；③弹塑性模型，可分为经典弹塑性模型、套叠屈服面模型、边界模型、广义弹塑性模型和多机构塑性模型等。

采用黏弹性模型、真非线性模型和经典弹塑性模型进行动力有效应力分析时，往往还需建立动孔隙水压力发展的模型。动孔隙水压力模型主要分为应力模型、应变模型、内时模型、能量模型、有效应力路径模型以及瞬态模型等。为了计算动力残余变形，有时还需要建立包括残余剪应变和残余体积应变影响在内的动力残余变形模型。广义塑性模型（简称 P—Z 模型）是在广义塑性理论框架上提出的弹塑性模型，该模型不需要明确定义屈服面和塑性势面，可以考虑土体剪胀性及循环累计残余变形，用一套参数即可完成土工建筑物的静、动力分析过程。此外，按照该模型的原有思路，也可作出考虑土体应变特征的不同改进。

地震引起的土体振动和破坏，主要是由基岩向上传播的水平振动剪切地震波产生的惯性力和动剪应力所致，主要取决于土的动力剪切变形特性，即动应力与动剪应变的关系。因此，等效黏弹性模型在国内外得到了广泛应用，对于重要工程还可以采用真非线性模型或弹塑性模型进行比较。

等效黏弹性模型的表达方式有许多，代表性的有 Hardin - Drnevich 模型和 Ramberg - Osgood 模型及沈珠江模型等。由于这些本构模型有时不能很好模拟试验结果，工程实践中经常采用以试验曲线为基础的插值法。

为了确定等效黏弹性模型所需要的参数，需分别进行动力变形特性试验、动力残余变形特性试验、动强度和液化特性试验。有些真非线性模型所需参数也可以通过这些试验参数换算得到。

5.1　等效黏弹性模型

土的动力变形特性和参数是进行大坝地震反应分析的基本资料，一般采用振动三轴试验确定，有条件时，还可通过共振柱试验或扭剪试验测定。土的动力变形特性主要反映土的动力应力应变关系中的压硬性、非线性和应变滞后性等特性。对等效黏弹性模型，主要模型参数包括等效动剪模量 G 和等效阻尼比 λ 等。影响土的动剪模量和等效阻尼比的重要因素有孔隙比、平均有效固结应力、剪应变幅值和周期加荷次数，此外还有饱和度、超固结比、周期加荷频率、土粒特征、土的结构性等一些次要的因素。这种模型的关键是要通过试验确定最大动剪切模量 G_{max} 与平均有效固结应力 σ'_0 关系、动剪切模量比 G/G_{max} 和动阻尼比 λ 随动剪应变幅的变化关系等。

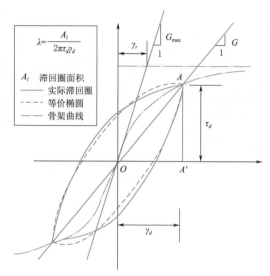

等效黏弹性模型概念明确，应用方便，在参数的确定和应用方面积累了较丰富的试验资料和工程算例，能为工程界所接受，实用性强，应用较为广泛。

Hardin - Drnevich 模型是最具代表性的等效黏弹性模型。该模型假定土的动剪应力 τ_d 与动剪应变 γ_d 顶点轨迹（骨干曲线）为双曲线，且不同剪应变下滞回圈与弹性三角形面积比为常量（见图 5 - 1）。

图 5 - 1　Hardin - Drnevich 模型图

动剪切模量 G 和动阻尼比 λ 的计算采用式（5 - 1）～式（5 - 6）：

$$G=\frac{G_{max}}{1+\gamma_h} \tag{5-1}$$

$$\lambda=\lambda_{max}\frac{\gamma_h}{1+\gamma_h} \tag{5-2}$$

$$G_{max}=k_2 P_a \left(\frac{\sigma'_m}{P_a}\right)^{1/2} (OCR)^{k_1} \tag{5-3}$$

$$\lambda_{max}=c-d\lg N \tag{5-4}$$

$$\gamma_h=\frac{\gamma_d}{\gamma_r}\left[1+a\exp\left(-b\frac{\gamma_d}{\gamma_r}\right)\right] \tag{5-5}$$

$$\gamma_r=\tau_{max}/G_{max}$$

式中　a、b、c、d、k_1 和 k_2——经验常数，可通过动力试验确定；

　　　　γ_d——动应变幅；

　　　　γ_r——参考剪应变；

　　　　OCR——超固结比；

　　　　N——振动次数。

土的最大动剪切模量 $G_{\max}$ 受多种因素的影响，包括平均有效主应力、孔隙比、超固结比、颗粒特征、饱和度、加荷历史等，需要通过试验测定。

对于一定试验条件下的最大动剪切模量 $G_{\max}$，可采用式（5-6）计算：

$$G_{\max} = C P_a \left(\frac{\sigma'_0}{P_a} \right)^n \tag{5-6}$$

$$\sigma'_0 = (\sigma'_{10} + \sigma'_{30}) / 2$$

式中　σ'_0——平均有效固结应力；

　　　σ'_{10}——轴向有效固结应力；

　　　σ'_{30}——侧向有效固结应力；

　　　C——模量系数；

　　　n——模量指数，由试验确定。

C、n 包含了土颗粒矿物成分、颗粒大小、颗粒形状、颗粒级配、密度、饱和度及结构性等各种因素的影响。

为了拟合振动三轴试验结果，沈珠江将等效剪切模量 G_d 和等效阻尼比 λ 与参考剪应变 γ_c 的关系用式（5-7）～式（5-10）计算：

$$G_{d\max} = k_2 P_a \left(\frac{\sigma'_m}{P_a} \right)^n \tag{5-7}$$

$$G_d = \frac{G_{d\max}}{1 + k_1 \gamma_c} \tag{5-8}$$

$$\lambda = \frac{\lambda_{\max}}{1 + k_1 \gamma_c} \tag{5-9}$$

$$\gamma_c = (\gamma_d)_{\text{eff}}^{0.75} \left/ \left(\frac{\sigma'_m}{P_a} \right)^{\frac{1}{2}} \right. \tag{5-10}$$

$$\sigma'_m = \frac{1}{3} (\sigma'_{10} + 2\sigma'_{30})$$

$$(\gamma_d)_{\text{eff}} = 0.65 (\gamma_d)_{\max}$$

式中　　　　P_a——大气压力；

　　　　　σ'_m——有效球应力；

　　σ'_{10}、σ'_{30}——轴向和侧向有效固结压力；

k_1、k_2、n、$\lambda_{\max}$——试验参数；

　　　$(\gamma_d)_{\text{eff}}$——有效剪应变；

　　　$(\gamma_d)_{\max}$——某时段的最大剪应变。

除了采用公式（5-7）～式（5-10）的模型外，在实际应用中还可以直接采用相应关系曲线来表征这种等效黏弹性特性。

根据试验测得动剪切模量比 $G/G_{\max}$ 和动阻尼比 λ 与动剪应变 γ 的关系曲线，用参考剪应变 $\gamma_r = \tau_{\max}/G_{\max}$ 归一后，得到（见图5-2）较为单一的 $G/$

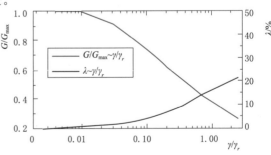

图 5-2　$G/G_{\max} \sim \gamma/\gamma_r$ 和 $\lambda \sim \gamma/\gamma_r$ 关系曲线图

$G_{\max} \sim \gamma/\gamma_r$关系曲线和$\lambda \sim \gamma/\gamma_r$关系曲线。动力计算时输入相应关系曲线的控制数据，根据应力应变值进行内插和外延取值。

5.2 真非线性模型

5.2.1 基于 Masing 准则的真非线性模型

Masing 准则假定：①滞回曲线与骨干曲线的形状一样相似；②滞回曲线的坐标比例为骨干曲线的 2 倍；③在荷载反向时的剪切模量等于初次加荷曲线的初始剪切模量。Finn 等人最先采用这种理论发展的真非线性模型如下。

土体受剪时的骨架曲线呈双曲线型［见图 5-3（a）］，其计算式（5-11）为：

$$\tau = f(\gamma) = \frac{G_{\max}\gamma}{1 + \dfrac{G_{\max}}{\tau_{\max}}|\gamma|} \tag{5-11}$$

式中　$G_{\max}$——土体最大动剪切模量；

　　　$\tau_{\max}$——土体极限强度。

卸荷、再加荷时土体服从改进的 Masing 准则，即土体在剪应变 $\gamma = \gamma_r$ 时卸荷再加荷的运动轨迹遵循式（5-11），γ_r 是应力反转点的剪应变；若应力一应变点欲超出骨架曲线则服从骨架曲线。真非线性方法采用的应力应变曲线见图 5-3。

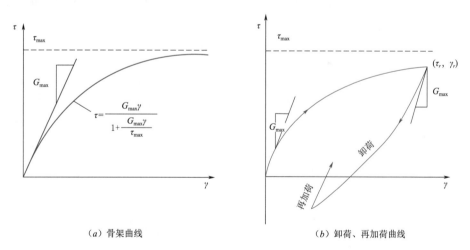

（a）骨架曲线　　　　　　　　　　（b）卸荷、再加荷曲线

图 5-3　真非线性方法采用的应力应变曲线图

$$\frac{\tau - \tau_r}{2} = \frac{\dfrac{G_{\max}(\gamma - \gamma_r)}{2}}{1 + \dfrac{G_{\max}}{2\tau_{\max}}|\gamma - \gamma_r|} \tag{5-12}$$

土体切线剪切模量 $G_t = \mathrm{d}\tau/\mathrm{d}\gamma$ 由式（5-11）和式（5-12）得出。

在初始加荷曲线（骨架曲线）上：

$$G_t = \frac{G_{max}}{\left(1 + \dfrac{G_{max}|\gamma|}{\tau_{max}}\right)^2}$$ （5-13）

卸荷或再加荷时：

$$G_t = \frac{G_{max}}{\left(1 + \dfrac{G_{max}}{2\tau_{max}}|\gamma - \gamma_r|\right)^2}$$ （5-14）

按照黏弹性理论，一次荷载循环中损失能量由环套面积表达，并可由此计算阻尼比。据此由式（5-12）的数学表达式可以计算所包围的面积以及相应的应变能，从而算得阻尼比。

5.2.2 改进的真非线性模型

除了基于 Masing 准则的真非线性模型，还发展了其他的真非线性模型，适用于土石坝的真非线性模型是其中的一种。

该模型将土视为黏弹塑性变形材料，模型由初始加荷曲线、移动的骨干曲线和开放的滞回圈组成。这种模型的特点是：①与等效黏弹性模型相比，能够较好地模拟残余应变，用于动力分析可以直接计算残余变形；在动力分析中可以随时计算切线模量并进行非线性计算，这样得到的动力响应过程能够更好地接近实际情况。②与基于 Masing 准则的非线性模型相比，增加了初始加荷曲线，对剪应力比超过屈服剪应力比时的剪应力应变关系的描述较为合理。③滞回圈是开放的。④考虑了振动次数和初始剪应力比等对变形规律的影响。

初始加荷曲线：

$$\tau = \gamma / \left(\frac{1}{G_{max}} + \frac{\gamma}{\tau_{max}}\right)$$ （5-15）

骨干曲线：

$$\gamma_h = (\mp) A\tan\varphi'(\sigma'/P_a)^{\frac{2}{3}}\left[1 - (1 - DRS_d/\tan\varphi')^{\frac{2}{3}}\right]$$ （5-16）

滞回圈：

$$\gamma_h = (\mp)A\tan\varphi'(\sigma'/P_a)^{\frac{2}{3}}\{2[1 + (DRS_d - |DRS|)B/DRS_d]$$
$$\times [1 - (DRS_d(\pm)DRS)/(2\tan\varphi')]^{\frac{2}{3}} - (1 - DRS_d/\tan\varphi')^{\frac{2}{3}} - 1\}$$ （5-17）

式（5-16）和式（5-17）中，在加荷时取（一）、（+），在卸荷时取（+）、（一）。

在此非线性动力模型中，骨干曲线和滞回圈的原点不断移动产生残余变形，即：

$$\gamma = \gamma_0 + \gamma_h$$ （5-18）

$$DRS = RS - RS_0$$

$$RS = \tau/\sigma'$$

$$\tau_{max} = \tau_f/R_f$$

式中　τ 和 γ——剪应力和剪应变；

τ_{max}——极限剪应力；

R_f——破坏比；

τ_f——破坏剪应力；

φ'——有效内摩擦角；

σ'——有效正应力；

γ_0——骨干曲线和滞回圈原点相应的剪应变或称塑性剪应变；γ_h 是以 γ_0 为零点的剪应变；

A、B——模型参数；

DRS_d——动剪应力比幅值；

DRS——动剪应力比；

RS_0——初始剪应力比。

加载和卸载准则为：在不规则循环荷载作用下，振动开始到当前为止，土体承受的剪应力比随时间变化，其绝对值的时程最大值定义为屈服剪应力比，其增量符号最后一次反向时的动剪应力比定义为动剪应力比幅值，则：①如果当前动剪应力比绝对值小于动剪应力比幅值，而且剪应力比绝对值小于屈服剪应力比，则使用滞回圈曲线计算切线剪切模量；②如果当前动剪应力比绝对值不小于动剪应力比幅值，而且剪应力比绝对值小于屈服剪应力比，则使用骨干曲线计算切线剪切模量；③如果当前剪应力比绝对值不小于屈服剪应力比，则使用初始加荷曲线计算剪切模量。

模型参数 A 和 B 可以用剪应力比控制的循环三轴试验来测定；γ_0 可根据试验结果，按不同的应力应变条件采用不同的拟合公式分段表示。这些参数主要受振次、动剪应力比幅值和初始剪应力比的影响比较大。模型参数 A 和 B 也可由等效线性黏弹性模型参数换算近似得到，换算原则是使两变形模型的骨干曲线重合和滞回圈包围的面积相等。

5.3 弹塑性模型

弹塑性模型能够较好地反映土体的实际状态，并能够模拟静、动力全过程以及直接计算坝体的永久变形，在理论上相对更为合理。其中，广义塑性模型是由 Pastor 和 Zienkiewicz 等在广义塑性理论框架下提出的（简称 P—Z 模型），P—Z 模型具有诸多优点：不需要定义塑性势面函数直接确定塑性流动方向；不需要定义加载面函数直接确定加载方向；不需要依据相容性条件直接确定塑性模量；可以考虑剪胀和剪缩以及循环累积残余变形。此外，P—Z 模型框架清晰，便于在有限元程序中实现，用一套参数即可完成土工构筑物的静、动力分析全过程。目前，P—Z 模型在地下管线、地铁、加筋挡土墙和土石坝等方面均有所应用。

5.3.1 广义塑性模型

根据塑性理论，总应变增量可以表示为弹性应变增量和塑性应变增量之和：

$$d\boldsymbol{\varepsilon} = d\boldsymbol{\varepsilon}_e + d\boldsymbol{\varepsilon}_p \tag{5-19}$$

式中　$d\boldsymbol{\varepsilon}_e$——弹性应变增量；

　　　$d\boldsymbol{\varepsilon}_p$——塑性应变增量。

应力应变关系可以表示为：

$$d\boldsymbol{\sigma}' = \boldsymbol{D}_{ep} : d\boldsymbol{\varepsilon} \qquad (5-20)$$

式中　$d\boldsymbol{\sigma}'$——有效应力增量。

弹塑性刚度矩阵可以表示为：

$$\boldsymbol{D}_{ep} = \boldsymbol{D}_e - \frac{\boldsymbol{D}_e : \boldsymbol{n}_{gL/U} \otimes \boldsymbol{n}^T : \boldsymbol{D}_e}{H_{L/U} + \boldsymbol{n}^T : \boldsymbol{D}_e : \boldsymbol{n}_{gL/U}} \qquad (5-21)$$

式中　$\boldsymbol{D}_{ep}$——弹塑性刚度矩阵；

　　　$\boldsymbol{D}_e$——弹性刚度矩阵；

　　$\boldsymbol{n}_{gL/U}$——加载或卸载塑性流动方向；

　　　$\boldsymbol{n}$——相当于屈服面法线方向；

　　$H_{L/U}$——加载或卸载模量（其中"L"为加载，"U"为卸载）。

通过式（5-22）、式（5-23）来判别加卸载方向：

$$\boldsymbol{n} : d\boldsymbol{\sigma}_e > 0 \text{（加载）} \qquad (5-22)$$

$$\boldsymbol{n} : d\boldsymbol{\sigma}_e < 0 \text{（卸载）} \qquad (5-23)$$

式中　$d\boldsymbol{\sigma}_e = \boldsymbol{D}_e : d\boldsymbol{\varepsilon}$。

剪胀比 d_g 表示为：

$$d_g = \frac{d\varepsilon_{vp}}{d\varepsilon_{sp}} = (1 + \alpha_g)(M_g - \eta) \qquad (5-24)$$

$$\eta = \frac{q}{p'}$$

式中　$d\varepsilon_{vp}$、$d\varepsilon_{sp}$——塑性体应变和塑性剪应变增量。

　　　M_g——临界状态线在 $p'-q$ 平面斜率；

　　　η——应力比；

　　　α_g——模型参数。

采用 Zienkiwicz 等给出的 M_g 与临界状态内摩擦角及洛德角 $\theta = \frac{1}{3} \sin\left(-\frac{3\sqrt{3}}{2} \frac{J_3}{J_2^{3/2}}\right)$ 的

关系：

$$M_g = \frac{6\sin\varphi_g'}{3 + \sin\varphi_g' \sin3\theta} \qquad (5-25)$$

式中　M_g——临界状态线在 $p'-q$ 平面的斜率。

三轴应力空间加载时塑性流动方向定义为 $n_{gL}^T = (n_{gv}, n_{gs})$，其中，$n_{gv} = d_g/\sqrt{1+d_g^2}$；

$n_{gs} = 1/\sqrt{1+d_g^2}$，卸载时 $n_{gU}^T = -abs(n_{gv}), n_{gs}$；$n_{guv} = -abs(d_g/\sqrt{1+d_g^2})$；$n_{gus} = 1/\sqrt{1+d_g^2}$。

采用非相关联流动法则，加载方向定义为 $n^T = (n_v, n_s)$，其中 $n_v = d_f/\sqrt{1+d_f^2}$，$n_s = 1/\sqrt{1+d_f^2}$，$d_f = (1+\alpha_f)(M_f - \eta)$。$M_f$ 和 α_f 为模型参数。

弹性体积模量和剪切模量分别表示为：

$$K = K_0 \frac{p'}{p_0'} \qquad (5-26)$$

$$G = G_0 \frac{p'}{p_0'} \qquad (5-27)$$

式中　　K_0、G_0——弹性体积模量和剪切模量；

　　　　　p'——平均有效应力；

　　　　　p_0'——应力参考值。

加载和再加载塑性模量可以被定义为：

$$H_L = H_0 p' H_f (H_v + H_s) H_{DM} \tag{5-28}$$

$$H_f = (1 - \eta/\eta_f)^4 \tag{5-29}$$

$$\eta_f = (1 + 1/\alpha_f) M_f \tag{5-30}$$

$$H_v = 1 - \eta/M_g \tag{5-31}$$

$$H_s = \beta_0 \beta_1 \exp(-\beta_0 \xi) \tag{5-32}$$

$$H_{DM} = \left(\frac{\zeta_{\max}}{\zeta} \right)^{\gamma_{DM}} \tag{5-33}$$

$$\zeta = p' \left[1 - \left(\frac{1+\alpha_f}{\alpha_f} \right) \frac{\eta}{M_f} \right]^{1/\alpha_f} \tag{5-34}$$

$$\xi = \int |d\varepsilon_{qs}|$$

式中　　　　　H_0——塑性模量系数；

H_f、H_v 和 H_s——塑性系数；

　　　　　　ξ——累积塑性应变；

β_0、β_1 和 γ_{DM}——模型参数。

卸载模量可以表示为：

$$H_u = H_{u0} (\eta_u/M_g)^{-\gamma_u} \quad |\eta_u/M_g| < 1 \tag{5-35}$$

$$H_u = H_{u0} \quad |\eta_u/M_g| \geqslant 1 \tag{5-36}$$

5.3.2　广义塑性模型的改进

（1）广义塑性模型压力相关的改进。为适应土体更为复杂的应力状态，大连理工大学对上述广义塑性模型进行了改进。式（5-28）～式（5-30）、式（5-35）修改为：

$$K = K_0 P_a (p'/P_a)^{m_v} \tag{5-37}$$

$$G = G_0 P_a (p'/P_a)^{m_s} \tag{5-38}$$

$$H_L = H_0 P_a (p'/P_a)^{m_l} H_f (H_v + H_s) H_{DM} H_{den} \tag{5-39}$$

$$H_u = H_{u0} P_a (p'/P_a)^{m_u} (\eta_u/M_g)^{-\gamma_u} H_{den} \quad |\eta_u/M_g| < 1 \tag{5-40}$$

$$H_{den} = \exp(\gamma d\varepsilon_v)$$

式中　　P_a——标准大气压力；将 H_{DM} 修改为 $\exp[(1-\eta/\eta_{\max})\gamma_{DM}]$；

　　　　$\eta_{\max}$——历史最大应力比；

　　　　H_{den}——致密系数。修改后的模型能够更合理地考虑材料的压力相关性，采用一套参数即可模拟多个围压的试验结果，同时能够更好地反映土体的循环滞回特性。

模型共包含 17 个参数，其中：

1）M_g、M_f、α_g、α_f、β_0、β_1、K_0、G_0、H_0、H_{U0}、γ_u 和 γ_{DM} 与原始模型物理意义相同，可根据三轴静力试验结果，通过 Zienkiewicz 等提出的方法来确定。

2）m_v 和 m_s 可以根据不同围压下应力应变关系曲线初始斜率来确定；m_l 和 m_u 通过

拟合不同围压下应力应变关系曲线来确定；γ_d 根据循环荷载试验来确定。

改进的广义塑性模型能够较好地反映土体的剪胀性、软化性以及循环累计塑性应变。

（2）考虑状态相关的广义塑性模型。考虑土体关键力学特性的孔隙比相关性模拟存在的问题对弹性模量、塑性模量以及实用性等进行了发展。

弹性剪切模量 G 表示为：

$$G = G_0 P_a F e \left(\frac{p'}{P_a}\right)^n \tag{5-41}$$

式中　e——孔隙比；

　　　p'——平均主应力；

　　　P_a——大气压力。

弹性体积模量根据弹性剪切模量和泊松比 υ 进行计算。Richart 等研究表明，一般情况下颗粒棱角明显的材料 $F(e)$ 取为 $(2.97-e)^2/(1+e)$，颗粒较浑圆的材料 $F(e)$ 取为 $(2.17-e)^2/(1+e)$。模型默认采用了 $F(e)$ 取为 $(2.97-e)^2/(1+e)$。

塑性模量 H_1 表示为：

$$H_1 = h_1 P_a \kappa(e) \left(\frac{p'}{P_a}\right)^m \frac{\delta_1 |\delta_1|^{r_x/S_h}}{(1-\delta_1)^{r_y S_h}} \sqrt{\frac{\rho_1^{\max}}{\rho_1}} \tag{5-42}$$

$$\kappa(e) = \exp\left(\frac{1}{e+\Delta e-\beta}\right)$$

$$\Delta e = W_p/(a+b W_p)$$

$$S_h = \exp\left(r_v \Delta\varepsilon_v \frac{\kappa(e)}{(R_c^{N-1})^{r_n}}\right)$$

$$M_p = M_g - n_b \psi$$

$$\psi = e - [e_{r0} - \Delta e - \lambda \ln(p'/P_a)]$$

式中　h_1、m、κ、a、b、r_v、M_g 和 n_b——模型参数；

　　　r_x、r_y——模型常数，对于堆石料可以分别等于 1.0 和 1.5，对于砂土可以默认取 0.5 和 1.5；

　　　r_n——默认取 1.0；

　　　W_p——塑性功，用于描述颗粒破碎的影响；

　　　ρ_1、$\rho_1^{\max}$——偏平面中两点应力状态的距离；

　　　δ_1——比例记忆参数，在单调加载条件下 $\delta_1 = 1 - \eta/[M_p g(\theta)]$，$g(\theta)$ 用来描述偏平面上堆石料屈服面分别规律，θ 为应力洛德角，η 为应力比。

对卸载和反向加载的剪胀比 D_1 表示为：

$$D_1 = \alpha_1 \left[M_d - M_p(1-\delta_1^{k=2}) \frac{\rho_1}{\rho_1^{\max}}\right] g(\tilde{\theta}) \tag{5-43}$$

$$M_d = M_g + n_g \psi$$

式中　n_g、e_{r0}、λ——模型参数；

　　　$\delta_1^{k=2}$——最大应力历史对应的记忆参数；

　　　$\tilde{\theta}$——根据相对应力状态确定的应力洛德角。

塑性模量 H_2 表示为：

$$H_2 = h_2 P_a \kappa(e) \left(\frac{p'}{P_a} \right)^{m_p} \sqrt{\left(\frac{\rho_2^{\max}}{\rho_2} \right)} \exp\left(\frac{c_0}{\eta} \right) \qquad (5-44)$$

式中 h_2、m 和 c_0——模型参数。c_0 可以取默认参数 0.5。

剪胀比 D_2 表示为：

$$D_2 = \alpha_2 \left[M_c g\ (\tilde{\theta}) - \eta \right] \exp\left(\frac{c_0}{\eta} \right) \qquad (5-45)$$

式中 α_2——模型参数。

在单调荷载下罗德角 $\tilde{\theta} = \theta$；$\exp(c_0/\eta)$ 在等压条件下无穷大，满足等压加载的基本要求；$\mathrm{sign}(dp')$ 可以满足在有效平均主应力增加时体积是排水的，在有效平均主应力减小时体积是回弹膨胀的。

模型模拟静力问题需要 15 个参数，模拟循环问题需要再加 1 个参数，如果需要考虑颗粒破碎的影响需再加 2 个参数。为了模拟堆石料的复杂循环变形特性，这些模型参数是有必要的。包括弹性参数 G_0、v、n；临界状态参数 e_{r0}、λ、M_g；颗粒破碎参数 a、b；塑性模量参数 h_1、h_2、β、n_b、m、m_p；剪胀参数 α_1、n_g、α_2；循环参数 r_v。这些模型参数大都具有明确的物理意义，并且可以根据试验参数直接确定。

5.4 动强度和动孔压特性

5.4.1 动强度（或抗液化强度）

在一定动荷载作用下，使土体达到某种破坏标准所需的动应力幅值称为土的动强度。动强度受荷载频率和作用时间的影响，具有明显的速率效应和循环效应特性。动强度随加荷速率增大而增大，随振动次数的增大而减小。此外，合理地规定破坏标准是讨论动强度问题的基础。

当荷载为周期作用时，动强度指的是砂土试样在某循环振动周次 N_f 下，使试样达到某破坏标准的等幅动剪应力值。在固结不排水振动三轴试验中，常用三种破坏标准：①初始液化，即动孔隙水压力最大值达有效侧向固结压力；②极限平衡标准，即动孔隙水压力增量，达到临界孔隙水压力值 Δu_{cr}；③轴向应变（对于等压固结，应变值取为双幅轴向应变；对于不等压固结条件其应变值为弹性应变与塑性应变之和）达到某规定值，如 2.5%、5% 和 10%。实际上，对于具有不同应力状态和密度状态的试样，这些破坏标准表示了不同的状态条件。在土石坝的抗震稳定分析中，通常以 5% 轴向应变规定为破坏标准。

动强度基本试验结果以动剪应力比 $\Delta\tau_d/\sigma_0'$ 与破坏振动周次 N_f 的关系 $\Delta\tau_d/\sigma_0' - \lg N_f$ 曲线表示。这里，σ_0' 为试样 $45°$ 面上有效正应力，$\sigma_0' = (\sigma_{10}' + \sigma_{30}')/2$；$\Delta\tau_d$ 为 $45°$ 面上剪应力，$\Delta\tau_d = \sigma_d/2$；$\sigma_d$ 为轴向动应力，σ_{30}' 有效固结围应力，σ_{10}' 有效固结轴应力。影响土动强度的主要因素有土性条件、静应力状态和动应力特性三个方面，故土的动强度曲线除需标明破坏标准外，尚需标明试样土性条件（如颗粒级配特征、结构、密度和饱和度等）和试验前固结应力状态（以固结围应力 σ_{30} 和轴向主应力 σ_{10} 或固结应力比 $K_c = \sigma_{10}/\sigma_{30}$）。密度越大，动强度越高，粒度越粗，动强度越大，动强度随相对密度 D_r 大致呈直线变化，动强度随平均粒径 d_{50} 变化曲线见图 5-4。

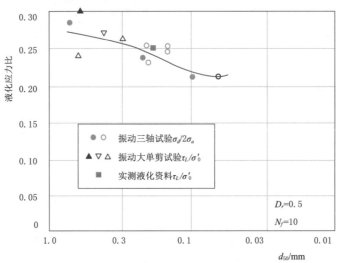

图 5-4　动强度随平均粒径 d_{50} 变化曲线图

为了在抗震稳定分析中使用方便，可根据不同初始应力状态下的 $\Delta\tau_d/\sigma_0' \sim N_f$，以破坏周次 N_f 和初始剪应力比 $\alpha = \tau_{f0}/\sigma_{f0}'$ 为参数，整理出不同初始法向应力 σ_{f0}' 下的潜在破坏面上的动剪强度 $\Delta\tau_f$ 和地震总应力抗剪强度 τ_{fs} 关系。

当 $\Delta\tau_d > \tau_0/\sin\varphi_c'$ 时，试样为拉伸破坏：

$$\sigma_{f0}' = \sigma_0' + \sigma_0/\sin\varphi_c \tag{5-46}$$

$$\tau_{f0} = \tau_0\cos\varphi_c' \tag{5-47}$$

$$\Delta\tau_f = (\Delta\tau_d/\sigma_0')_{Nf} \times \sigma_0'\cos\varphi_c' \tag{5-48}$$

$$\tau_{fs} = \Delta\tau_f - \tau_{f0} \tag{5-49}$$

当 $\Delta\tau_d < \tau_0/\sin\varphi_c'$ 时，试样为压缩方向破坏：

$$\sigma_{f0}' = \sigma_0' - \tau_0/\sin\varphi_c' \tag{5-50}$$

$$\tau_{f0} = \tau_0\cos\varphi_c' \tag{5-51}$$

$$\Delta\tau_f = (\Delta\tau_d/\sigma_0')_{Nf}\sigma_0'\cos\varphi_c' \tag{5-52}$$

$$\tau_{fs} = \Delta\tau_f + \tau_{f0} \tag{5-53}$$

式中　τ_{f0}、τ_f 和 τ_{fs}——试样潜在破坏面上初始剪应力，动剪应力和地震总应力抗剪强度；

$(\Delta\tau_d/\sigma_0')_{Nf}$——相应于破坏振次 N_f 时的破坏动剪应力比。

$\tau_0 = (\sigma_{10}' - \sigma_{30}')/2$ 为试样 45°面上的初始剪应力，$\sigma_0' = (\sigma_{10}' + \sigma_{30}')/2$ 为试样 45°面上的有效法向应力。

根据不同初始剪应力比 $\alpha = \tau_{f0}/\sigma_{f0}'$ 下的动剪强度 $\Delta\tau_f$ 和地震总应力抗剪强度 τ_{fs}，进而求出地震总应力抗剪强度指标 C_d 和 $\tan\varphi_d$。地震总应力抗剪强度 τ_{fs} 可用式（5-54）表示：

$$\tau_{fs} = C_d + \sigma_{f0}'\tan\varphi_d \tag{5-54}$$

式中　C_d——地震总应力抗剪强度的黏聚力，kPa；

φ_d——地震总应力抗剪强度的内摩擦角，(°)。

玉龙喀什水利枢纽工程必选设计方案主堆砂砾料级配上包线、平均线、下包线和河床砂砾料平均级配动剪应力比 $\Delta\tau/\sigma'_0$ 与破坏振次 N_f 的关系（见图5-5），计算得到的地震总应力抗剪强度参数见表5-1。

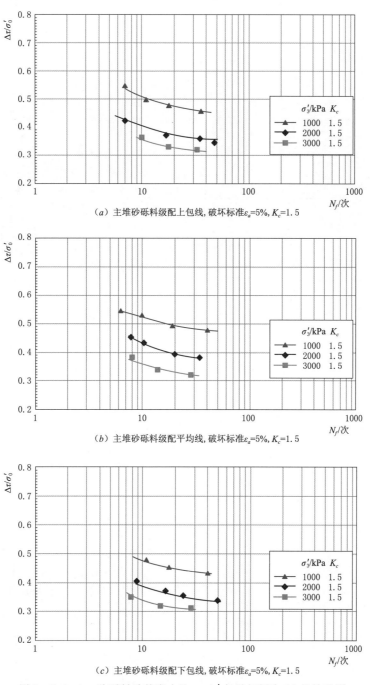

(a) 主堆砂砾料级配上包线, 破坏标准 ε_a=5%, K_c=1.5

(b) 主堆砂砾料级配平均线, 破坏标准 ε_a=5%, K_c=1.5

(c) 主堆砂砾料级配下包线, 破坏标准 ε_a=5%, K_c=1.5

图 5-5（一） 砂砾料动剪应力比 $\Delta\tau/\sigma'_0$ 与破坏振次 N_f 的关系图

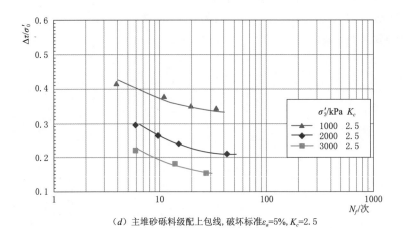

（d）主堆砂砾料级配上包线，破坏标准ε_a=5%，K_c=2.5

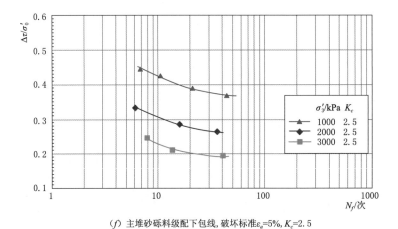

（e）主堆砂砾料级配平均线，破坏标准ε_a=5%，K_c=2.5

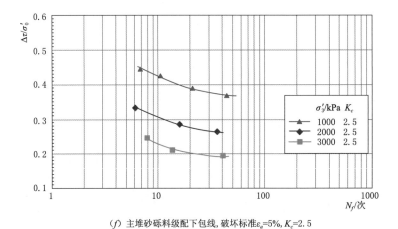

（f）主堆砂砾料级配下包线，破坏标准ε_a=5%，K_c=2.5

图 5-5（二） 砂砾料动剪应力比 $\Delta\tau/\sigma_0'$ 与破坏振次 N_f 的关系图

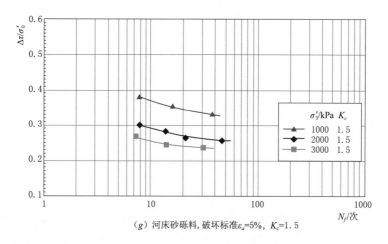

（g）河床砂砾料，破坏标准ε_a=5%，K_c=1.5

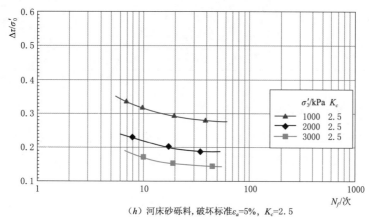

（h）河床砂砾料，破坏标准ε_a=5%，K_c=2.5

图 5-5（三） 砂砾料动剪应力比 $\Delta\tau/\sigma'_0$ 与破坏振次 N_f 的关系图

表 5-1　　　　　　　　　　地震总应力抗剪强度参数表

试验土料	干密度 ρ_d/(g/cm³)	N_f/次	σ'_{f0}/kPa	τ_{fs0}/kPa	$\tan\varphi_{d0}$	ζ/kPa	β
主堆砂砾料级配上包线	2.33	12	0～2568	148.987	0.324	326.07	0.628
		20	0～2568	122.306	0.321	419.86	0.565
		30	0～2568	108.511	0.321	485.61	0.518
		12	2189～3852	148.987	0.324	326.07	0.628
		20	2189～3852	122.306	0.321	419.86	0.565
		30	2189～3852	108.511	0.321	485.61	0.518
主堆砂砾料级配平均线	2.33	12	0～2568	96.871	0.327	463.21	0.823
		20	0～2568	119.086	0.293	426.86	0.835
		30	0～2568	127.596	0.278	390.46	0.853
		12	2189～3852	226.291	0.251	1028.61	0.658
		20	2189～3852	193.879	0.243	1045.39	0.639
		30	2189～3852	158.704	0.247	1175.54	0.589

续表

试验土料	干密度 $\rho_d/(\mathrm{g/cm^3})$	N_f/次	σ'_{f0}/kPa	τ_{fs0}/kPa	$\tan\varphi_{d0}$	ζ/kPa	β
主堆砂砾料级配下包线	2.29	12	0~2568	83.724	0.306	518.54	0.746
		20	0~2568	95.506	0.281	474.96	0.760
		30	0~2568	104.359	0.268	425.79	0.779
		12	2189~3852	67.036	0.300	1201.46	0.507
		20	2189~3852	19.466	0.304	1268.96	0.466
		30	2189~3852	1.014	0.303	1273.14	0.461
坝基河床砂砾料级配平均线	2.21	12	0~2568	86.879	0.233	371.29	0.791
		20	0~2568	76.276	0.226	418.96	0.756
		30	0~2568	78.742	0.219	382.82	0.769
		12	2189~3852	64.931	0.234	819.11	0.635
		20	2189~3852	23.411	0.245	780.11	0.621
		30	2189~3852	4.416	0.248	784.46	0.614

5.4.2 动孔隙水压力模式

当采用黏弹性模型、真非线性模型和经典弹塑性模型进行动力有效应力分析时，往往还需建立动孔压发展模型。动孔压发展模型可主要分为：应力模型、应变模型、内时模型、能量模型、有效应力路径模型以及瞬态模型等。

在实际应用中，还有直接采用由动三轴试验得到的动孔压比与动剪应力比关系曲线确定动孔压的方法。

（1）孔压的应力模型。由于动应力的大小应该从应力幅值和持续时间两个方面来反映，因此这类模型中常出现动应力和振次 N，或者将动应力大小用引起液化的周数 N_l 来隐现，寻求孔压比 $\dfrac{u}{\sigma'_0}$ 和振次比 N/N_l 的关系。这类模型中最典型的 Seed 在等压固结不排水动三轴试验基础上提出的关系：

$$\frac{u}{\sigma'_0}=\frac{2}{\pi}\arcsin\left(\frac{N}{N_l}\right)^{1/2\theta} \tag{5-55}$$

或

$$\frac{\Delta u}{\sigma'_0}=\frac{1}{\pi\theta N_e\sqrt{\left(1-\dfrac{N}{N_l}\right)^{1/\theta}}}\left(\frac{N}{N_l}\right)^{\frac{1}{2\theta}-1}\Delta N \tag{5-56}$$

式中 θ——试验常数，取决于土类和试验条件，可取 $\theta=0.7$；

       N_e——液化破坏时的振动次数。

对于非等向固结情况，Finn、徐志英及魏汝龙等都提出了修正公式。Finn 将 Seed 公式改写为式（5-57）：

$$\frac{u}{\sigma'_0} = \frac{1}{2} + \frac{1}{\pi} \arcsin\left[2\left(\frac{N}{N_l}\right)^{1/2\theta} - 1\right] \qquad (5-57)$$

然后修正为：

$$\frac{u}{\sigma'_0} = \frac{1}{2} + \frac{1}{\pi} \arcsin\left[\beta\left(\frac{N}{N_r}\right)^{1/2\theta} - 1\right] \qquad (5-58)$$

为了实用方便，Finn 取 $\beta=1$，$N_r=N_{50}$，即孔压比等于 50% 时的周数。此时，

$$\frac{u}{\sigma'_0} = \frac{1}{2} + \frac{1}{\pi} \arcsin\left[\beta\left(\frac{N}{N_r}\right)^{1/\alpha} - 1\right] \qquad (5-59)$$

其中，

$$\alpha = \alpha_1 K_c + \alpha_2 \qquad (5-60)$$

当 $D_r=50\%$ 时，取 $\alpha_1=3$，$\alpha_2=-2$，故得：

$$\alpha = 3K_c - 2 \qquad (5-61)$$

固结有效主应力比：

$$K_c = \sigma'_{1c}/\sigma'_{3c}$$

计算表明，随着 K_c 的增大，在孔压比超过 50% 时，u/σ'_0 的增长速度率随 N/N_r 的增大而减小。这种趋势与非等向固结试验的结果大体接近。但 K_c 增大时，所能引起孔压的极限值应降低。对于这一点，Finn 的公式仍无法反映，因此，C. S. Chang 又提出修正公式（5-62），非等向固结的孔压由式（5-63）计算：

$$\frac{u}{u_f} = \frac{1}{2} + \frac{1}{\pi} \arcsin\left[\left(\frac{N}{N_f}\right)^{1/\alpha} - 1\right] \qquad (5-62)$$

$$u_f = \sigma_{3c}\left[\frac{1+\sin\varphi'}{2\sin\varphi} - \frac{1-\sin\varphi'}{2\sin\varphi}K_c\right] \qquad (5-63)$$

$$\alpha = 2.25 - 2.53\left[\frac{50}{(1+K_c)\ D_r}\right] \qquad (5-64)$$

式中　u_f——非等向固结的孔压极限值。

徐志英考虑了初始剪应力比 $\alpha=\tau_0/\sigma'$ 的影响，提出了公式（5-65）：

$$\frac{u}{\sigma'_0} = \frac{\alpha}{\pi} \arcsin\left[\beta\left(\frac{N}{N_r}\right)^{1/2\theta} (1-m\alpha)\right] \qquad (5-65)$$

式中　m——反映孔压比随 α 递减的一个常数。

在单剪仪上对于天然砂测得为 $1.1\sim1.3$，对于尾矿砂测得为 $1.1\sim1.2$。式（5-65）亦可写成增量形式（5-66）：

$$\frac{\Delta u}{\sigma'_0} = \frac{1-m\alpha}{\pi N_l \sqrt{\left(1-\frac{N}{N_l}\right)^{1/\theta}}} \left(\frac{N}{N_l}\right)^{\frac{1}{2\theta}-1} \Delta N \qquad (5-66)$$

属于这一类孔压应力模型的公式还有许多。孔压应力模型的一个明显缺陷是无法解释偏差应力发生卸荷时引起孔压增长的重要现象，即反向剪缩特性，而这时孔压的变化往往起着明显的作用。

（2）插值方法。当采用黏弹性模型、真非线性模型和经典弹塑性模型进行动力有效应

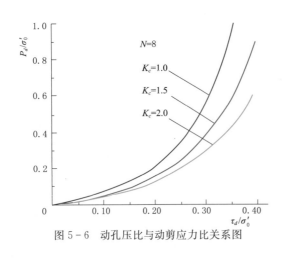

图 5-6 动孔压比与动剪应力比关系图

力和地震安全性评价分析时，还需建立动孔压发展模型。在不同的试验基础上，根据不同的假定，提出了多种孔压模型。实际上，振动孔压的产生是一个非常复杂的问题，它不仅与土体本身的颗粒级配、组织结构、密实程度、排水条件及初始应力状态有关，而且还与地震加速度强弱、振动持续时间长短、离地震震中距离远近等外部条件有关。对于这样复杂的问题，想要用少量几个参数综合考虑各方面的因素，是比较困难的，势必增加参数选取的难度，而且难以保证计算结果的准确性。

因此，实际计算中，也可直接利用动三轴试验得到的动孔压比与动剪应力比关系见图 5-6。

这种方法的原理和主要步骤是：

1）先确定等效振动次数。根据坝址的地震特性，利用 Seed 等人的地震震级与等效振动次数和强震历时的关系研究成果，来确定等效振动次数。非线性动力计算中，把地震历时分成若干时段进行，各时段内的等效振动次数，可根据各时段输入的地震加速度幅值的强弱进行加权平均来合理分配。

2）然后用动力计算中某时段及以前所有时段内出现的单元最大动剪应力的 0.65 倍作为平均动剪应力 τ_d，得出动剪应力比 τ_d/σ_0'，再根据该时段的等效振动次数，由图 5-6 的曲线中查得动孔压比 P_d/σ_0'，从而可以得到该时段孔压增量 ΔP_d，求出各单元孔压，重复上述步骤直至地震历时结束。图 5-6 给出的是其中 $N=8$ 时的一组曲线。计算中查取曲线过程是根据输入的代表性曲线族由计算机内插或外延自动完成的。

这种方法算得的孔压是直接利用试验曲线得到，而曲线是综合考虑土体振动过程中的各种因素，通过试验得到的，考虑因素全面，方法合理，概念清楚，计算直观明确。

玉龙喀什水利枢纽主堆砂砾料级配平均线动孔压比 $\Delta u/\sigma_0'$ 与振次 N 的关系见图 5-7。

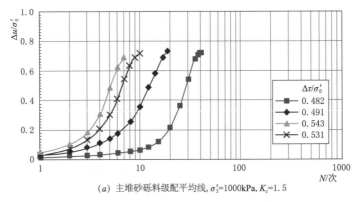

(a) 主堆砂砾料级配平均线，$\sigma_3'=1000\text{kPa}$，$K_c=1.5$

图 5-7（一） 主堆砂砾料级配平均线动孔压比 $\Delta u/\sigma_0'$ 与振次 N 的关系图

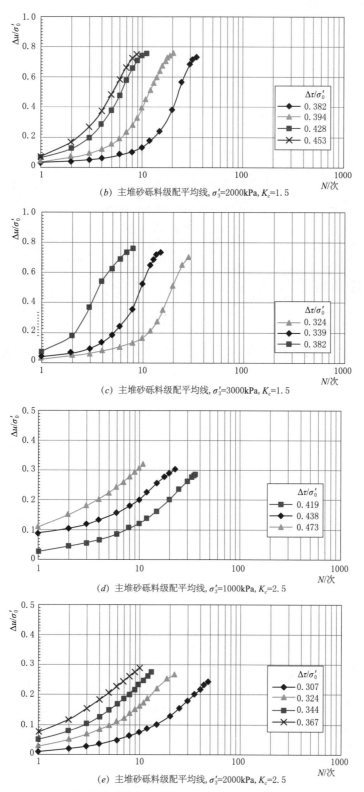

(b) 主堆砂砾料级配平均线，σ_3'=2000kPa，K_c=1.5

(c) 主堆砂砾料级配平均线，σ_3'=3000kPa，K_c=1.5

(d) 主堆砂砾料级配平均线，σ_3'=1000kPa，K_c=2.5

(e) 主堆砂砾料级配平均线，σ_3'=2000kPa，K_c=2.5

图 5-7（二）　主堆砂砾料级配平均线动孔压比 $\Delta u/\sigma_0'$ 与振次 N 的关系图

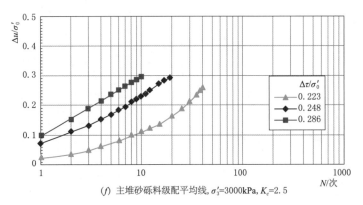

(f) 主堆砂砾料级配平均线，$\sigma_3'=3000\text{kPa}$，$K_c=2.5$

图 5-7（三）　主堆砂砾料级配平均线动孔压比 $\Delta u/\sigma_0'$ 与振次 N 的关系图

5.5　动力残余变形模式

为了计算地震动力残余变形，采用等效黏弹性模型时，还需要考虑包括残余剪应变和残余体积应变等影响的动力残余变形模型，需要通过一定的固结排水振动试验测定土的动力残余变形特性参数。

影响土的动力残余变形特性的重要因素有土的矿物成分、颗粒形状、级配曲线、孔隙比、平均有效固结应力、固结应力、动剪应力幅值和循环加荷次数等，此外还有饱和度、超固结比、周期加荷频率、土的结构性等一些次要的因素。

在循环荷载作用下，土颗粒矿物越软，风化越强，越容易破碎，孔隙比越大，残余剪应变和残余体积应变越大。有棱角的人工开采料比磨圆度好的砂卵石容易发生残余变形。

一定平均有效固结应力和固结应力下，土的残余剪应变和残余体积应变随动剪应力幅值（或动剪应力比）和循环加荷次数的增大而增大。

一定动剪应力幅值和循环加荷次数下，平均有效固结应力和固结应力越大，残余剪应变和残余体积应变越小。

为使用方便，目前国内外所采用的残余变形模型，大多根据不同试验条件下的试验结果分别对残余剪应变和残余体积应变建立的经验拟合公式。

Taniguchi 建议的公式曾经得到较多的应用。其采用的应力-残余应变关系为：

$$\frac{q}{p_0'} = \frac{\gamma}{a+b\gamma} + \frac{q_0}{p_0'} \qquad (5-67)$$

$$q = q_0 + q_d \qquad (5-68)$$

式中　q——总剪应力；

　　　q_0——初始静剪应力；

　　　q_d——动剪应力；

　　　p_0'——初始静有效应力；

　　　γ——残余剪应变；

a、*b*——参数，与循环加荷次数、应力状态和土性有关，可根据试验结果采用回归法
求出。

Taniguchi 模式中只考虑了土料的残余剪应变，没有计入土料的残余体应变。
而土体残余变形中，既包括残余剪切变形，也包括残余体积变形，残余体积变形
是不宜忽略的。因此，采用了包括残余体应变和剪应变的残余变形计算方法更为
合理。

沈珠江建议了残余体积应变和残余剪切应变公式（5-69）、式（5-70）：

$$\Delta\varepsilon_v = c_1 \ (\gamma_d)^{c_2} \exp(-c_3 S_l^2) \frac{\Delta N}{1+N_e} \tag{5-69}$$

$$\Delta\gamma_s = c_4 \ (\gamma_d)^{c_5} S_l^2 \ \frac{\Delta N}{1+N_e} \tag{5-70}$$

式中　　　　　　γ_d——动剪应变幅值；

S_l——静力应力水平；

N——等效振动次数；

ΔN——振动次数的增量；

c_1、c_2、c_3、c_4 和 c_5——5 个计算参数，由不同固结应力比的动三轴试验测定。大石峡水
利枢纽工程主堆砂砾料动力残余变形模型参数见表 5-2（$c_3=0$）。

表 5-2　　　　　　　　动力残余变形模型参数表（沈珠江模型）

坝体分区	坝料组成	级配	干密度 ρ_d/（g/cm³）	c_1/%	c_2/%	c_4/%	c_5/%
主堆砂砾料区	S3 砂砾料	上包线	2.28	0.36	0.69	5.56	0.84
		下包线	2.22	0.50	0.70	5.93	0.80

根据大量土石料残余变形的大型动三轴试验结果，提出了如下残余变形模式：

残余体应变 ε_{dv} 和残余剪应变 γ_p 与动剪应力比 $\Delta\tau/\sigma_0'$ 的关系可用幂函数形式描述，可
用式（5-71）、式（5-72）计算：

$$\varepsilon_{dv} = K_v \ (\Delta\tau/\sigma_0')^{n_v} \tag{5-71}$$

$$\gamma_p = K_a \ (\Delta\tau/\sigma_0')^{n_a} \tag{5-72}$$

式中　τ——动剪应力；

σ_0'——平均有效主应力；

K_v、K_a——系数；

n_v、n_a——指数。

K_v、K_a、n_v、n_a 是以围压力 σ_3'、固结比 K_c 和振动次数 N 为参变数的，可通过坝料
残余变形特性的动三轴试验确定。ε_{dv} 和 γ_p 采用%，$\Delta\tau$ 与 σ_0' 采用相同的单位。

按照地震残余变形模式整理的阿尔塔什水利枢纽主堆砂砾料残余体应变和残余轴应变
与动剪应力比的关系分别见图 5-8、图 5-9，在不同干密度、不同固结比、不同围压力
下的砂砾料残余体应变系数和指数见表 5-3。

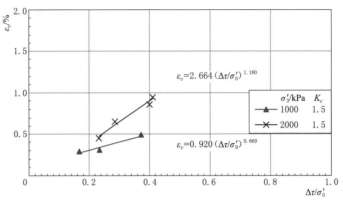

图 5-8　主堆砂砾料残余体应变与动剪应力比的关系图

（$N = 20$，$\rho_d = 2.32 \text{g/cm}^3$）

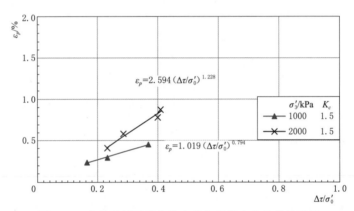

图 5-9　主堆砂砾料残余轴应变与动剪应力比的关系图

（$N = 20$，$\rho_d = 2.32 \text{g/cm}^3$）

表 5-3　　　　　　　　　　　砂砾料残余体应变系数和指数表

土料	干密度 ρ_d /(g/cm³)	固结比 K_c	σ_3'/kPa	$N = 12$ 次		$N = 20$ 次		$N = 30$ 次	
				K_v	n_v	K_v	n_v	K_v	n_v
主堆砂砾料	2.32	1.5	1000	0.822	0.761	0.92	0.669	1.103	0.68
			2000	2.375	1.257	2.664	1.18	2.874	1.12
		2.5	1000	4.209	2.495	4.763	2.415	5.167	2.338
			2000	5.596	1.952	6.467	1.935	7.201	1.913
	2.39	1.5	1000	0.743	1.138	0.982	1.156	1.178	1.142
			2000	1.685	1.327	2.119	1.33	2.523	1.342
		2.5	1000	3.188	3.038	3.904	3.037	4.337	2.942
			2000	4.964	2.215	5.532	2.148	6.271	2.138
坝基砂砾料	2.20	1.5	500	0.642	0.762	0.841	0.794	0.97	0.776
			1000	1.164	0.916	1.971	1.077	2.474	1.156
			2000	2.377	1.124	2.837	1.091	3.248	1.077
		2.5	500	1.607	2.249	2.2	2.376	2.74	2.432
			1000	6.417	2.308	7.496	2.278	9.143	2.338
			2000	6.984	1.705	8.483	1.117	10.274	1.756

5.6 砂砾料的动力变形特性

5.6.1 砂砾料动剪模量比和阻尼比的范围

Seed 等（1984，1986）通过对等压固结下的砂砾料试样进行不排水循环加载试验，对砂砾料动剪模量和阻尼比进行了较为系统的研究。砂砾料和砂土动剪模量比随循环剪应变衰减关系的常见范围（见图 5-10），从图 5-10 中可以看出，砂砾料与砂土的动剪模量比衰减曲线有部分重叠，砂砾料动剪模量比的平均衰减曲线比砂土低 10%～30%。Kyle M. Rollins 等（1998）对前人关于砂砾料动剪模量的研究结果进行了总结（见图 5-11），为与砂土的动剪模量衰减特性进行比较，从图 5-11 中可以看出，砂土动剪模量比与剪应变关系的上下限曲线。砂砾料的动剪模量与剪应变的坐标点的分布范围较宽，但大部分都落在了砂土动剪模量比与剪应变关系曲线的上下限范围内，其最佳适线也与砂土的最佳适线基本一致。

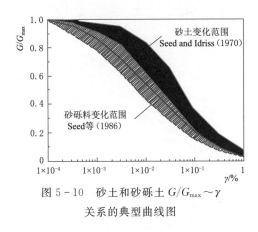

图 5-10　砂土和砂砾土 G/G_{max}～γ
关系的典型曲线图

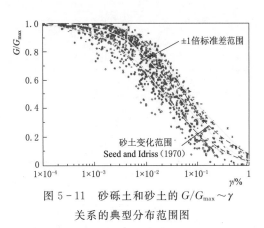

图 5-11　砂砾土和砂土的 G/G_{max}～γ
关系的典型分布范围图

为了解释砂砾土动剪模量比与剪应变关系分布的上述特征图，Kyle M. Rollins 等（1998）对影响动剪模量比与剪应变关系形态的因素进行了深入分析，包括最大粒径、相对密度、细粒含量、砂砾含量和约束应力等。对于细粒含量为 0～5%（最大不超过 9%）的试样的分析结果表明，除去约束应力，其他因素虽然对 G_{max} 有一定的影响，但对 G/G_{max} 曲线的影响很小。不同约束应力下动剪模量比与剪应变的平均变化曲线（见图 5-12）。从图 5-12 中可以看出，随着约束应力的增大，动剪模量比与剪应变的平均变化曲线由低向高移动，Kokusho 等（1994）的研究结果也验证了这一特点。但在 100～500kPa 约束应力范围内，约束应力不同带来的偏差相对较小，采用

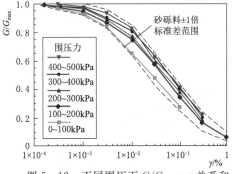

图 5-12　不同围压下 G/G_{max}～γ 关系和
D～γ 关系及相应的 1 倍标准差
范围图（Kyle M. Rollins 等）

最佳适线确定动剪模量比与剪应变关系曲线不会带来显著误差。

此外，Kyle M. Rollins 等（1998）也研究了含砾量对动剪切模量衰减曲线和动剪切模量比衰减曲线的影响，以及排水条件对 $G/G_{max}\sim\gamma$ 关系的影响（见图 5-13）。从图 5-13 中可以看出，随着含砾量的增大，经过 G_{max} 归一化的动剪模量略微增大，当应变幅小于 0.05% 时，不排水条件下饱和砂砾料的 $G/G_{max}\sim\gamma$ 关系与排水条件下干砂砾料的 $G/G_{max}\sim\gamma$ 关系十分一致（偏离不超过 5%），当应变幅大于 0.05% 时，排水条件下干砂砾料的 $G/G_{max}\sim\gamma$ 关系明显高于不排水条件下饱和砂砾料的 $G/G_{max}\sim\gamma$ 关系。

Seed 等（1984）给出的相对密度为 80% 时，几种不同砂砾料的阻尼比随剪应变的变化曲线（见图 5-14），相对密度对阻尼比与剪应变关系的影响（见图 5-15）。Seed 等（1984）等给出的砂砾料阻尼比的分布范围（见图 5-16）。从图 5-16 可以看出，砂土阻尼比的分布范围和阻尼比随剪应变变化的平均曲线。Kyle M. Rollins 等（1998）在总结不同研究者对砂砾料阻尼比研究成果的基础上给出的砂砾土阻尼比的分布范围（见图 5-17）。Kyle M. Rollins 等（1998）给出的不同约束应力下砂砾料阻尼比的变化情况（见图 5-18）。

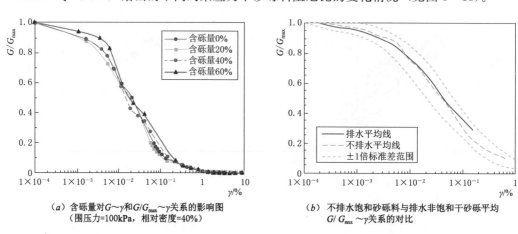

（a）含砾量对 $G\sim\gamma$ 和 $G/G_{max}\sim\gamma$ 关系的影响图（围压力=100kPa，相对密度=40%）

（b）不排水饱和砂砾料与排水非饱和干砂砾料平均 $G/G_{max}\sim\gamma$ 关系的对比

图 5-13　砂砾料含砾量和排水条件对砂砾料动力变形特性的影响图

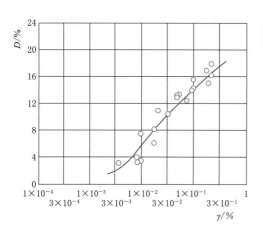

图 5-14　砂砾料等效阻尼比图
（$D_r=80\%$）

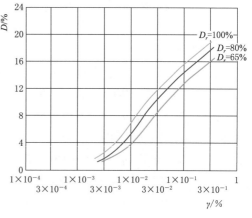

图 5-15　砂砾料等效阻尼比受相对密度的影响图

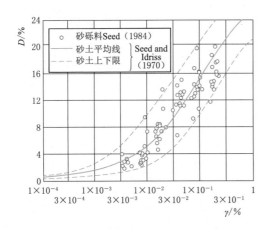

图 5-16　砂砾料和砂土的等效
阻尼比对比图

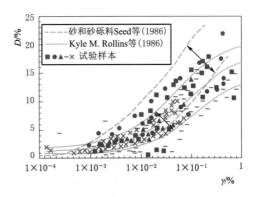

图 5-17　砂砾料阻尼比随剪应变变化
的分布范围图

5.6.2　典型工程筑坝砂砾料的动力变形特性

　　国内几个典型工程筑坝砂砾料在不同干密度和不同固结比条件下的最大动剪模量系数 C 与指数 n 见表 5-4。阿尔塔什水利枢纽工程筑坝砂砾料不同干密度和不同固结比条件下应变效应的数值化结果（见表 5-5、表 5-6），不同影响因素下阿尔塔什水利枢纽工程砂砾料动剪模量比和阻尼比随剪应变的变化关系见图 5-19～图 5-21，从图 5-19～图 5-21 中可以看出，砂砾料的动剪模量比随干密度、固结比和围压呈现规律性的变化。

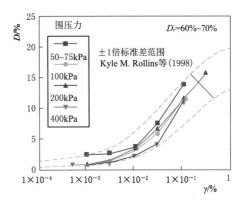

图 5-18　不同约束应力下砂砾料阻尼比
随剪应变变化的平均曲线图

　　从图 5-19（a）中可以看出，相同的干密度和固结比下，围压力越大，相同剪应变水平下的动剪模量比 G/G_{max} 越大，阻尼比 D 越小，尤其是在剪应变达到 1×10^{-4} 以上时，动剪模量比 G/G_{max} 和阻尼比 D 受围压力的影响更加明显。从图 5-19（b）中可以看出，相同干密度和围压力下，固结比越小，相同剪应变水平下的动剪模量比 G/G_{max} 和阻尼比 D 越大，阻尼比受固结比的影响相对较小。从图 5-19（c）中可以看出，固结应力条件相同时，干密度越小，动剪模量比 G/G_{max} 和阻尼比 D 越大，阻尼比受干密度的影响相对较小。

　　肯斯瓦特水利枢纽坝壳砂砾料和双江口水电站坝基砂砾料 $G/G_{max}\sim\gamma$ 和 $D\sim\gamma$ 曲线分别见图 5-20、图 5-21。从图 5-20、图 5-21 中可以看出，相同的干密度和固结比，肯斯瓦特水利枢纽坝壳砂砾料和双江口水电站坝基 $G/G_{max}\sim\gamma$ 和 $D\sim\gamma$ 曲线表现出类似图 5-19（a）所示的规律。

表 5 - 4 典型工程砂砾料最大动剪模量参数汇总表

工程名称	坝料	干密度 ρ_d /(g/cm³)	固结比 K_c	C	n
阿尔塔什水利枢纽	主堆砂砾料	2.32	1.5	3319	0.453
		2.39	2.5	4171	0.401
		2.39	1.5	4358	0.434
			2.5	4832	0.385
		2.26	1.5	2299	0.543
			2.5	3781	0.409
	坝基砂砾料	2.20	1.5	2639	0.456
			2.5	3281	0.411
玉龙喀什水利枢纽（可行性研究）	主堆砂砾料	2.33	1.5	3662	0.423
			2.5	4321	0.411
	过渡料	2.13	1.5	3517	0.445
			2.5	4218	0.427
	垫层料	2.21	1.5	3858	0.455
			2.5	4572	0.427
			2.5	3956	0.414
	坝基河床砂砾料	2.21	1.5	2462	0.442
			2.5	3101	0.416
大石峡水利枢纽	S3 砂砾料	2.28	1.5	2401	0.343
			2.5	2406	0.338
		2.22	1.5	2325	0.334
			2.5	2353	0.322
双江口水电站	坝基砂砾料	2.15	1.5	4438	0.441
			2.0	4718	0.439
肯斯瓦特水利枢纽	坝壳料	2.14	1.5	3267	0.466
			2.5	3358	0.488
	过渡料	2.15	2.0	2916	0.532
	垫层料	2.18	2.0	3049	0.52
	排水体	1.94	2.0	2863	0.512

表 5 - 5 (a) 主堆砂砾料应变效应的数值化结果表（$\rho_d = 2.32$g/cm³，$K_c = 1.5$）

$\sigma_3' = 500$kPa			$\sigma_3' = 1000$kPa			$\sigma_3' = 2000$kPa		
γ	G/G_{max} /%	D /%	γ	G/G_{max} /%	D /%	γ	G/G_{max} /%	D /%
7.53×10^{-6}	100	4.24	7.16×10^{-6}	100	3.81	8.80×10^{-6}	100	3.23
1.26×10^{-5}	97	4.45	1.30×10^{-5}	96	3.96	1.18×10^{-5}	99	3.26
3.32×10^{-5}	84	4.99	2.48×10^{-5}	88	4.24	2.07×10^{-5}	94	3.47
6.25×10^{-5}	71	5.79	6.06×10^{-5}	73	5.21	3.48×10^{-5}	86	3.62
1.20×10^{-4}	56	7.99	1.36×10^{-4}	57	7.03	7.70×10^{-5}	71	4.55
2.09×10^{-4}	46	10.19	2.13×10^{-4}	50	8.66	1.32×10^{-4}	62	6.00

续表

$\sigma_3'=500\text{kPa}$			$\sigma_3'=1000\text{kPa}$			$\sigma_3'=2000\text{kPa}$		
γ	$G/G_{max}/\%$	$D/\%$	γ	$G/G_{max}/\%$	$D/\%$	γ	$G/G_{max}/\%$	$D/\%$
5.24×10^{-4}	33	14.15	3.98×10^{-4}	41	11.04	2.27×10^{-4}	54	7.61
8.35×10^{-4}	28	15.99	6.17×10^{-4}	37	12.79	4.07×10^{-4}	48	9.91
1.17×10^{-3}	25	16.89	9.82×10^{-4}	31	14.36	8.47×10^{-4}	40	12.16
1.57×10^{-3}	21	17.73	1.57×10^{-3}	26	15.78	1.38×10^{-3}	36	13.60
			2.99×10^{-3}	21	16.83	2.74×10^{-3}	27	14.96

表 5-5 （b） 主堆砂砾料应变效应的数值化结果表（$\rho_d=2.32\text{g/cm}^3$，$K_c=2.5$）

$\sigma_3'=500\text{kPa}$			$\sigma_3'=1000\text{kPa}$			$\sigma_3'=2000\text{kPa}$		
γ	$G/G_{max}/\%$	$D/\%$	γ	$G/G_{max}/\%$	$D/\%$	γ	$G/G_{max}/\%$	$D/\%$
6.55×10^{-6}	100	4.02	6.82×10^{-6}	100	3.50	6.97×10^{-6}	100	2.98
1.25×10^{-5}	97	4.15	1.07×10^{-5}	99	3.60	1.32×10^{-5}	98	3.09
2.31×10^{-5}	89	4.42	2.08×10^{-5}	91	3.65	2.46×10^{-5}	90	3.24
4.93×10^{-5}	76	5.01	3.87×10^{-5}	79	4.07	3.80×10^{-5}	83	3.45
1.06×10^{-4}	58	6.94	7.38×10^{-5}	68	4.86	5.43×10^{-5}	76	3.89
1.85×10^{-4}	47	9.24	1.43×10^{-4}	58	6.75	1.08×10^{-4}	63	4.95
4.37×10^{-4}	35	12.58	2.64×10^{-4}	48	8.74	2.08×10^{-4}	53	7.07
7.42×10^{-4}	29	14.51	4.49×10^{-4}	42	10.84	3.74×10^{-4}	46	8.93
1.25×10^{-3}	22	16.33	7.39×10^{-4}	36	12.50	6.56×10^{-4}	39	10.78
			1.11×10^{-4}	33	13.82	8.64×10^{-4}	36	11.71
						1.20×10^{-3}	33	12.76
						1.60×10^{-3}	30	13.42
						2.03×10^{-3}	28	13.92

表 5-5 （c） 主堆砂砾料应变效应的数值化结果表（$\rho_d=2.39\text{g/cm}^3$，$K_c=1.5$）

$\sigma_3'=500\text{kPa}$			$\sigma_3'=1000\text{kPa}$			$\sigma_3'=2000\text{kPa}$		
γ	$G/G_{max}/\%$	$D/\%$	γ	$G/G_{max}/\%$	$D/\%$	γ	$G/G_{max}/\%$	$D/\%$
6.05×10^{-6}	100	4.13	5.04×10^{-6}	100	3.69	7.38×10^{-6}	100	3.01
1.42×10^{-5}	95	4.30	1.04×10^{-5}	97	3.73	9.72×10^{-6}	99	3.04
2.82×10^{-5}	86	4.60	1.55×10^{-5}	93	3.97	2.32×10^{-5}	90	3.23
4.94×10^{-5}	76	5.14	4.09×10^{-5}	77	4.44	5.11×10^{-5}	78	3.69
1.18×10^{-4}	56	7.38	9.85×10^{-5}	63	5.85	1.34×10^{-4}	60	5.60
2.19×10^{-4}	45	9.98	2.40×10^{-4}	49	8.56	2.69×10^{-4}	50	7.59
6.09×10^{-4}	32	14.14	3.93×10^{-4}	41	10.75	4.78×10^{-4}	42	9.91
1.01×10^{-3}	26	16.20	6.84×10^{-4}	34	12.63	7.10×10^{-4}	38	11.17
1.61×10^{-3}	20	17.13	1.21×10^{-3}	27	14.27	1.10×10^{-3}	33	12.29
2.61×10^{-3}	14	18.25	2.82×10^{-4}	16	15.86	1.58×10^{-3}	29	13.26
						2.25×10^{-3}	25	13.75

表 5-5 (d)　主堆砂砾料应变效应的数值化结果表（$\rho_d = 2.39\text{g/cm}^3$，$K_c = 2.5$）

$\sigma'_3 = 500\text{kPa}$			$\sigma'_3 = 1000\text{kPa}$			$\sigma'_3 = 2000\text{kPa}$		
γ	$G/G_{\max}/\%$	$D/\%$	γ	$G/G_{\max}/\%$	$D/\%$	γ	$G/G_{\max}/\%$	$D/\%$
5.76×10^{-6}	89	3.84	7.27×10^{-6}	90	3.33	8.10×10^{-6}	88	2.77
1.65×10^{-5}	84	4.01	1.13×10^{-5}	89	3.46	1.12×10^{-5}	87	2.89
4.54×10^{-5}	68	4.68	1.87×10^{-5}	84	3.46	1.80×10^{-5}	84	2.96
1.03×10^{-4}	55	6.49	4.00×10^{-5}	72	3.95	3.57×10^{-5}	77	3.25
1.76×10^{-4}	46	8.48	1.05×10^{-4}	56	5.59	7.40×10^{-5}	68	4.27
4.72×10^{-4}	34	12.21	2.12×10^{-4}	46	7.65	1.64×10^{-4}	54	5.71
8.78×10^{-4}	27	14.47	3.95×10^{-4}	39	9.82	3.06×10^{-4}	47	7.71
1.36×10^{-3}	24	16.09	6.75×10^{-4}	33	11.78	5.22×10^{-4}	41	9.51
2.04×10^{-3}	19	17.07	1.19×10^{-3}	28	13.32	8.64×10^{-4}	36	11.13
			1.90×10^{-3}	23	14.56	1.27×10^{-3}	33	12.15
						1.74×10^{-3}	30	12.80

表 5-6 (a)　坝基砂砾料应变效应的数值化结果表（$\rho_d = 2.20\text{g/cm}^3$，$K_c = 1.5$）

$\sigma'_3 = 500\text{kPa}$			$\sigma'_3 = 1000\text{kPa}$			$\sigma'_3 = 2000\text{kPa}$		
γ	$G/G_{\max}/\%$	$D/\%$	γ	$G/G_{\max}/\%$	$D/\%$	γ	$G/G_{\max}/\%$	$D/\%$
6.17×10^{-6}	100	4.41	7.11×10^{-6}	100	3.75	7.38×10^{-6}	100	3.27
1.46×10^{-5}	99	4.63	1.36×10^{-5}	98	3.89	1.20×10^{-5}	99	3.41
3.69×10^{-5}	89	5.52	2.47×10^{-5}	95	4.12	1.84×10^{-5}	96	3.55
5.95×10^{-5}	82	6.21	5.14×10^{-5}	86	5.04	4.07×10^{-5}	89	4.02
1.17×10^{-4}	64	8.16	1.19×10^{-4}	73	6.57	9.48×10^{-5}	80	5.40
2.42×10^{-4}	52	11.04	2.83×10^{-4}	53	10.25	1.98×10^{-4}	64	7.34
4.26×10^{-4}	43	13.83	4.74×10^{-4}	45	12.11	3.76×10^{-4}	53	9.74
1.07×10^{-3}	30	16.96	8.31×10^{-4}	36	13.97	7.97×10^{-4}	44	12.52
1.77×10^{-3}	24	18.52	1.50×10^{-3}	29	15.94	1.33×10^{-3}	37	13.79
2.77×10^{-3}	17	19.77	4.14×10^{-3}	14	17.68	2.92×10^{-3}	25	15.43

表 5-6 (b)　坝基砂砾料应变效应的数值化结果表（$\rho_d = 2.20\text{g/cm}^3$，$K_c = 2.5$）

$\sigma'_3 = 500\text{kPa}$			$\sigma'_3 = 1000\text{kPa}$			$\sigma'_3 = 2000\text{kPa}$		
γ	$G/G_{\max}/\%$	$D/\%$	γ	$G/G_{\max}/\%$	$D/\%$	γ	$G/G_{\max}/\%$	$D/\%$
5.22×10^{-6}	100	4.18	5.49×10^{-6}	100	3.39	5.67×10^{-6}	100	2.85
1.60×10^{-5}	98	4.35	9.45×10^{-6}	99	3.59	2.33×10^{-5}	98	3.25
2.80×10^{-5}	96	4.89	1.27×10^{-5}	98	3.60	3.63×10^{-5}	95	3.46
5.93×10^{-5}	90	5.88	1.93×10^{-5}	98	3.80	8.89×10^{-5}	86	4.67

$\sigma_3'=500\text{kPa}$			$\sigma_3'=1000\text{kPa}$			$\sigma_3'=2000\text{kPa}$		
γ	$G/G_{max}/\%$	$D/\%$	γ	$G/G_{max}/\%$	$D/\%$	γ	$G/G_{max}/\%$	$D/\%$
1.42×10^{-4}	78	8.16	3.30×10^{-5}	95	4.09	1.83×10^{-4}	75	6.69
4.46×10^{-4}	56	13.25	7.51×10^{-5}	89	5.18	3.43×10^{-4}	66	8.75
8.80×10^{-4}	43	15.55	1.92×10^{-4}	74	8.04	6.21×10^{-4}	58	11.04
1.59×10^{-3}	31	17.47	3.82×10^{-4}	62	10.63	8.41×10^{-4}	53	11.96
2.75×10^{-3}	22	18.63	6.76×10^{-4}	52	12.65	1.19×10^{-3}	49	13.11
			1.21×10^{-3}	43	14.57	1.56×10^{-3}	45	13.74
			1.99×10^{-3}	34	15.82			

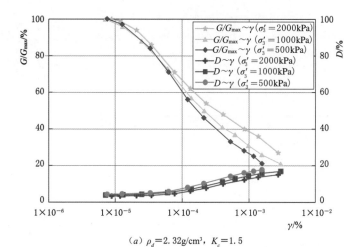

（a）$\rho_d=2.32\text{g/cm}^3$，$K_c=1.5$

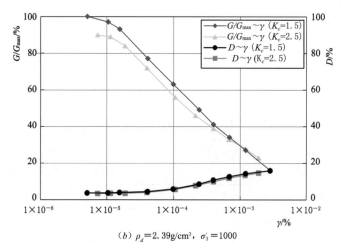

（b）$\rho_d=2.39\text{g/cm}^3$，$\sigma_3'=1000$

图 5-19（一）　阿尔塔什水利枢纽主堆砂砾料 $G/G_{max}\sim\gamma$

和 $D\sim\gamma$ 曲线图

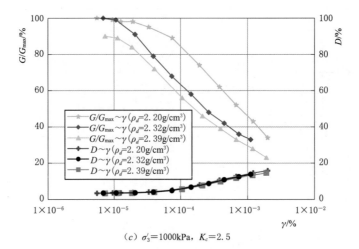

(c) $\sigma_3'=1000\text{kPa}$，$K_c=2.5$

图 5-19（二） 阿尔塔什水利枢纽主堆砂砾料 $G/G_{\max}\sim\gamma$
和 $D\sim\gamma$ 曲线图

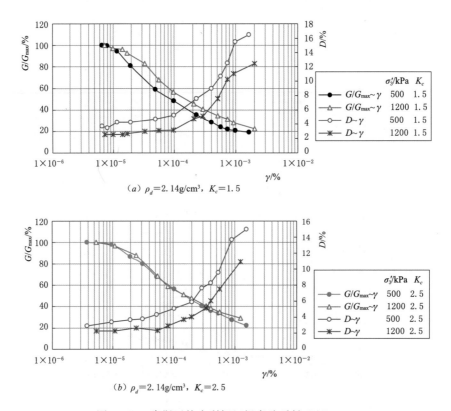

图 5-20 肯斯瓦特水利枢纽坝壳砂砾料 $G/G_{\max}\sim\gamma$
和 $D\sim\gamma$ 曲线图

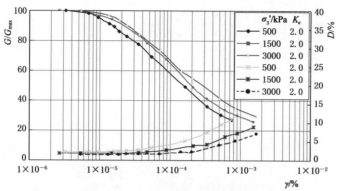

图 5 - 21　双江口水电站坝基砂砾料
$G/G_{\max}\sim\gamma$ 和 $D\sim\gamma$ 曲线图

6 砂砾料筑坝填筑标准与压实质量控制

在坝址、坝型和坝体填筑分区确定之后，大坝填筑标准的确定在设计层面上是对大坝变形控制最关键的因素，对大坝抗震安全也有重要影响。本章针对砂砾料筑坝填筑标准的定位与选择，结合相关规范中有关填筑标准的规定，重点对工程设计和建设过程中大坝填筑标准拟定和压实质量控制相关的共性问题进行了论述，主要包括填筑标准的拟定、填筑标准的试验方法的比较与评价、填筑标准的复核与优化，施工碾压参数选择、工程案例等。为便于工程技术人员理解，在叙述中结合重点项目建设过程中遇到的砂砾料压实质量与控制等问题进行分析评价，并给出了具有典型意义的工程应对措施，以期对设计、科研和施工技术人员有所启发，便于工程类比参考。

6.1 填筑标准的拟定

6.1.1 确定填筑标准的主要因素

早期建设的以砂砾料为填筑主体的工程均没有进行现场相关大型试验，工程质量控制指标均以室内试验和经验方法拟定。在工程建筑物各分区料配置上，以就地取材和因地制宜为原则。近期建设工程中，提高了对砂砾料压实性能和易于变形控制的认识，在各分区料之间满足水力过渡要求前提下，充分利用砂砾料易于压实和整体变形易于稳定的特点，从物料充分利用角度，考虑和贯彻了利用砂砾料筛分或适当掺配获得垫层料、过渡料、排水料等设计理念，有效降低了工程成本；工程运行已经验证了其合理性。

砂砾石坝填筑标准的确定与材料级配、压实特性和物理力学指标等内在因素有关，也与坝体结构要求、设计地震烈度、碾压施工工艺等外部因素关系密切。以下问题是设计和工程建设常遇和普遍关心的。

（1）基于室内试验成果进行施工质量检测时，经常出现相对密度大于100%的情况。

（2）室内相对密度试验具有局限性，导致设计阶段提出的控制性指标存在偏差。这种差异导致设计依据室内试验成果确定的施工控制指标在现场过于容易达到，不利于砂砾料压实度有效控制和利用。

（3）考虑到室内试验尺寸效应影响，高坝建设需对控制标准和重要参数进行现场验证。

（4）工程类比确定筑坝填筑标准的经验与方法。

我国土石坝相关设计规范中，砂砾料填筑标准的控制指标均采用相对密度（D_r）表示。砂砾料压实性能是连接填筑标准和施工参数最直接的因素，研究砂砾料的压实性能，就是要探讨砂砾料干密度（相对密度也以干密度为基础）与颗粒级配、含水率、压实功能、压实方法等因素之间的一般关系和规律，从而确定满足工程安全需要和适合施工控制的压实标准。

填筑标准的确定应考虑的主要因素包括：①坝的级别、高度、坝型和坝体的不同部位；②天然砂砾料的压实特性；③砂砾料的天然级配、天然含水，填筑干密度和含水率与力学性质的关系；④坝基的强度和压缩性；⑤当地气候条件对施工的影响；⑥设计地震烈度及其他动荷载作用的要求；⑦采用的压实机具、施工工艺；⑧不同填筑标准对造价和施工难易程度的影响。

综合考虑上述因素，结合工程类比，确定上坝砂砾料的级配范围，拟定砂砾料级配包线；通过室内和现场试验，确定大坝填筑标准；拟定不同级配下的填筑干密度作为现场质量检测标准。

6.1.2 相关设计标准规定

在我国土石坝相关设计规范中，对于砂砾料，现行填筑标准的控制指标均采用相对密度表示，且均有与砂砾料填筑压实标准和碾压参数相关的条文。在施工规范中，均有在坝料填筑前，根据建筑物级别和重要性，进行坝料碾压试验，确定坝料填筑碾压施工参数，并对设计指标进行复核的相关规定。

根据《碾压式土石坝设计规范》（SL 274—2020）的规定，砂砾料和砂的填筑标准应以相对密度为设计控制指标，并且砂砾料相对密度不应低于 0.75，砂的相对密度不应低于 0.70，反滤料宜为 0.70；砂砾料中粗粒料含量小于 50% 时，应保证粒径小于 5mm 的细料的相对密度也符合上述要求；并规定地震区的相对密度设计标准应符合《水工建筑物抗震设计标准》（GB 51247—2018）的规定；1 级、2 级、坝和 3 级以下高坝的相对密度标准宜采用现场大型碾压试验对有关指标进行修正；设计填筑标准应在施工初期通过碾压试验验证；当计算的竣工后坝顶沉降量与坝高的比值大于 1.0% 时，应在分析计算成果的基础上，论证选择的坝料填筑标准的合理性和采取工程措施的必要性。

根据《混凝土面板堆石坝设计规范》（SL 228—2013）的规定，坝体填料的填筑标准应同时规定孔隙率（或相对密度）和碾压参数，当坝高小于 150m 时，砂砾料相对密度不小于 0.75～0.85；当 150m≤坝高<200m 时，砂砾料相对密度不小于 0.85～0.90；对于重要高坝，或性质特殊的筑坝材料，已有经验不能涵盖的情况，其填筑标准应通过专门论证；填筑标准应通过生产性碾压试验复核和校正，并确定相应的碾压参数；坝料填筑应提出加水要求，加水量可根据经验或试验确定。

根据《混凝土面板堆石坝设计规范》（DL/T 5016—2011）的规定，设计应同时规定孔隙率或相对密度、坝料的碾压参数，当坝高小于 150m 时，砂砾料相对密度不小于 0.75～0.85；当 150m≤坝高<200m 时，砂砾料相对密度不小于 0.85～0.90；填筑标准应通过碾压试验复核和修正，并确定相应的碾压参数。在施工过程中，宜采用碾压参数和

孔隙率或相对密度两种参数控制，并宜以碾压参数为主。应对坝料填筑提出加水的要求，加水量可根据经验或试验确定。筑坝材料性质特殊，已有经验不能覆盖的情况，其填筑标准应做专门论证。

《水工建筑物抗震设计标准》（GB 51247—2018）的规定，对于无黏性土的压实，浸润线以上材料的相对密度应不低于0.75，浸润线以下材料的相对密度不应低于0.80；对于砂砾料，当大于5mm的粗粒料含量小于50%时，应保证细料的相对密度满足上述对无黏性土压实的要求，并应根据相对密度提出不同含砾量的砂砾料压实干密度作为填筑控制标准。

根据《水电工程水工建筑物抗震设计规范》（NB 35047—2015）的规定，对于无黏性土压实，要求浸润线以上材料的相对密度不低于0.75，浸润线以下材料的相对密度应根据设计烈度大小适当提高。对于砂砾料，当大于5mm的粗粒料含量小于50%时，应保证细料的相对密度满足上述对无黏性土压实的要求，并按此要求分别提出不同含砾量的压实干密度作为填筑控制标准。规定中，当设计烈度为Ⅷ度和Ⅸ度时，对于堆石料压实功能和设计孔隙率，应按照《碾压式土石坝设计规范》（SL 274—2020）规定范围的上限执行；当计算给出的坝体最大震陷量超过了坝高的0.6%~0.8%时，应对坝体的抗震设计和抗震措施充分论证。

美国陆军工程师团土石坝填筑标准中，对于无黏性土，要求平均相对密度不小于0.85，而且任何部位均不应小于0.80。

6.1.3 填筑标准拟定原则

变形控制是土石坝设计的核心问题，拟定合适的填筑标准是进行大坝变形控制和整体抗震设计的关键。对于混凝土面板砂砾石坝，应以当前施工技术条件为基础，以控制大坝坝体变形最小为总目标，结合大坝自身结构特性和工作条件，参考以往工程经验、并考虑经济合理性，综合加以确定。对于心墙（包括沥青混凝土心墙和土质心墙）砂砾石坝，应根据坝的自身结构特性要求和工作条件，考虑变形控制、变形协调和工程经济、施工机具设备协调等因素，并参考类似工程经验综合确定填筑标准。

（1）大坝自身结构特性方面，主要的参考因素是大坝重要性、坝高，以及筑坝砂砾料的应力变形特性和强度特性等。

（2）大坝工作条件方面，主要的参考因素包括河谷地形条件、大坝地基特性和坝址区的地震条件（抗震设防水准要求）等。

（3）为把握砂砾料压实填筑标准对坝料应力变形和强度特性的影响关系，有必要采用不同的控制密度标准开展坝料的变形和强度特性试验，同时结合有限元计算对比分析，确定大坝坝料压实标准（密度）对大坝变形的影响。

（4）若大坝地基条件较差，或者坝址区地震烈度较高，则应适当提高筑坝砂砾料的压实填筑标准。

（5）设计指标选择符合相关规定，当现场碾压参数组合很容易实现，说明坝料易于压实，且压实后还有提升空间，从安全和合理性角度，适当提高原设计压实填筑标准是有条件的。

（6）调整设计填筑标准，增加工艺流程，涉及工程施工投资增加的问题。

　　填筑标准最重要的确定依据是坝体填筑高度对变形控制的要求，即对整体变形量的有效控制。按照现代施工工艺技术水平实施，砂砾料压实指标可以达到相对密度不小于0.9，而且施工工艺附赠代价有限。

6.2　填筑标准的试验方法比较与评价

6.2.1　室内相对密度试验及其局限性

　　室内相对密度试验主要是采用振动台法确定土料的最大干密度，也有通过室内大型相对密度桶结合大功率击实仪的方法确定土料最大干密度，但获得的试验成果并不多见。由于受室内试验设备尺寸等限制，目前多是采用经过缩尺处理的模拟级配砂砾料进行试验，试验结果不能反映现场实际，工程质量检测中易于出现相对密度大于100%的情况，说明室内缩尺试验方法得到的最大干密度值，已不适应于当今大型机械普遍应用的实际情况，继续按照原有试验方法确定的最大干密度进行大坝填筑质量控制，与实际施工振动碾压条件不匹配，对大坝实际压实质量的评定，存在偏差。有学者采用室内缩尺模拟级配相对密度试验结果外推现场原级配土料最大、最小干密度，但因缺少现场试验结果的验证，这些由室内小粒径模拟级配外推大粒径原级配，所得到的结果是否反映实际情况也存在疑虑，尤其是不同的外推方法的适用性均存在局限性。

6.2.2　现场大型相对密度试验

　　现场大型相对密度试验是在工地现场，采用大型相对密度桶松填法等方法确定不同含砾量原级配砂砾料的最小干密度指标，在最小干密度测试完成后，采用大坝实际施工碾压机械进行强振碾压方式确定最大干密度指标。

　　现场相对密度试验密度桶尺寸大（$\phi 1000 \sim \phi 2400$mm），可以采用原级配或者接近于原级配的实际砂砾料进行试验，基本可以消除室内缩尺试验中尺寸效应对试验结果的影响。最大干密度试验，采用实际施工碾压机械按拟定施工工艺进行强振碾压，这些施工机械的击实功能大，压实机理也和现场施工实际情况基本一致。现场大型相对密度试验用料为原型筑坝砂砾料，最大最小干密度确定过程和实际施工条件基本一致，试验确定的砂砾料相对密度指标可以基本反映实际，可以不加修正的直接应用于确定砂砾料填筑标准，进行大坝压实质量评价（见图6-1）。

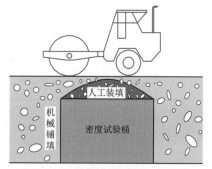

图6-1　现场大型相对密度试验
基本原理图

6.2.3　试验方法与成果比较

　　砂砾料主堆料最大粒径一般为600mm，垫层料最大粒径80mm。由于室内试验仪器的尺寸限制，静动力三轴试验大多试样直径为300mm，大型试验允许最大粒径60mm，只能对模拟试验级配进行试验。鉴于实际坝料颗粒级配与模拟试验级配的差别的显著性，加上实际填筑坝料级配有较大分散性，级配曲线变化大，室内制样与现场碾压条件也有差别，对模拟试验级配下试验控制密度的确定问题一直没有很好解决。为此，联合进行现场试验与室内试验，综合研究粗颗粒砂砾料（包括堆石料）的工程力学特性，对于较重要的工程已成为一种必然的趋势。通过现场碾压试验和大型相对密度试验，现场大型剪切与载荷试验，结合室内大型直剪试验和模型参数反演技术等，研究各坝料密实度、颗粒级配、强度和变形等指标与工程实际更具符合性。这种在掌握砂砾料工程特性的基础上，指导工程设计优化，为设计和施工提供科学依据的方法，已在近期高坝建设中得以应用，如卡拉贝利水利枢纽坝体砂砾料原设计填筑标准相对密度 0.8，经现场试验复核施工期按分区时提高至不小于 0.85～0.88。

由于不同相对密度试验方法得到的控制干密度存在差异，如何以合理的干密度表示施工质量检测标准，一直是困扰坝工界的问题。为评估室内和现场相对密度试验方法对最大、最小干密度的影响，结合阿尔塔什水利枢纽和卡拉贝利水利枢纽等国家重点工程，进行了室内和现场相对密度试验对比研究（见表 6-1、表 6-2），某工程现场和室内相对密度试验结果对比见表 6-3，其试验结果对比分别见图 6-2～图 6-4。

表 6-1　　　　阿尔塔什水利枢纽现场密度桶法和室内相对密度试验结果对比表

现场密度桶法（原级配料）	含砾量 $P_5/\%$	70.0	75.0	77.8	80.7	83.6	86.5
	$\rho_{d\max}/(g/cm^3)$	2.362	2.421	2.425	2.397	2.368	2.339
	$\rho_{d\min}/(g/cm^3)$	1.977	2.058	2.057	2.018	1.976	1.945
室内表面振动法（最大粒径 100mm）	含砾量 $P_5/\%$	70	75	77.8	80.7	83.6	86.5
	$\rho_{d\max}/(g/cm^3)$	2.355	2.415	2.406	2.383	2.344	2.312
	$\rho_{d\min}/(g/cm^3)$	1.983	2.051	2.043	2.014	1.986	1.952
室内振动台法（最大粒径 60mm）	含砾量 $P_5/\%$	69	72	75	78	81	87
	$\rho_{d\max}/(g/cm^3)$	2.250	2.280	2.320	2.330	2.290	2.230
	$\rho_{d\min}/(g/cm^3)$	1.900	1.950	1.980	2.000	1.970	1.880

表 6-2　　　　卡拉贝利水利枢纽现场和室内相对密度试验结果对比表

现场密度桶法（原级配料）	含砾量 $P_5/\%$	65.0	70.3	74.8	79.3	83.8	88.3
	$\rho_{d\max}/(g/cm^3)$	2.351	2.403	2.429	2.425	2.407	2.375
	$\rho_{d\min}/(g/cm^3)$	1.984	2.019	2.04	2.033	2.018	1.988
室内表面振动法（最大粒径 100mm）	含砾量 $P_5/\%$	65.0	70.3	74.8	79.3	83.8	88.3
	$\rho_{d\max}/(g/cm^3)$	2.345	2.402	2.418	2.41	2.388	2.343
	$\rho_{d\min}/(g/cm^3)$	1.99	2.021	2.039	2.021	1.988	1.952

表 6-3　　　　某工程现场和室内相对密度试验结果对比表

现场密度桶法（原级配料）	含砾量 $P_5/\%$	65	71	75	77	79	83	87
	$\rho_{d\max}/(g/cm^3)$	—	2.341	—	—	2.385	2.406	2.376
	$\rho_{d\min}/(g/cm^3)$	—	2.000	—	—	2.032	2.046	1.996
室内振动台法（最大粒径 80mm）	含砾量 $P_5/\%$	65	71	75	77	79	83	87
	$\rho_{d\max}/(g/cm^3)$	2.240	2.361	2.382	2.371	2.344	2.277	2.224
	$\rho_{d\min}/(g/cm^3)$	1.940	1.981	1.986	1.980	1.968	1.929	1.898

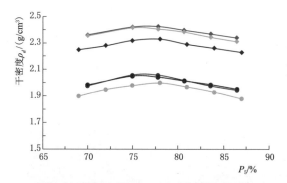

图 6-2　阿尔塔什水利枢纽坝砂砾料相对
密度试验结果对比图

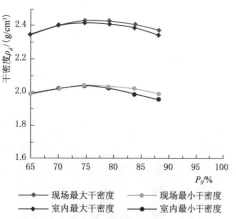

图 6-3　卡拉贝利水利枢纽筑坝砂砾料相对
密度试验结果对比图

从表 6-1～表 6-3 及图 6-2～图 6-4 中可以看出，现场密度桶法最大干密度试验结果总体上大于室内表面振动法试验，且随着含砾量的增大这种差异越明显。如阿尔塔什筑水利枢纽坝砂砾料上包线（P_5 为 70%）到最优含量级配（P_5 为 77.8%）之间，现场试验最大干密度比室内试验值仅高 0.06～0.019g/cm³，而从最优含量级配到下包线级配之间，随着含量的增大，现场和室内试验最大干密度差值由 0.019g/cm³ 增大到 0.027g/cm³，卡拉贝利水利枢纽筑坝砂砾石现场和室内试验干密度也表现出类似的规律。

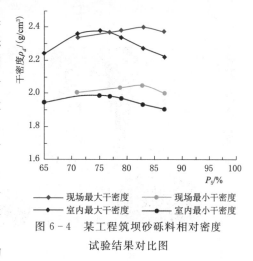

图 6-4　某工程筑坝砂砾料相对密度
试验结果对比图

现场密度桶法干密度试验显著大于室内振动台法试验结果，前者最大干密度和最小干密度分别比后者平均高 0.100g/cm³ 和 0.059g/cm³。

此外，针对大石峡水利枢纽筑坝砂砾料平均级配线开展的现场和室内相对密度试验对比结果表明：含量为 75% 时，现场和室内最大干密度分别为 2.417g/cm³ 和 2.320g/cm³，两者差值接近 0.1；现场和室内最小干密度分别为 2.054g/cm³ 和 1.880g/cm³，两者差值达到了 0.174g/cm³。作为筑坝的砂砾料填筑体，上述差值对于大坝变形控制设计有重要意义。

对于不同砂砾料上述结果差异性幅度不同，总体上来看，最大干密度差值随着含量的增大而增大，而最小干密度差值随含量变化的规律性较差。原级配料最大粒径可达 300mm 以上，而室内表面振动法最大粒径为 100mm，室内振动台法最大粒径仅为 60mm 或 80mm；且几种试验方法中砂砾料的振动受力机制不同；砂砾料最大、最小干密度影响因素既包括级配特征、最大粒径等自身土性参数，也包括含水状态、密度桶尺寸特征等环境因素，还有振动机具能量等众多不同因素的影响。

采用大型相对密度试验更为贴近反映现场实际，能避免室内相对密度试验缩尺带来的误差，比如基于室内试验成果进行施工质量检测时，经常出现相对密度大于100%的情况，是不符合实际的，也说明设计在确定填筑标准过程中，采用现场大型相对密度试验代替室内试验确定筑坝砂砾石大最大、最小干密度，可以更好地进行验收质量管理。

通过室内及现场大型试验，结合数值分析等手段，可以获得筑坝材料更为真实的工程特性指标（见图6-5），密度桶直径为1200mm。

（a）在挖好的沟槽内依次均布5个密度桶

（b）相对密度试验备料

（c）配好的土料拌和均匀备用

（d）拌和的土料称重

（e）装填土料

（f）余下的土料装填并高出桶顶20cm左右，用大致相同的砂砾料铺填密度桶四周

图6-5（一）　阿尔塔什水利枢纽现场大型相对密度试验

（g）用26t振动碾碾压

（h）碾压完成后将密度桶顶部清理

（i）密度桶顶部找平

（j）密度桶内的土料取出称重并筛分

图 6-5（二） 阿尔塔什水利枢纽现场大型相对密度试验

6.3 填筑标准的复核与优化

6.3.1 设计级配复核

控制好上坝坝料的级配对保证大坝碾压压实质量具有重要影响。土石坝坝料初始设计级配大多基于工程经验并结合料场调查初步确定；工程进入实施阶段，要结合碾压试验挖坑检测成果，分析设计外包线附近土料级配同填筑标准（相对密度）间的对应关系，考察土料级配对压实效果的影响规律，尤其是要基于相对密度试验成果考察含砾量（或者小于5mm 的细粒含量）对砂砾料压实效果的影响，对设计控制包线进行进一步优化。

碾压试验中，对试坑开挖砂砾料的级配进行分析，一方面，可以研究土料级配特性与压实干密度间的关系；另一方面，可以基于试坑开挖检测成果对设计级配进行校核和修正，同时对料场料源质量进行评价。

值得注意的是，砂砾料填筑体以相对密度指标来评价其压实效果，所以在偏离最优级配较远的情况下，土料压实后的相对密度即使满足设计要求，其绝对干密度值较最优级配情况也会低较多。对于这样的坝料，虽然从压实的角度来看是可以接受的，但是相对较低的绝对干密度势必会使得其应力变形特性和强度特性指标偏低。这也是坝料级配控制包线设计中，应当予以考虑的问题。各典型工程级配曲线见图6-6。

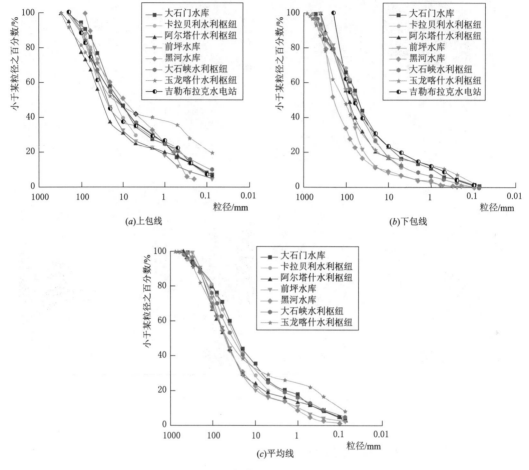

图6-6 各典型工程级配曲线图

6.3.2 填筑标准修正

在工程进入实施阶段时，要重视碾压试验成果对设计标准、设计级配、坝料压实参数的校核和修正作用，以下实例可以佐证说明。

卡拉贝利水利枢纽工程大坝填筑标准初步拟定为相对密度0.8，采用室内相对密度试验方法确定的填筑干密度为2.20g/cm³，现场施工很容易就能达到，对照投标文件要求，可以减少碾压遍数等工艺。实施阶段，采用现场大型相对密度试验方法，经现场碾压试验联合确定填筑指标，得到在相对密度0.85时最优级配对应的填筑干密度达2.36g/cm³，实际施工碾压检测相对密度平均值达0.88，因此现场上调压实标准是符合实际的。工程竣工期坝体实测总沉降小于30cm，沉降率为0.3%，大坝变形得以有效控制。

阿尔塔什水利枢纽工程大坝填筑标准初拟为相对密度0.9，采用室内相对密度试验方法确定的填筑干密度分别为2.29g/cm³和2.28g/cm³，采用现场大型相对密度试验方法，并经现场碾压试验验证，得到在相对密度 0.9 下最优级配对应的填筑干密度均达 $2.39\mathrm{g/cm^3}$，坝体竣工期实测沉降仅 236mm，坝体沉降率仅为 0.14％。蓄水后至今的监测数据表明，阿尔塔什水利枢纽工程坝体现状沉降很小，达到了大坝变形控制的目的。

对于较重要工程，提高设计标准的依据和理由主要是通过现场大型相对密度试验和碾压试验。研究筑坝砂砾料的压实特性，对设计初步拟定的大坝填筑压实标准进行复核。一方面，现场大型相对密度试验确定了不同含砾量砂砾料的相对密度特性指标，可以根据设计填筑标准确定相应的压实干密度绝对值，用以作为大坝碾压质量控制标准，这也是工程方更容易接受的量化指标；另一方面，根据筑坝砂砾料的压实特性，以及室内和现场试验比较评价，可以对原设计标准进行调整。若是原设计填筑标准采用一般的碾压参数组合很容易实现，说明坝料容易压实且压实后还有较大的进一步压实的空间，从安全的角度考虑，有条件时提高原设计压实填筑标准是必要的。

6.3.3 设计指标优化

由于前期勘查深度、设计经验不足等原因需进行设计指标优化，主要指填筑标准、施工参数、施工技术要求等方面，优化目的是保证确定的压实参数更符合工程实际，并可有条件挖掘提高压实密度的潜力、最大限度控制坝体变形。

以卡拉贝利水利枢纽工程为例：C3 料场砂砾料主要用于主堆砂砾料区、垫层料和排水料区。其中主堆砂砾料区采用砂砾料场全料，初步设计阶段初拟设计填筑标准为相对密度 $D_r \geqslant 0.85$；垫层料区采用 C3 料场砂砾料筛分，D_{max} 为 80mm，小于 5mm 的含量为 30％～47％，小于 0.075mm 含量少于 8％，设计填筑标准相对密度 $D_r \geqslant 0.85$；排水料区粒径范围为 $D \geqslant 5mm$，渗透系数大于 $1 \times 10^{-1}\mathrm{cm/s}$，设计填筑标准相对密度 $D_r \geqslant 0.85$。

（1）大型相对密度室内试验。主堆砂砾料区和垫层料区采用巨粒土大型变频振动相对密度仪进行，套筒直径为 1000mm，试验料级配接近原级配。考虑到大坝施工过程中上坝砂砾料的不均匀性，对该两种筑坝材料做了不同含砾量的相对密度试验（见表 6-4）。

表 6-4　　　　　　　　卡拉贝利水利枢纽室内相对密度试验结果表

试验土料	试验仪器	含砾量/%	最大干密度 $\rho_{dmax}/(\mathrm{g/cm^3})$	最小干密度 $\rho_{dmin}/(\mathrm{g/cm^3})$	$D_r=85$	$D_r=88$	$D_r=90$
主堆砂砾石料	套筒直径为 1000mm 的相对密度仪	50	2.27	1.993	2.220	2.229	2.235
		60	2.34	2.042	2.293	2.303	2.310
		70	2.41	2.054	2.345	2.357	2.365
		75	2.42	2.039	2.353	2.366	2.374
		80	2.41	2.019	2.341	2.355	2.364
		90	2.35	1.939	2.281	2.295	2.305
垫层料	套筒直径为 1000mm 的相对密度仪	50	2.30	1.952	2.24	2.250	2.260
		60	2.39	1.973	2.31	2.330	2.340
		68	2.41	1.990	2.34	2.350	2.360
		70	2.41	1.992	2.34	2.350	2.360
		80	2.39	1.937	2.31	2.320	2.330
		90	2.35	1.853	2.26	2.280	2.290

从表 6-4 中可以看出，干密度最大值出现在含砾量为 70％左右，符合砂砾料的一般规律。主堆砂砾料最优含砾量在 70％～80％之间，设计平均级配含砾量约 75％，得到的最大干密度 2.42g/cm³。垫层砂砾料最优含砾量在 70％附近，设计平均级配含砾量 68％，处于最优含砾量范围，得到的最大干密度 2.41g/cm³。

（2）现场试验。试验用料的级配采用料场复查结果的平均级配线、上包级配线、下包级配线、上平均级配线、下平均级配线，增加了含砾量为 65％的级配线。C3 料场砂砾料原型级配料现场干密度试验结果见表 6-2，最优含砾量为 74.8％，对应最大干密度为 2.418。在含砾量为 70.3％～83.8％时，砂砾料压实最大干密度可达 2.40 以上，最小干密度均超过了 2.0。总体上看，卡拉贝利水利枢纽工程设计级配包线范围内的砂砾料压实性能较好。

根据上述试验成果，在实施阶段现场对填筑控制标准进行调整，即主填筑区相对密度按不小于 0.85 控制，垫层区按相对密度不小于 0.88 控制。碾压试验表明，铺设厚度 80cm、碾压 8 遍、洒水 5％，或碾压 10 遍、不洒水均能满足填筑相对密度不小于 0.85 的填筑标准。考虑到缩短工期进行冬季施工，施工单位经现场复核验证，按铺设厚度 80cm、增加 2 遍碾压遍数（至 12 遍）、不洒水进行碾压施工控制。

（3）变更后运行情况。卡拉贝利水利枢纽混凝土面板砂砾石坝碾压试验表明，初步设计压实标准较容易实现，在经济可行的情况下，经现场试验、工程自检和第三方检测，将大坝施工碾压的压实标准提高到了 $D_r \geqslant 0.88$。根据运行期变形监测资料，实际采用的筑坝砂砾料填筑标准是合适的，大坝施工碾压质量控制较好，大坝完建后的变形控制在合理的水平。

6.3.4　砂砾料物性变化后的处理

前坪水库初步设计阶段选定了库区河道滩地砂砾料场，由于后续人工采砂扰动，导致砂砾级配离散性大，大坝主堆砂砾料物性指标发生变化。

设计阶段进行的筛分试验结果（见图 6-7），由筛分对比结果可知，天然砂砾料级配粒径曲线多呈光滑下凹的形式，坡度较缓，粒径大小连续，多数能满足不均匀系数 $C_u > 5$

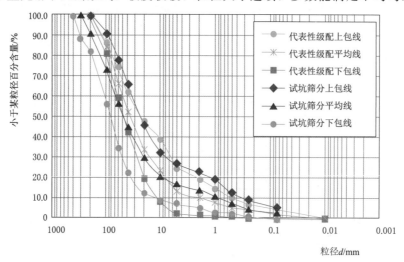

图 6-7　料场复核砂砾料级配曲线图

及曲率系数 $C_c = 1 \sim 3$ 的条件，为级配良好砂砾料，相关物理力学参数符合相关要求。实施阶段初期，经进一步调查受人工开采扰动，部分料粒径级配曲线坡度较陡，甚至出现水平段，呈现缺少细颗粒组现象，近半数为级配不良砂砾料，且离散性较大；调查上、下游近坝砂砾料场区域的人工扰动料颗粒较粗，粒径一般为 4cm 以上，缺失细颗粒组。

根据料场砂砾料级配中的颗粒缺失情况，为保证工程施工砂砾料的可用性和质量要求，采取措施包括：首先进行现场开采调查复核，确定开采区域内天然级配料及扰动料部位，对天然级配料采用立面混合方式开采，人工扰动料采用平铺立采或混合开采方式，尽量使不同粒组砂砾料含量比例获得较好开挖掺配；然后通过现场碾压试验，系统研究了各因素对采砂扰动砂砾料压实性能的影响。经现场试验验证：

（1）原初步设计基于室内试验确定的填筑标准偏低，可将设计压实标准相对密度值由 0.75 提高到 0.8，即在有效颗粒缺失情况下仍可满足原设计要求。

（2）通过现场大型密度桶法测定了人工扰动砂砾料的最大、最小干密度，确定了相对密度为 0.8 时的施工质量控制干密度，据此可换算出不同砾料含量下满足填筑标准时所对应的干密度，作为大坝填筑质量控制的依据。

（3）相应提出了洒水量、碾压遍数等关键施工配套参数；采用智能化监控系统对大坝填筑工艺进行精细化管理，实现了对铺料厚度、碾压轨迹、碾压遍数、碾压速度、碾压振动频率以及坝料压实特征的实时监控。

根据原设计代表性级配包线（最大粒径 200mm）不同含砾量在相对密度 $D_r = 0.80$ 和 $D_r = 0.75$ 时所对应的干密度试验结果，细料含量在 2%～24.5% 范围内，最大干密度在 2.152～2.346g/cm³ 之间变化，含砾量在 78% 时，其干密度达到最大值 2.346g/cm³。根据试验结果绘制砂砾料设计级配下 $\rho_d \sim P_5 \sim D_r$ 三因素相关（见图 6-8）。

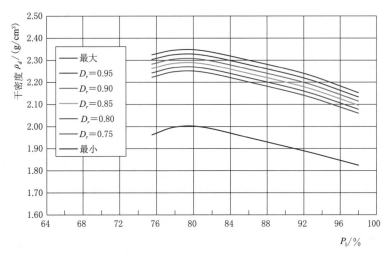

图 6-8　原设计级配砂砾料 $\rho_d \sim P_5 \sim D_r$ 三因素相关图

现场碾压试验进行了砂砾料全级配（最大粒径 400mm）不同含砾量、在相对密度为 $D_r = 0.80$ 和 $D_r = 0.75$ 时所对应的干密度值。由于物料最大粒径达到 300～400mm，超出了原设计代表性级配包线的范围（最大粒径不超过 200mm），结合近 100 个试坑干密度检测砂砾料的颗粒级配筛分结果，在原级配料情况下，细料含量在 $6.9\%\sim24.5\%$ 范围内，最大干密度是 $2.283\sim2.398\text{g/cm}^3$ 之间变化。根据试验结果绘制现场碾压试验上料原级配下 $\rho_d\sim P_5\sim D_r$ 三因素相关图（见图 6-9）。通过现场抽样检测，主坝反滤料和主堆砂砾料分别检测 3931 和 2765 组，相对密度平均值分别为 0.85 和 0.86，说明现场施工质量控制满足要求。

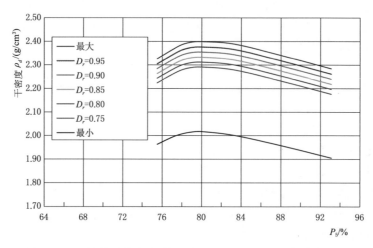

图 6-9　现场碾压试验砂砾料原级配 $\rho_d\sim P_5\sim D_r$ 三因素相关图

6.4　施工碾压参数选择

施工质量可靠、经济效益优越是确定大坝填筑指标和施工碾压参数的根本目标。寻求各主要控制因素与压实干密度间的组合关系是确定合理的施工碾压参数的重点。对于较重要工程的施工参数，需要进行现场物料碾压试验和施工复核检验确定。设计阶段填筑碾压试验主要目的是研究筑坝材料的填筑碾压工程特性，评价筑坝材料的质量，并为设计提供基本参数。施工阶段填筑碾压试验重在核实设计填筑标准的合理性，确定达到设计填筑标准的压实方法，并推荐碾压施工参数。

本章阐述的砂砾石坝填筑标准确定原则和方法，已应用于卡拉贝利水利枢纽、阿尔塔什水利枢纽、大石门水库、玉龙喀什水利枢纽和大石峡水利枢纽等高混凝土面板砂砾石坝和沥青混凝土心墙砂砾石坝工程。各碾压参数之间既相互影响又相互关联，最终的综合碾压参数需要通过现场碾压试验进行确定和优化。

6.4.1　施工碾压参数组合

筑坝料碾压施工参数包括：碾压压实层厚、碾压机具吨位与激振力、碾压遍数、行车速度、洒水量等。不同物料的级配及性状对压实效果有显著影响。同时，冬季施工需对施工参数进行调整。此外，需考虑不同分区料填筑质量搭接关系。

工程施工参数具有配套组合关系，各参数选择既相互影响又相互关联，在一定级配和铺填层厚条件下，碾压机具吨位与激振力、碾压遍数、行车速度、洒水量对压实质量有不同程度影响，其中压实深度影响取决于设备吨位和激振力强度，铺料厚度是压实质量和功效的重要指标。

施工铺料厚度为虚方填筑，压实厚度为碾压后的填筑厚度。填筑厚度选择需考虑垫层料、过渡料、排水料、主填筑料层位对应关系。混凝土面板坝施工还要考虑挤压边墙高度与垫层料填筑关系。通过现场碾压试验确定施工组合参数的目的是满足设计规定的填筑标准要求。

6.4.2 施工机具选择

碾压机械与土石坝的发展有密切关系，随着大型振动碾压机械的使用，对变形控制要求严格的面板坝建设发展迅速。重型碾压机械的使用为修建高标准的高土石坝创造了条件，即可以从设计层面提出高的设计填筑标准，保证坝体碾压密实，取得良好的堆石体沉降控制效果。目前，20t以上振动碾在土石坝工程中已得到广泛的应用，近年来强震区高坝建设大多采用26t或32t振动碾，这对提高大坝压实密实度很关键，26～32t自行式振动碾基本能满足目前的高坝建设需要。对于150m级的高混凝土面板堆石坝和以砂砾石为主填筑体的心墙土石坝，推荐采用不小于26t振动碾进行碾压施工；对于200～250m级高土石坝推荐采用32～36t自行式振动碾。对于排水料和某些坝体填筑料，碾压机具的吨位与激振力过大过强，会导致物料出现挤出效应，施工初期应予注意，以免造成设备选型不当。

振动碾吨位由16t提高到20t及由20t提高到26t时，混凝土面板砂砾石坝和混凝土面板堆石坝的沉降率显著减小。近年来施工的砂砾石坝，其竣工期加初期蓄水综合沉降可控制在坝高的0.3%～0.5%以内，与前期建设的工程相比，重型碾使得大坝碾压后密实度显著提高，可以满足控制土石坝整体变形量的目的。

图6-10　YZ32t自行式振动碾　　　　图6-11　YZ36t自行式振动碾

YZ32t自行式振动碾见图6-10，于2003年投入使用，应用于长河坝水电站、猴子岩水电站、两河口水电站、阿尔塔什水利枢纽等工程。YZ36t自行式振动碾见图6-11，于2013年投入使用，应用于嵩明龙王庙水库以及机场、高速公路等工程。YZ36t自行式振动碾是在YZ32t自行式振动碾的基础上，通过近10年的工程应用和技术进步发展而来。高土石坝的建设施工中，为控制坝体变形，希望采用更大击实功的压实机械，以获得更好的压实效果。随着我国大型装备制造业的发展和技术进步，100m级以上土石坝工程的压实机械多采用25t、32t自行式振动碾，36t自行式振动碾是目前国内同类设备具有最大击实功能的振动碾。

大石峡水利枢纽（坝高247m）混凝土面板砂砾石坝采用了YZ32t、YZ36t自行式振动碾进行压实机械比选，从现场试验成果看，在相同铺料厚度、加水量、碾压遍数情况下，虽然两种碾子砂砾料都能达到相对密度0.9的设计要求，但YZ36自行式振动碾比YZ32自行式振动碾的相对密度提高了0.02，YZ36自行式振动碾压实效果好于YZ32自动式振动碾。从两种自行式振动碾的性能参数看，碾的振动频率、振幅与行走速度均相同时，YZ36自行式振动碾、YZ32自行式振动碾的激振力分别为800kN、680kN，YZ36自行式振动碾的激振力增加了15%，自重增加12%。不同振动碾吨位、碾压遍数、填筑厚度、洒水率、相对密度、压实干密度及沉降量之间的关系见图6-12～图6-15。

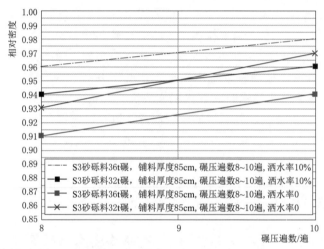

图 6-12　碾压遍数与相对密度的关系图

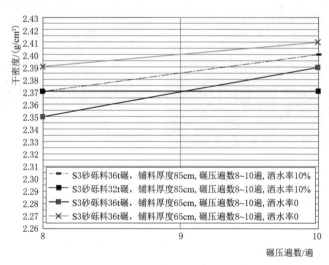

图 6-13　碾压遍数与干密度的关系图

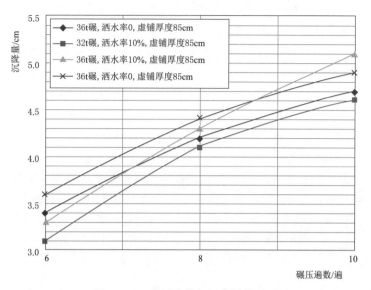

图 6-14 碾压遍数与沉降量的关系图

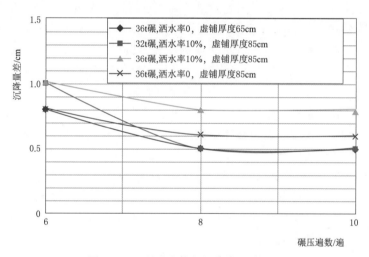

图 6-15 碾压遍数与沉降量差关系图

从图 6-12~图 6-15 中检测成果可以看出：

（1）洒水量比选：采用 32t 自行式振动碾，洒水率 10％、12％，虚铺厚度 65cm，碾压遍数 8 遍、10 遍、12 遍、14 遍；随着碾压遍数的增加各单元测点的沉降量增大，相对密度总体随着碾压遍数的增加而增加，洒水率 10％的沉降量、相对密度略大于洒水率12％；各测点干密度和渗透系数变化不明显。总体上洒水率 10％的碾压效果优于洒水率 12％。

（2）铺料厚度比选：采用 36t 自行式振动碾，洒水率 10％，虚铺厚度 65cm、85cm，碾压遍数 8 遍、10 遍、12 遍、14 遍，得到压实效果均能满足相对密度大于 0.9 的要求，铺料厚度 65cm 在碾压至第 12 遍时达到较大的干密度 2.41g/m³，铺料厚度 85cm 在碾压至第 10 遍时达到较大的干密度 2.39g/m³，虚铺厚度 65cm 的压实效果好于 85cm。综合考虑经济和工期等方面的因素，选择虚铺厚度 85～87cm 为推荐的铺料厚度；碾压遍数 8 遍各单元测点的相对密度为 0.9～0.98，平均相对密度达到 0.95，单元平均干密度 2.37kg/m³。现场试验为压实标准提供依据。

（3）碾压遍数与沉降量：随着碾压遍数的增加累计沉降量增加、沉降差减小，最大沉降量 5.8cm，虚铺厚度 65cm 和 85cm 在碾压第 12 遍、第 14 遍时，沉降基本没有变化，说明第 12 遍以后压实效果不明显。在碾压遍数超过 12 遍时，相对密度达到最大，14 遍时有减小现象。

（4）碾型与相对密度、干密度的关系：随着碾压遍数的增加相对密度和干密度均增大是客观的，现场试验量化指标为 32t 碾压遍数 8 遍平均干密度为 2.37g/cm³，平均相对密度为 0.94，碾压 10 遍平均干密度值为 2.37g/cm³，平均相对密度为 0.96；36t 碾压 8 遍平均干密度值为 2.37g/cm³，平均相对密度为 0.96，碾压遍数 10 遍平均干密度值 2.40g/cm³，平均相对密度为 0.98。

6.4.3　施工碾压遍数

土石坝施工填筑层碾压一般采用整轮错位，前进后退法碾压，一来一回计为两遍。两碾之间搭要求接不小于 20cm；振动碾行进速度不大于 3.0km/h，其振动频率、振幅、激振力要满足设备性能技术要求。当填筑压实铺料厚度为 60～120cm 时，通常施工碾压遍数为 8～12 遍，对于 150m 以上高土石坝，考虑最大粒径和级配关系，大多选择填筑虚铺土压实后为 80cm、或虚铺 80cm 压实，碾压遍数 10 遍。

根据相关试验研究成果，碾压机械对压实质量的影响具有边际作用递减效应：①当碾压遍数较少时，压实干密度对振动碾吨位十分敏感，振动碾吨位越大，第 1 次碾压时达到的压实干密度越大，大吨位振动碾碾压遍数 1～2 遍达到的压实效果，往往相当于较小吨位振动碾碾压遍数在 2～4 遍及以上，甚至更高；②在碾压遍数不超过 4 遍时，随着振动碾吨位的增大，相同的碾压遍数下，压实干密度越大，两者大致呈线性关系；③在规定的层位厚度条件下，当碾压遍数达到 5 遍后，继续增大碾压遍数对压实的效果贡献有限；某些级配物料压实干密度甚至可能会减小。

压实干密度随振动碾吨位和碾压遍数存在规律性，需选择经济高效的碾压遍数。在确定施工碾压参数时，应结合坝体设计填筑标准，考虑边际效应递减现象，应通过试验选择合适的碾压遍数。

选用 32t 自行式振动碾压设备，碾压遍数在 8 遍以上的碾压施工，一般可视为满足压实保证率和施工验收合格率要求。

6.4.4　施工洒水与洒水率

（1）洒水率对砂砾料的压实效果有明显影响。在一定铺料厚度、碾压遍数等条件下，干燥砂砾料先随着洒水量（含水率）增加压实干密度减小，当含水率达到一定量值后，随着洒水量增加其压实干密度又增大。很多坝料的现场试验结果表明：砂砾料存在最劣含水率，其对应的坝料压实效果最差，这一最劣含水率多在 2%～3% 之间，如前坪水库和大石门水库筑坝砂砾料最劣含水率大致均为3%。

（2）处在非现状河床（各级阶地）上的砂砾料由于不受河水影响，往往处在较干燥的状态。干燥状态和低含水率情况下，砂砾料现场试验和质量检测的压实效果也可满足要求，取消洒水环节使得施工效率更高，但某些工程需适当增加碾压遍数，如卡拉贝利水利枢纽混凝土面板砂砾石坝。玉龙喀什水利枢纽试验坝料洒水率同压实效果间的对应关系［见图6-16（a）］。

（3）当筑坝砂砾料具有一定天然含水率或取自现状河床，受季节性洪水和地下水的影响，物料的天然含水状态差异较大，如阿尔塔什砂砾料，将坝料开采后调整含水率的施工方式是困难的，显然也是不合适的，备存也难以解决含水率均匀性问题。为了消除坝料含水状态不均匀的影响，保证坝料的压实质量，在不能确定和区分料场含水状态时，需要对上坝坝料进行补充洒水，坝料碾压采用加水碾压方式。阿尔塔什水利枢纽大坝砂砾料洒水率同压实效果间的对应关系［见图6-16（b）］，可见由于料源本身处在非干燥状态，坝料不洒水时的压实效果较差，随着洒水率的增加压实相对密度逐渐提升，但是超过10%的洒水率后，这种提升的效果已不明显。

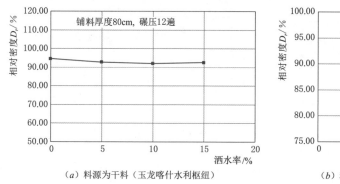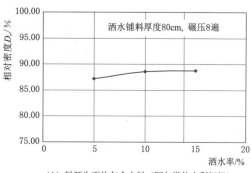

图6-16　洒水率对初始含水率有差异的砂砾料压实效果曲线图

近期现场工程试验也获得相应结论，如大石峡现场试验（3BA区）对砂砾石料采用加水量10%、12%两个方案进行加水量比选，随着碾压遍数的增加各单元测点的沉降量增大。砂砾料加水量10%的沉降量略大于加水量12%的沉降量；相对密度总体随着碾压遍数的增加而增加，且加水量10%的相对密度大于加水量12%的相对密度。各测点干密度和渗透系数变化不明显。

6.4.5　工程案例——阿尔塔什水利枢纽工程

（1）碾压施工参数的确定。阿尔塔什水利枢纽工程大坝砂砾料填筑体填筑标准为相对密度不小于0.90。确定施工参数时，首先根据施工技术要求，初步确定施工机械为32t自行振动碾；采用32t自行振动平碾，进行了不洒水工况下铺土厚度60cm、80cm、100cm、碾压遍数6遍、8遍、10遍、12遍等不同组合的碾压试验。对铺料厚度80cm，分别进行了加水量5%、10%、15%和碾压遍数8遍、10遍的不同组合碾压试验，补充了加水量10%、碾压遍数12遍组合的碾压试验。对选定碾压施工参数（铺料厚度80cm、加水量

10%、碾压遍数 10 遍），进行了复核碾压试验。整理了相对密度（干密度）与铺土厚度、碾压遍数、洒水率的关系曲线等规律（见图 6-17 和图 6-18）。

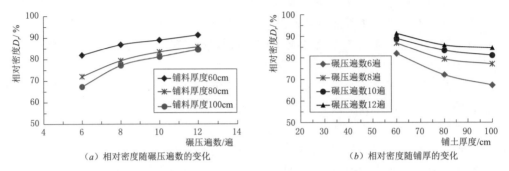

（a）相对密度随碾压遍数的变化　　　　（b）相对密度随铺厚的变化

图 6-17　不洒水工况不同铺料厚度、不同碾压遍数条件下相对密度的变化曲线图

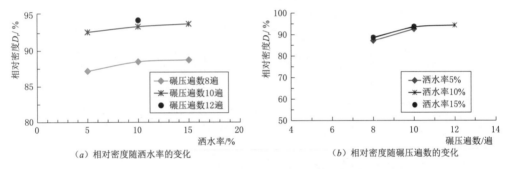

（a）相对密度随洒水率的变化　　　　（b）相对密度随碾压遍数的变化

图 6-18　洒水工况（铺料厚度 80cm）相对密度与碾压遍数和洒水率曲线图

分析可知：砂砾料碾压性能受含水状态影响显著，碾压时加水能显著提高砂砾料的压实性能。不加水碾压时，铺料厚度 60cm、80cm、100cm，碾压遍数 6 遍、8 遍、10 遍、12 遍的组合下，仅当铺料厚度 60cm、碾压遍数 12 遍时才能达到相对密度 90％的设计填筑标准的要求。加水碾压时，铺料厚度 80cm，分别加水 5％、10％和 15％碾压 8 遍均不能达到设计填筑标准要求，碾压 10 遍达到的平均相对密度分别为 92.7％、93.4％、93.8％，满足设计填筑标准要求。

根据铺料厚度、碾压遍数和洒水率同压实干密度间的对应关系，并考虑到挤压边墙的设计高度（80cm），综合确定主堆砂砾料压实后的铺料厚度为 80cm，洒水率控制在 10％（以洒水和铺料的体积为依据）以上，碾压遍数 10 遍；复核碾压试验结果表明，32t 自行振动碾开强振档并将行车速度控制在 3km/h 以内，则以上碾压参数组合可以保证坝料压实达到设计填筑标准。基于现场大型相对密度试验成果以及现场碾压试验相关影响因素分析，最终确定阿尔塔什筑水利枢纽大坝主堆砂砾料的施工碾压参数组合为：32t 自行振动碾，压实后铺料厚度为 80cm，洒水率 10％，行车速度控制在 3km/h 以内，强振碾压 10 遍。

（2）施工质量控制。根据确定的施工参数，现场质量管理采取相应控制措施：坝料加水采用以坝外加水为主，坝面补水为辅的方式进行，加水量根据抽水流量按时间控制，现场设置了红绿灯提示系统；坝料摊铺层厚控制采取了加强机械操作手培训及考核、树立厚度控制标杆、现场生产、质量管理人员随机抽查、测量人员现场量测等；碾压遍数采取引进数字化大坝监控系统进行实时监控，系统对碾压机具行走轨迹、遍数、振动频率、行走速度进行监控（见图 6-19），当现场实际与碾压参数不符时将自动报警，并采用卷尺对错距宽度进行现场量测，采用（碾宽/错距宽度）的方法抽查实际碾压遍数。

（3）施工参数现场复核。通过碾压试验确定的各区坝料碾压施工参数如下，以现场相对密度试验为例：采用设计上包线级配、上平均线级配、平均线级配、下平均线级配、下包线级配 5 个不同砾石含量配料。根据设计级配选择含砾量分别为 75.0％、78.0％、81.0％、84.0％、87.0％作为相对密度试验级配；另外增加含砾量为69.0％、72.0％两组级配和砂砾料 C3 料场颗粒级配变化较大的实际颗分线含砾量为80.8％（最大粒径为 156mm）的级配进行了一组试验，砂砾料现场相对密度试验原型级配曲线和不同含砾量对应的最大、最小干密度关系曲线分别见图 6-20 和图 6-21。阿尔塔什水利枢纽工程坝主体及挤压边墙与垫层料接触带碾压施工分别见图 6-22 和图 6-23。

图 6-19 阿尔塔什水利枢纽工程坝体智能碾压设备

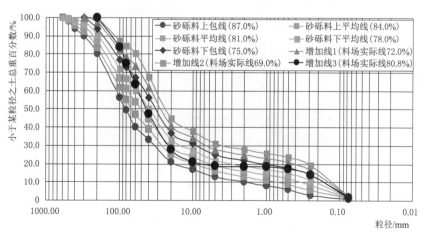

图 6-20 砂砾料现场相对密度试验原型级配曲线图

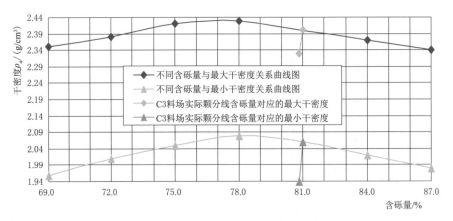

图 6-21　不同含砾量对应的最大、最小干密度关系图

图 6-22　阿尔塔什工程坝体主体碾压施工

图 6-23　阿尔塔什水利枢纽工程挤压边墙
与垫层料接触带碾压施工

前坪水库坝面黏土心墙和砂砾石区填筑施工

前坪水库施工平面布置

前坪水库库区鸟瞰（坝高90.3m）

前坪水库全景

7 砂砾料筑坝抗震技术

抗震设计是在正常运行工况设计的基础上，首先按照经验进行抗震措施设计，再结合规范对砂砾石坝抗震安全的要求，根据材料动力性质对砂砾石坝进行拟静力法抗震稳定分析和地震动力反应分析，评价砂砾石坝坝体和地基系统的抗震安全性，在此基础上进而对抗震措施进行优化。

砂砾石坝抗震设计应遵循《水工建筑物抗震设计标准》（GB 51247—2018）的规定，抗震设计包括抗震分析和抗震措施两个方面。其中，抗震分析应包括抗震稳定、变形、防渗体安全、液化可能性等方面，并依据相关标准对土石坝的抗震安全进行综合分析和评价。

土石坝的抗震能力及其安全性，主要与地基和坝体土石料的特性与密实程度、坝体与地基的防渗结构以及连接部分的牢固与否密切相关。因此，土石坝的抗震设计及技术要求应从工程措施和施工质量上加以保证和落实。对于心墙砂砾石坝，应重点关注地震作用下的心墙以及心墙与坝壳接触部位、心墙与覆盖层地基防渗墙连接段的抗震安全性问题。对于混凝土面板砂砾石坝，应重点关注混凝土面板及接缝止水、坝体较高部位下游坡的抗震安全性问题，包括地震作用下混凝土面板脱空的可能性和范围，面板的应力、变形、挠度以及局部开裂等，周边缝和垂直缝的变位及止水安全性等；还应重视静动力叠加后混凝土面板的拉压应力的量值和分布情况，关注混凝土面板中上部的河床中部区域的压应力和岸坡部位的拉应力问题等。

7.1 抗震设计标准

7.1.1 新老抗震设计规范的对比

（1）抗震标准的确定。1997 年版《水工建筑物抗震设计规范》（SL 203—97）对各种水工建筑物统一采用设计烈度（最大设计地震）的一级设防，其设计功能目标为"如有局部损坏经一般处理后仍可正常运行"。设计烈度（设防标准）是根据建筑物工程抗震设防类别，即建筑物级别及场地烈度确定的。

"5·12"汶川特大地震发生在青藏高原龙门山断裂带，其历史最大震级为 6.5 级。人们对该断裂活动频度低、长期积累能量、具有发生超强地震危险的特殊性认识不足，也揭示了目前依据"构造类比、历史重复"原则进行地震危险性评价方法的局限性。地震预报是未解的世界性难题，地震设计水准的确定属于对坝址可能发生地震的中长期预报，因而也存在较大的不确定性。同时，各类高坝的地震响应十分复杂，对其安全性评价也尚待更深入探讨，而高坝大库一旦溃决，次生灾害不堪设想。因此，对重大工程，不能仅满足目前大坝抗震设计中最大设计地震这单一标准的要求，还需考虑场地地震地质条件下可能发生的极端地震，即所谓最大可信地震情况。

为此，根据《水工建筑物抗震设计标准》（GB 51247—2018）的规定，对一般水工建筑物仍然采用最大设计地震的一级抗震设计，其设计功能目标为"如有局部损坏，经一般修理后仍可正常运行"。但对重要水工建筑物，除了采用最大设计地震进行抗震设计外，还规定需对其在遭受场址最大可信地震时，不发生库震损灾变对可能失控下池安全裕度进行专门论证，实际上为二级标准抗震设计。最大设计地震（设防标准）的确定方法也有所改变。

1）一般工程水工建筑物依据《中国地震动参数区划图》（GB 18306—2015）确定其设防标准，并确定与之对应的地震基本烈度；对其中工程抗震设防类别为甲类的水工建筑物，应在基本烈度基础上提高 1 度作为设计烈度，水平向设计地震动峰值加速度代表值相应增加 1 倍。

2）地震基本烈度为Ⅷ度及Ⅷ度以上地区的坝高超过 200m 或库容大于 100 亿 m^3 的大（1）型工程，以及地震基本烈度为Ⅶ度及Ⅶ度以上地区的坝高超过 150m 的大（1）型工程，应依据专门的场地地震安全性评价成果评定。

3）对根据专门场地地震安全性评价确定其设防依据的工程，其建筑物的基岩平坦地表水平向设计地震动峰值加速度代表值的概率水准，对工程抗震设防类别为甲类的壅水和重要泄水建筑物应取 100 年内超越概率 P_{100} 为 0.02，对 1 级非壅水建筑物应取 50 年内超越概率 P_{50} 为 0.05，对工程抗震设防类别非甲类的水工建筑物应取 50 年内超越概率 P_{50} 为 0.10，但不应低于区划图相应的地震动水平加速度分区值。

4）对按规范要求做专门场地地震安全性评价的工程抗震设防类别为甲类的水工建筑物，除按设计地震动峰值加速度进行抗震设计外，应对其在遭受场址最大可信地震时，不发生库水失控下泄的灾变安全裕度进行专门论证，并提出其所依据的抗震安全性专题报告，相对应的地震峰值加速度代表值为 100 年内超越概率 0.01。

（2）反应谱。1997 年版的《水工建筑物抗震设计规范》（SL 203—97）没有规定土石坝设计反应谱。同时，还考虑到我国地震部门基于地震危险性分析提供的具有包络特性的一致概率反应谱往往使中长周期谱值明显偏大，理论上不尽合理，难以适应和满足与水工建筑物抗震相配套的工程技术要求，故也未在规范中规定大坝抗震设计中必须采用场地谱，也没有要求采用场地地震危险性分析得到的反应谱为目标谱采用人工生成地震波进行地震作用效应的计算分析。因此，在实际土石坝抗震设计、研究中采用的地震输入反应谱带有很大的任意性，经常引起争议。

在广泛收集地震波反应谱统计资料和土石坝动力反应计算基础上，新修订的《水工建筑物抗震设计标准》（GB 51247—2018）规定，土石坝地震加速度最大反应谱值 $\beta_{max}=$ 1.60，相应的阻尼比取 20%。

7.1.2 近场地震效应影响

"5·12"汶川特大地震对紫坪铺水利枢纽大坝的震害表明，近震效应和地震波传播方向对大坝地震动力反应和震害有明显影响。汶川特大地震震中位于紫坪铺水利枢纽大坝以西，而紫坪铺水利枢纽大坝坝轴线为东西向，与震中仅相距 17km。仅有的 3 个坝顶强震监测仪得到的加速度记录表明，坝顶的坝轴方向和铅垂方向动力反应远大于顺河方向，表现出明显的近震效应。沿坝轴向主震方向的强烈地震惯性力和堆石体向河床方向的地震变形导致混凝土面板板间垂直结构缝多处发生挤压破坏，河谷形状较为陡峭的左坝肩面板板间结构缝破坏程度明显大于相对平缓的右坝肩。在 1976 年的唐山大地震中，密云水库的地震灾害也有类似的现象发生。研究表明，汶川特大地震的发震断层长度超过 300km，深度 20km，破裂扩展持续时间超过 100s，能量释放时空分布极不均衡。这种具有较宽断裂面、断层距离较小的大震，显然不能再视作一个点源，这与传统意义上假定地震波经过地球内部传播，在工程场地下由地壳向上传播作用于建筑物的假定完全不同，震中和震中距已无实际意义。

根据《水工建筑物抗震设计标准》（GB 51247—2018）的规定，为确保工程抗震设防类别为甲类的水工建筑物不发生严重地震灾变，要求依据专门的场址地震危险性分析所提供的场址设计地震动加速度进行抗震设计，还应按确定性方法或基准期 100 年内超越概率 P_{100} 为 0.01 的概率法，确即场址"最大可信地震"进行抗震；以设计地震动峰值加速度相应的"设定地震"，来确定与场地地震地质条件相关的设计反应谱，据此生成人工模拟地震动加速度时程；在对结构地震响应的强非线性分析中，宜研究地震动的频率非平稳性的影响；当场址离倾角小于 70° 的发震断层不大于 30km 时，宜计入上盘效应的影响；当其离场址距离小于 10km、震级大于 7.0 时，宜研究近场大震中发震断层面破裂过程的影响，直接生成场址的地震动加速度时程。

7.2 抗震设计分析方法

1997 年版《水工建筑物抗震设计规范》（SL 203—97）规定，土石坝的抗震稳定计算采用基于刚体极限平衡法的拟静力法。这种分析方法不能考虑与地震动特性密切相关的土体应力-应变关系和实际工作状态，求出的安全系数只是所假定的潜在滑裂面上的安全度。

"5·12"汶川特大地震使紫坪铺水利枢纽混凝土面板堆石坝产生 100cm 级的沉降变形，向下游水平向永久位移超过 20cm，均位于坝体最大断面较高区域。两岸向河床中央方向发生坝轴向永久变形，表现最大 22.6cm。坝顶路面与坝体脱空，右坝端路面与溢洪道有 20cm 错台。因下游堆石体变形，坝顶下游人行道与坝顶路面发生最大达 63cm 的裂缝。坝顶下游坝坡附近有局部干砌石护坡松动翻滚受损，有少量砌石滚石现象。由于大坝地震变形，引起上部大范围面板脱空、河床面板及垂直缝挤压破坏、周边缝张开错动和止水破坏，已明显影响防渗系统性能。因此，大坝和地基中地震变形、剪切破坏及功能性震损安全分析与评价成为抗震计算中的核心内容。

随着我国工程立项和建设进程，对在高烈度区建造高土石坝的抗震设计提出了更高要求。除了进行传统的稳定计算外，还需要核算坝体和坝基内的动应力分布、地震引起的孔隙水压力变化、地震引起的坝体变形、防渗体的可靠性、坝体与坝肩结合部位的应力分布和变形状况等数据，这些工作都需要通过动力分析才能完成。此外，1976 年我国唐山大地震中，密云水库白河主坝因保护层砂砾料液化而引起的滑坡等震害表明，当坝体和坝基中存在可液化土类时，采用拟静力法不能得出正确的抗震安全评价结论。

近 10 多年来，动力分析理论和计算方法发展较快，特别是汶川特大地震中紫坪铺水利枢纽大坝的震害与动力计算结果有较强的可比性，证实了采用动力分析方法进行抗震计算是必要的，具有参证价值，可作为抗震措施合理性评价依据。

因此，《水工建筑物抗震设计标准》（GB 51247—2018）明确和扩充了土石坝抗震计算的内容要求。规定抗震计算应包括抗震稳定计算、永久变形计算、防渗体安全评价和液化判别等，且需结合抗震措施，进行抗震安全性综合评价。

鉴于历史沿革和我国国情，拟静力法在土石坝抗震设计长期应用中已积累了较多的工程实践经验，对量大面广的中小型水库的土石坝，目前尚无法广泛采用动力分析方法；且土石坝动力分析对土体材料的本构关系及工程安全判据的确定，尚未完全形成共识；所以新规范仍以拟静力法作为土石坝抗震计算的基本方法。但规定：①设计烈度Ⅶ度，且坝高 150m 以上；②设计烈度Ⅷ度和Ⅸ度，且坝高 70m 以上；③地基中存在可液化土层等三种情况之一，应同时进行基于有限元法的动力分析。对覆盖层厚度超过 40m 的土石坝宜进行动力分析。扩大了采用动力法进行分析和评价的范围。

由于经过强震考验的高土石坝较少，地震时有关坝体反应的实测资料就更少，使得计算模型和方法是否能反映实际情况，还缺乏充分的验证。因此《水工建筑物抗震设计标准》（GB 51247—2018）规定，对于地处强震区的重要土石坝，宜进行大型振动台（包括离心机振动台及常规振动台）模型试验，对计算模型和方法进行验证，采用数值计算和物理模拟相结合的方式，综合分析大坝动力反应性状和抗震安全性。

《水工建筑物抗震设计标准》（GB 51247—2018）对采用有限元法进行土石坝地震作用效应的动力分析提出了具体要求：①按材料的非线性应力-应变关系计算地震前的初始应力状态；②通过材料动力试验测定动力变形、动力残余变形和动强度等动力特性参数，并结合工程类比选用；③按材料的非线性动应力-应变关系进行地震反应分析；④根据地震作用效应计算沿潜在滑裂面的抗震稳定性，以及计算由地震引起的坝体永久变形；⑤根据地震反应分析成果，从稳定、变形、防渗体安全、液化判别等方面，按规范相应条款要求进行抗震安全性综合评价。

7.2.1　动力分析方法

土石坝的地震反应分析对于土石坝的抗震设计和动力稳定性判断（包括液化可能性评价）等具有重要意义。土石坝的地震反应分析大多只考虑由基岩向上传播的剪切波对土石坝的作用，忽略压缩波的影响，目前也在发展和完善同时考虑剪切波和压缩波作用的分析方法。由于土石坝地震反应分析的对象是组成坝体的土石料，所以分析时需考虑土体的非线性特性和土体中孔隙水的影响。

土石坝抗震动力分析常用的主要方法有：剪切楔法、集中质量法、有限元法等。其中，有限元法应用最为广泛。

土石坝地震反应分析方法从土体动力本构模型可分为两大类，一类是基于等价黏弹性模型的等效非线性分析方法；另一类是基于（黏）弹塑性模型的真非线性分析方法。从是否考虑地震过程中孔隙水压力影响的角度出发，又可分为总应力和有效应力地震反应分析方法，而有效应力分析方法又可按考虑孔隙水压力消散和扩散与否，分为排水有效应力法和不排水有效应力法两种。

由于土石坝工程的快速发展，许多土石坝修建在狭谷之中，具有明显的三维效应，仅做二维分析是不够的，按平面应变分析会造成较大误差，因此土石坝地震反应宜进行三维动力分析。

7.2.1.1 等效线性动力分析方法及真非线性分析方法

（1）等效线性动力分析方法。等效线性方法是土石坝地震反应分析中应用较广泛的一种动力分析方法，其基于的土体本构模型是等价黏弹性模型，即等效线性模型。

等效线性动力分析方法的基本性质是线性分析方法，采用迭代的方法使计算最终剪切模量和阻尼比可较好地符合土体非线性特性。著名的 QUAD - 4 程序就是采用这种方法。

为了得到土石坝的初始应力状态，需首先对土石坝进行静力计算。可采用静力有限元法计算大坝各位置的震前初始静应力。计算中应考虑坝料的静力非线性，可采用邓肯非线性模型等。在静力计算基础上进行动力分析，得到坝体的地震反应，从而给出坝体的反应加速度、动剪应变和动剪应力等。

经过有限元离散化后，坝体的动力方程式（7-1）为：

$$[M]\{\ddot{u}\}+[C]\{\dot{u}\}+[K]\{u\}=\{F_t\} \tag{7-1}$$

式中　$\{u\}$、$\{\dot{u}\}$ 和 $\{\ddot{u}\}$ ——结点位移、速度和加速度；

$\quad\quad\quad\{F_t\}$ ——结点动荷载；

$\quad\quad\quad[M]$ ——质量矩阵，可采用集中质量法求得，即假定每个单元的质量集中在结点上；

$\quad\quad\quad[K]$ ——刚度矩阵；

$\quad\quad\quad[C]$ ——阻尼矩阵，由各单元的阻尼矩阵集成。

通常采用 Rayleigh 阻尼，则单元的阻尼矩阵为：

$$[c]_q=\alpha_q[m]_q+\beta_q[k]_q \tag{7-2}$$

式中　$[m]_q$、$[k]_q$——单元的质量矩阵和刚度矩阵。

α_q 和 β_q 由式（7-3）求得：

$$\alpha_q=\lambda_q\omega_1 \tag{7-3}$$

$$\alpha_q=\lambda_q\omega_1 \tag{7-4}$$

式中　λ_q——单元的阻尼比；

$\quad\quad\omega_1$——震动体系的基本圆频率。

动力方程式（7-1）的求解可以采用逐步积分法（如 Wilson - θ 法、Newmark 法等）在时域内求解，也可以经过 Fourier 变换后在频域内求解。

因为土体的剪切模量和阻尼比均与动剪应变有关，在开始计算时它们是未知的，需要采用迭代法求解。第一次迭代时，根据静力计算得到的各单元震前平均有效主应力 σ'_m 计

算最大剪切模量 G_{max} 作为第一次迭代的剪切模量；另外假设阻尼比的初值为 0，或取一个小值（如 0.05）。

先假定每一单元的动剪应变 γ_{q1}，按照 Hardin - Drnevich 模型公式或剪切模量和阻尼比与动剪应变的关系曲线，求得每个单元的剪切模量 G 和阻尼比 λ，然后按时段逐步积分进行动力计算，求出坝体各单元的动剪应变值。由于地震过程中单元动剪应变是不断变化的，求得的是单元动剪应变时程，无法与假定值 γ_{q1} 进行比较，为此需确定一个等效动剪应变 γ_{eq} 来代替这一变化的时程。目前，多采用 Idriss 和 Seed 等人提出的方法，即 $\gamma_{eq} = 0.65\gamma_{max}$。其中，$\gamma_{max}$ 为某一分析时段中单元动剪应变时程中的最大值。

将算得的各单元等效动剪应变 γ_{q2} 同原来假定的动剪应变 γ_{q1} 相比较，如果差别很大，则进行第二次迭代。第二次迭代即用第一次迭代求得的单元动剪应变 γ_{q2}，根据 Hardin - Drnevich 模型公式或剪切模量和阻尼比与动剪应变的关系曲线，求得每个单元新的剪切模量 G 和阻尼比 λ，再重新进行动力计算。如此循环进行，直至算得的各单元的等效动剪应变与上次动剪应变的差值满足要求为止，亦即循环迭代到剪切模量 G 和阻尼比 λ 与每一单元的计算应变相适应为止。

动力反应分析可得到相对准确的坝体单元和结点的地震反应情况，包括加速度、动应变和应力等。在此基础上，根据有关准则和要求，可进一步进行坝体液化可能性分析及坝体稳定性分析等。

由于等效线性方法是基于土体等价黏弹性模型进行的，其局限性和缺陷也是明显的，即不能考虑影响土体动力变形特性的一些重要因素。其缺点主要有：①不能直接计算残余变形。等价黏弹性模型在加荷与卸荷时模量相同，因而不能计算土体在周期荷载连续作用下发生的残余变形。②不能考虑应力路径的影响。阻尼的大小与应力路径有关，在不同应力时加荷与卸荷的滞回圈所消耗的能量大小不同。③不能考虑土的各向异性。土的固有各向异性反映过去的应力历史对土的性质的影响，而等效线性模型不包括这种影响。④较大应变时误差大。等价黏弹性模型所用的割线模量在小应变时与非线性的切线模量很接近，但在大应变时两者相差很大，偏于不安全。

由此可见，基于等价黏弹性模型的等效线性分析方法得到的地震响应并不是真实的地震响应，要想得到土体更接近真实的地震反应，宜采用基于（黏）弹塑性模型的真非线性分析方法。

（2）真非线性动力分析方法。土工动力分析方法中，有别于等效线性分析方法的另外一种方法是真非线性动力分析方法。这种方法基于土体真非线性本构模型，即采用（黏）弹塑性模型。真非线性分析方法用切线剪切模量 G_t 代替等效线性模型中的割线模量进行计算，G_t 在滞回圈中的每一段都是不同的。由于真非线性动力分析比较真实地采用了地震动过程中各时刻土体的切线剪切模量，较好地模拟了土体的非线性特性，可计算出土体单元接近真实的反应过程，是一种比较精确的计算方法，而且可以直接计算出土体地震残余变形（永久变形）。

真非线性分析方法包括基于 Masing 准则的真非线性模型与方法，及在此基础上发展的其他一些改进的真非线性模型与方法。其中一种适用于土石坝的黏弹塑性动力本构模型，同时在已有分析方法上开发了三维真非线性动力分析方法，并通过大型振动台模型试验进行了验证。

鉴于黏弹塑性模型的特点，为了更有效地进行真非线性动力反应分析，采用增量法和全量法交替进行的算法以控制增量法的误差积累。根据黏弹塑性模型及有限元原理，推导出结构的增量和全量方程分别为：

$$[M]\{\Delta \ddot{u}\}+[C]_t\{\Delta \dot{u}\}+[K]_t\{\Delta u\}=\{\Delta F_a\}+\{\Delta F_e\} \tag{7-5}$$

$$[M]\{\ddot{u}\}+[C]_s\{\dot{u}\}+[K]_s\{u_e\}=\{F_a\} \tag{7-6}$$

式中　$\{u\}$、$\{\dot{u}\}$和$\{\ddot{u}\}$——结点位移、速度和加速度；

$\{u_e\}$——弹性位移；

Δ——增量；

$[M]$——质量矩阵；

$[C]_t$、$[C]_s$——切线和割线阻尼矩阵；

$[K]_t$、$[K]_s$——切线和割线刚度矩阵；

$\{F_a\}$——地震力；

$\{F_e\}$——应力超过强度时加以修正的等价结点力（超越力）。

具体求解按增量步进行。对每一增量步，先求解增量方程式（7-5），然后如果为奇数增量步，则在假定$\{\ddot{u}\}$不变的条件下，由全量方程式（7-6）计算弹性位移$\{u_e\}$；如果为偶数增量步，则在假定$\{u_e\}$不变的条件下计算加速度$\{\ddot{u}\}$，并用此加速度校正方程式（7-6）中的$\{\Delta\ddot{u}\}$，以减少用增量法解方程产生的误差积累。

这种真非线性动力分析方法将遵循实际加载路径所进行的逐步增量分析与每时段内多次迭代计算有机结合起来，能够反映每一时刻土体响应的非线性滞回效应，使得分析更趋精确合理。

（3）真非线性分析方法与等效线性分析的若干比较。为了验证真非线性分析方法的特点，以梯形河谷坝高100m的混凝土面板堆石坝为例，分别采用等效线性分析方法和真非线性分析方法进行了地震反应分析对比，在顺河向输入 El Centro 波，最大加速度取为0.2g。

两种分析方法得到的同一典型结点动位移时程曲线见图7-1、典型单元动剪应变时程曲线见图7-2。从图7-1和图7-2中可以看出，等效线性方法和真非线性方法得到的地震反应应变和位移有着明显的区别：等效线性分析得出的动应变和位移围绕零点振动，没有偏移，无残余变形产生；真非线性分析得出的动应变和位移在振动过程中偏离零点，产生残余变形，并且地震过程中残余变形不断积累和增长。可见，这种真非线性动力分析方法和等效非线性方法在概念上有着本质的区别，在计算结果上存在差异，真非线性方法较真实地反映了结构的地震反应，而且能够直接计算出坝体的残余变形，理论上更为合理。

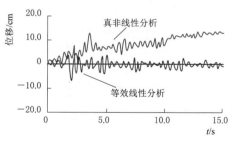

图7-1　典型结点动位移时程曲线图

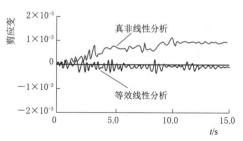

图7-2　典型单元动剪应变时程曲线图

7.2.1.2　总应力法与有效应力法

从是否考虑地震过程中孔隙水压力影响的角度出发，地震反应分析方法又可分为总应力法和有效应力法。

在总应力法中，土体的应力-应变关系和强度参数等都是根据总应力确定的，采用的剪切模量和阻尼比只取决于震前的静力有效应力，即在振动孔隙水压力为零时的"总应力"，不考虑地震过程中孔隙水压力上升对土体性质的影响。在总应力法中也可应用各种土体应力-应变关系，包括线性和非线性本构模型等。目前，在这类方法中，应用较多是等效线性模型。

有效应力法则在分析中考虑孔隙水压力的升高、有效应力降低、剪切模量和阻尼比变化的影响。有效应力分析方法的优点在于：提高了计算精度，更加合理地考虑了震动过程中土动力性质的变化，而且能够得出地震过程中孔隙水压力的积累增长过程、土的液化及其发展过程等。

有效应力法中又有不考虑和考虑孔隙水压力消散与扩散两种，即不排水有效应力法和排水有效应力法。不排水有效应力法假定地震过程中的孔隙水不向外排出，而是封闭在土体骨架中。分析中考虑地震过程中震动孔隙水压力的逐渐增长、有效应力不断降低、土体剪切模量随着有效应力的降低而减小，但不考虑孔隙水压力在地震期间消散和扩散的影响。排水有效应力法与不排水有效应力法的不同之处在于，排水有效应力法考虑孔隙水压力的消散和扩散作用。

目前，在多数地震反应分析中，一般只考虑孔隙水压力的产生增长过程，而没有考虑孔隙水压力的消散和扩散，即是不排水有效应力法。如果土层较厚，地震时间短，渗透系数较小的情况下，这种处理是可以接受的。但当土石坝的坝料和地基砂砾料属中等透水性，这种情况下，在有效应力方法中不仅要考虑孔隙水压力的产生增长，而且应考虑孔隙水压力的消散和扩散，即应采用排水有效应力法。

振动孔隙水的计算是有效应力地震反应分析的一个关键环节，同时能否正确计算孔压上升量是评价地基液化的关键问题之一，是液化分析的基础。

目前国内外学者已提出了多种孔压的发展模型，如应力模型、应变模型、内时模型、有效应力路径模型及瞬态模型等。

为了考虑孔隙水压力的消散和扩散，可采用相应的固结理论与孔隙水压力增长计算模式相结合的方法。在这方面可采用两种理论：一种是 Terzaghi 固结理论；另一种是 Biot 固结理论。Terzaghi 固结理论简明易算，但按该理论求解的孔隙水压力是不依赖于土骨架变形的，而事实上孔隙水压力与土骨架变形是相互制约的。Biot 固结理论从较严格的固结机理出发，能够很好反映三维情况下孔隙水压力与土骨架变形的相互制约，孔隙水压力和土骨架变形可以耦合求解，从而能够同时得到孔隙水压力和土骨架应力与变形。

7.2.1.3　有限元分析法

在采用动力有限元法进行土石坝地震反应分析及评价防渗体的安全性时，应合理模拟不同性质材料间的接触问题（如混凝土面板堆石坝的面板和堆石垫层之间，坝基防渗墙与地基结构之间）。当两种材料性质相差很大时，接触面两边的材料弹模相差悬殊，在荷载作用下可能沿接触面产生滑移和开裂，出现变形不连续现象，因此有必要设置合适的接触面单元来模拟接触特性。

目前，已提出的接触面单元大致可以分为两类：一类是无厚度单元；另一类是有厚度薄单元。较早提出的无厚度单元的典型代表是 Goodman 单元，在工程中应用较为广泛，能较好地模拟接触面的错动或张开，但它的两侧材料相互重叠，而且由于法向劲度很大，导致法向应力误差较大，有时会出现波动。有厚度薄单元最早由 Desai 提出，可在一定程度上克服无厚度单元的缺点，但对剪切变形的模拟尚不能令人满意。目前，一种刚塑性的有厚度薄单元形式，可以较好地模拟接触面剪切破坏逐步发展过程。

土与结构相互作用时，其接触界面上发生力的传递，然后向较远处扩散。由于土与结构材料性质的较大差异，当两者发生相对剪切错动时，一方面，在接触界面上土与结构有相对错动；另一方面，附近的薄层土体比其较远处土体将出现较大的剪切变形。如果接触面相对粗糙，在较大相对位移下其剪破面一般出现在土内，这个薄层是实现相互作用、进行力相互传递的主要受力层，称为剪切错动带。当接触界面较为光滑时，滑动破坏可能发生在界面上，但滑动之前仍然存在剪切错动带在相互作用中进行力的传递。剪切错动带现象可以在桩土地基、混凝土面板防渗体、挡土结构等工程中观察到。在水利工程中土与混凝土的接触面大多是粗糙面，接触面应从广义的概念进行理解，即接触面不仅包括土与混凝土的接触界面，而且应包括邻近界面的一部分土体，这部分土体因混凝土的约束作用而在一定程度上改变了其强度和刚度。当面板混凝土直接浇筑在垫层或挤压边墙上，这样混凝土和垫层之间是粗糙接触面，工程中为避免该面的约束，通常要喷涂乳化沥青，因此宜选取一种有厚度薄单元逐步过渡混凝土与下层之间的刚度差异，来模拟其接触面特性。

接触面上的变形可以分为基本变形和破坏变形两部分。基本变形与其他土体的变形一样，不管破坏与否都是存在的，用 $\{\varepsilon'\}$ 表示；破坏变形包括滑动破坏和拉裂破坏，只有当剪应力达到抗剪强度产生了沿接触面的滑动破坏，或接触面受拉产生了拉裂破坏时才存在，用 $\{\varepsilon''\}$ 表示。

则接触面的总变形为：

$$\{\Delta\varepsilon\} = \{\Delta\varepsilon'\} + \{\Delta\varepsilon''\} = [C']\{\Delta\sigma\} + [C'']\{\Delta\sigma\} = [C]\{\Delta\sigma\} \tag{7-7}$$

基本变形采用的本构模型与其他土体相同，破坏变形有两种形式：张裂和滑移。对接触面上的一点来说，变形是刚塑性的，即破坏前接触面上无相对位移，一旦破坏相对位移则不断发展。

在三维接触面中，有三个方向的可能破坏位移：接触面法向的张裂和沿接触面的两个方向的滑移。在一些土石坝工程中还存在接缝的模拟问题（如混凝土面板堆石坝的周边缝和面板垂直缝等）。为了模拟这类接缝的特性，可在有限元计算中设置接缝单元。

7.2.1.4 土石坝动力分析计算参数确定原则

动力反应分析的结果合理与否，除了取决于所采用本构模型，很大程度上还取决于本构模型参数选择是否合理。土的动力特性及参数受土性因素、环境因素及动荷载性质等影响，需要通过代表性试验测试确定。同时，由于取样的随机性及实际土样性质的分散性，还需要参考以往的工程经验，进行类比采用。

目前，采用的土动力本构模型主要可分为黏弹性模型、真非线性模型及弹塑性模型等三大类，要针对所采用的模型选取相适应的动参数。进行动力有效应力分析时，往往还需建立动孔隙水压力发展的模型。为了计算动力残余变形，有时还需要建立包括残余剪应变和残余体积变形影响在内的动力残余变形模型，故根据模型所进行的试验项目和方法也有所不同。

等效黏弹线性模型的工程应用最为广泛，为了确定等效黏弹线性模型所需要的参数，需分别进行动力变形特性试验、动力残余变形特性试验、动强度和液化特性试验。有些真非线性模型所需参数也可以通过这些试验参数换算获得。

根据《水工建筑物抗震设计标准》（GB 51247—2018）的规定，为确定动力分析的计算参数，应对代表性土样，通过材料动力试验加以测定。对于坝基覆盖层，由于试验控制密度、级配和原位结构性等的影响，采用室内试验确定覆盖层动力特性参数难度很大，还需由室内和现场试验相结合的方法确定。

7.2.2　抗震稳定分析方法

《水工建筑物抗震设计规范（试行）》（SDJ 10—78）中规定，应采用拟静力法进行抗震稳定计算。依照"积极慎重、转轨套改"的原则，在拟静力法中采用了以分项系数表达的承载能力极限状态设计方法。在具体计算中，采用以不计条块间作用力的瑞典圆弧法为主，并辅以计及条块间作用力的简化毕肖普（Simplified Bishop）法。

对 SDJ 10—78 修编后，我国《水工建筑物抗震设计规范》（SL 203—97）及《水工建筑物抗震设计规范》（DL 5073—2000）规定，土石坝应采用拟静力法进行抗震稳定计算；同时规定，设计烈度为Ⅷ度和Ⅸ度的 70m 以上土石坝，或地基中存在可液化土时，应同时用有限元法对坝体和坝基进行动力分析，综合判断其抗震安全性。

《碾压式土石坝设计规范》（SDJ 218—84）修编后，颁布了《碾压式土石坝设计规范》（SL 274—2001）和《碾压式土石坝设计规范》（DL/T 5395—2007）。SL 274 经近 20 年的使用后，最近又颁布了《碾压式土石坝设计规范》（SL 274—2020），规定了仍以传统的安全系数法为坝坡抗滑稳定计算的方法，在具体计算中采用以计及条块间作用力的方法为主。即对于均质坝、厚斜墙和厚心墙坝宜采用计及条块间作用力的简化毕肖普（Simplified Bishop）法；对于有软弱夹层、薄斜墙、薄心墙坝的坝坡稳定分析及任何坝型，可采用满足力和力矩平衡的摩根斯顿-普赖斯（Morgenstern‐Price）等方法。

多年来，拟静力法在我国土石坝的抗震设计中发挥了很大的作用，积累了丰富的经验。日本大坝委员会 1978 年发布了《坝工设计规范》，日本建设省河川局开发科 1991 年颁发《土石坝抗震设计指南》，其中土石坝的抗震设计与我国的 SDJ 10—78 类似。自从美国提堂垮坝及圣费尔南多坝遭受震害以来，美国垦务局已不再采用拟静力法进行土石坝的抗震稳定分析。陆军工程师兵团仅对地震作用较小（地面峰值加速度不大于 0.05g）的密实地基上填筑质量很好的土石坝采用拟静力法。目前在美国，土石坝抗震计算主要采用动力法，其内容是建立在有限元动力分析基础上的滑动稳定计算和变形计算。

近年来我国在高烈度区设计及建造的一些高土石坝，对工程设计提出了更多的要求，除了进行传统的稳定计算外，还需根据其重要性，对坝体和坝基内的动应力分布、地震引起的孔隙水压力变化、地震引起的坝体变形，以及防渗体的可靠性、坝体与坝肩结合部位的应力分布、变形状况和裂缝等进行动力分析计算。此外，1971 年美国圣费尔南多地震中下圣费尔南多坝的液化，1976 年我国唐山大地震中，密云水库白河主坝因保护层液化而引起的滑坡均表明，当坝体和坝基中存在可液化土类时，采用拟静力法不能得出正确的安全评价结论。"5·12"汶川特大地震对紫坪铺水利枢纽大坝的震害与地震前的动力计算结果有较强的可比性，用震害实例证明了动力分析方法具有工程应用参证价值。

针对我国大量的中小型水库绝大多数为土石坝，无法广泛采用动力分析这一国情，并考虑到在动力分析中的计算参数选择及工程安全判据资料尚不够充分，我国目前仍以拟静力法作为土石坝抗震设计（稳定分析）的主要方法是合适的，已在大量工程抗震设计中积累了较丰富的经验。但对于高烈度区的大型土石坝，在进行拟静力法计算的同时，相关规范也明确了应进行动力计算，以便对工程抗震的安全性作出综合评价，并为采取有效抗震措施提供依据。

7.2.2.1 拟静力法

拟静力法是把坝体各质点的地震惯性力当作静力作用在该质点处，用以计算坝坡的抗滑稳定安全系数，即采用刚体极限平衡法进行计算，求出抗震稳定的结构系数 γ_d 或安全系数 K，使其不小于规范中规定的数值。考虑地震作用对土石坝及其地基稳定性的影响，主要取决于土石料的动力有效抗剪强度指标及地震荷载，其他方面与土石坝的静力稳定分析方法基本相同。根据土石坝的断面结构型式（如均质坝、心墙坝、斜墙坝等）和筑坝材料，可分别采用圆弧滑动分析，折线滑动分析，坡面滑动分析等方法。

按《水工建筑物抗震设计标准》（GB 51247—2018）的规定，拟静力法进行抗震稳定计算时，对于均质坝、厚斜墙坝和厚心墙坝，可采用瑞典滑弧法进行验算；对于 1 级、2 级及坝高 70m 以上土石坝，宜同时采用简化毕肖普法；对于夹有薄层软黏土的地基，以及薄斜墙坝和薄心墙坝，可采用滑楔法计算。

在拟静力法抗震计算中，土石坝坝体质点的动态分布系数考虑了地震烈度的影响。对于 1 级、2 级坝，宜通过动力试验测定土体的动态抗剪强度。当动力试验给出的动态强度高于相应的静态强度时，应取静态强度值。黏性土和紧密砂砾等非液化土在无动力试验资料时，宜采用静态有效抗剪强度指标；对堆石、砂砾石等粗粒无黏性土，可采用对数函数或指数函数表达的非线性静态抗剪强度指标。

影响土的动态强度的因素很多，包括土的密实程度、颗粒级配、形状、定向排列、稠度以及振动应力和应变的大小、振动频率和历时、振动前土的应力状态等。因此，原则上应通过动力试验测定抗震稳定分析中土体的抗剪强度指标。SDJ 10—78 颁布 30 年来的实践也表明，对于地震区的大型工程有必要、也有条件进行了动力试验。

对于混凝土面板堆石坝，动水压力对坝体地震作用效应影响不宜忽略，其动水压力可按重力坝动水压力的确定方法确定。

7.2.2.2 动力法

极限平衡理论的拟静力法的缺点包括：不能很好地考虑土体的内部应力-应变关系和实际工作状态，求出的安全系数只是所假定的潜在滑裂面上的平均安全度，所得到的条间内力和滑裂面底部反力并不能代表土体在产生滑移变形时的实际内力分布，无法确定土体变形，也不能考虑变形对稳定性的影响；当坝体和坝基中存在可液化土类时，采用拟静力法不能做出正确的安全评价。对于高土石坝，用拟静力法计算坝体抗滑稳定的问题更为突出。因此，采用拟静力法进行土石坝及地基的抗震稳定性分析的局限性是明显的，故基于地震反应分析的动力法逐渐受到重视和发展，应用也越来越广泛。

根据《水工建筑物抗震设计标准》（GB 51247—2018）的规定：设计烈度为Ⅷ度和Ⅸ度的 70m 以上土石坝，或地基中存在可液化土时，应同时用有限元法对坝体和地基进行动力分析，综合判断其抗震安全性。

运用动力法评价坝体的动力抗滑稳定性，首先要对大坝进行地震反应分析，在采用有限元法计算出土石坝单元的静应力和地震作用下的动应力后，则可以用来进一步分析土石坝坝坡的抗震稳定性。可采用基于应力法的动力法，亦可采用基于强度折减等途径的动力稳定分析方法。

基于应力法的动力法，安全系数定义为潜在滑动面上土体能提供的最大抗剪强度同潜在滑动面上由外荷载产生的实际剪应力的比值。在动力计算中，假定滑动面形状，给定搜索范围，由程序自动寻找最危险滑动面的位置，并计算相应的稳定安全系数。

在整个地震过程中，土体各单元的动应力及动孔压随震动时间不同而不同，因此，其动力抗滑稳定安全系数 F_s 也是时间的函数。如果考虑地震过程中应力的时程变化，计算出每一瞬时的坝坡抗滑稳定安全系数，则称之为动力时程线法。如果不考虑地震过程中应力的时程变化，滑动面上的法向应力取为震前有效法向应力，剪应力取为震前剪应力与等效动剪应力（即 0.65 倍的最大动剪应力）之和，则得到按地震作用等效平均算得的最小安全系数，称之为动力等效值法。

动力时程线法算得的安全系数是地震过程中每一时刻（瞬时）的安全系数，反映了地震过程中坝坡抗滑稳定安全系数随时间的动态变化过程。而动力等效值法得到的安全系数是地震作用下坝坡一个总的安全系数，是整体平均等效的概念，不反映地震过程中安全度的动态变化。综合两种方法分别算出的安全系数，便可对坝坡的抗震安全性进行判断。

7.2.3 变形分析方法

作为大坝设计和抗震安全性评价的重要指标，土石坝的地震永久变形计算是其抗震分析中一项重要内容。土石坝地震永久变形的计算方法主要有两大类：一类是滑动体位移分析法；另一类是整体变形分析法。利用（黏）弹塑性模型直接计算残余变形真非线性分析方法也属于整体变形分析法的一种。

7.2.3.1 滑动体位移分析法

滑动体位移分析法的基本出发点是假定土石坝的残余变形主要是由地震时坝坡及地基发生瞬态失稳时滑移体产生位移造成的，该方法较适合于填筑密实的土石坝。这个概念最早是由 Newmark 提出的，随后 Franklin 和 Chang、Makdisi 和 Seed、渡边启行等对该方法做了改进和发展。土石坝在地震作用下，当滑动力大于抗滑力时（稳定安全系数小于1），坝坡及地基发生滑动。但由于地震运动方向和幅度是随时间而变化的，且最终趋于停止，因此滑动亦随之改变方向或停止，这样产生的滑动位移是有限度的，与土石坝的静力失稳不同。

滑动体位移法计算原理曲线见图 7-3，主要步骤：

（1）确定屈服加速度。使土石坝坝坡及地基中预期滑动体开始滑动时，作用在该滑动体上的临界加速度称为屈服加速度。假定滑动体稳定安全系数 $F_s=1.0$，采用拟静力法结合各种常用的极限平衡分析法求解滑动体的屈服加速度。

（2）计算有效加速度。在地震时程计算过程中，土石坝预期滑动体上平均加速度反应称为有效加速度，可通过地震动力反应分析求得。计算先对坝体进行动力反应分析，然后求出滑动体上总的水平力，除以滑动体质量，得到时程有效平均加速度。

（3）计算滑移体残余位移。在求得屈服加速度和有效加速度的时程曲线后，由超过屈服加速度部分积分求出滑动体残余位移。对某一预期滑动土体，当地震引起的有效加速度超过其屈服加速度时，就认为有滑动位移产生，其大小由加速度差值的两次积分求得。

滑动体位移的概念是很有意义的，滑动体位移法简单方便，早期工程上应用较多。需要注意的是，如何确定土石坝在地震作用下的滑移面是关键所在。另外，如何考虑地震过程中抗剪强度降低、剪胀现象等也是值得探究的。

7.2.3.2 整体变形分析法

整体变形分析法的基本假定是把坝体及地基作为连续介质来处理。这类方法一般是先进行地震反应分析，求出坝体及地基的反应，然后利用材料动力特性的试验结果，加以简化求出坝体残余变形。

整体变形分析法首先由 Serff、Seed 等人提出，除近似估算法外，这类方法又可分为两种。一种是修正模量法（即软化模量法），此方法认为地震前后坝体及地基的初始应力不变，残余变形是由于在地震中坝体及地基中产生了附加应变势导致材料的模量降低而引起的，按照地震前后两个不同的模量分别计算坝

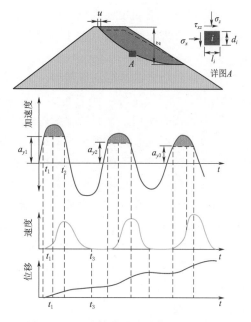

图 7-3 滑动体位移法计算原理曲线图

体及地基的变形，则所得变形量之差即为地震引起的残余变形，这种方法又有线性法和非线性法之分；另一种是等效结点力法，通过地震动力反应分析和循环三轴试验可以确定土石坝断面中各有限单元的应变势，但由于相邻单元间的相互作用，这种应变势不能满足变形的相容条件，并不是各有限单元的实际应变。为了使各有限单元能够产生与应变势引起的应变相同的实际应变，就设法在有限元网格结点上施加一种等效静结点力，然后以此作为荷载，按静力法来计算坝体的地震残余变形。

等效结点力法在工程中得到了广泛应用。采用这种方法确定土石坝地震残余变形，除了对土石坝进行地震反应分析外，基于试验研究确定土石料动力作用下的残余应变模式也非常关键。将残余变形模型算出坝体相应各单元的残余应变，按照残余应变的主轴方向与静力状态主轴方向一致的原则，将残余应变换算为直角坐标系下的应变 $\{\varepsilon_p\}$，则等效结点力 $\{F_p\}$ 为：

$$\{F_p\} = \iint_V [B]^T [D] \{\varepsilon_p\} dV \tag{7-8}$$

式中　$[B]$——应变矩阵；

　　　$[D]$——弹性矩阵。

将此等效结点力作用于坝体，便可求出残余应变引起的坝体残余变形。

真非线性分析方法也属于整体变形分析法的一种，其动力分析基于土体真非线性本构模型，能较好地模拟土体的非线性特性和残余应变，可以直接计算出土体地震永久变形。

7.2.4 极限抗震能力分析方法

目前，土石坝极限抗震能力分析还没有统一的评价标准，应进行多工况和多角度的综合分析。经过多年研究与工程应用，主要从土石坝稳定、变形、防渗体系安全等关键因素入手，在设计地震和校核地震分析的基础上，进一步加大输入地震动的加速度，直至大坝不能满足抗震安全性要求，按上述内容分别进行大坝安全度计算，进而确定其极限抗震能力。

（1）坝坡稳定的极限抗震能力。①采用动力时程线法和动力等效值法等方法分析不同震级作用下坝坡稳定性，研究可引发溃坝的坝坡失稳状态，分析大坝的极限抗震能力；②计算不同震级作用下大坝的单元抗震安全系数，评价单元动力剪切破坏的可能性及其与大坝整体安全的关系，分析大坝的极限抗震能力。

（2）坝体地震永久变形的极限抗震能力。计算不同震级作用下大坝的地震残余变形，研究地震变形与大坝整体安全的关系，分析大坝的极限抗震能力。

（3）土石坝防渗结构的极限抗震能力：计算不同等级的强震作用下面板的动应力以及静动叠加后的应力分布及量值，评价其超出混凝土强度限值的可能性；计算面板防渗体系的接缝位移的分布与量值，评价其超出控制标准的可能性及其与大坝安全的关系，分析大坝的极限抗震能力。进行地基土体液化可能性评价，评估液化可能性与大坝整体安全性的关系，分析大坝的极限抗震能力。对沥青混凝土心墙土石坝，在强震作用下防渗结构所能承受的剪切变形量及适应性，评价其限抗震能力。

（4）综合分析大坝的极限抗震能力：在上述计算结果基础上，综合稳定、变形、面板（或心墙）防渗体系及地基安全等，分析土石坝的极限抗震能力。

7.3 抗震安全性评价指标及工程措施

7.3.1 安全性评价指标

根据汶川特大地震中揭示的土石坝动力破损特征、地震灾害机理及目前土石坝抗震研究现状，提出了基于稳定分析、变形分析和防渗体与地基安全评价的土石坝抗震安全性评价方法和评价原则，拟定了稳定性评价与变形分析相结合、局部稳定性评价与整体稳定性评价相结合的土石坝抗震安全性评价方法。具体的评价指标包括以下几个方面。

（1）根据滑动面的位置、深度、范围及稳定指标超限持续时间和程度等，综合评价坝坡的抗滑稳定性及其对大坝整体安全的影响。

（2）给出坝体及地基局部剪切破坏（或液化破坏）的分布范围，评价其引发整体破坏的可能性。

（3）坝体残余变形计算应给出其量值和分布规律，并根据最大震陷率和变形的不均匀程度等综合评价大坝及防渗体的抗震安全性。

7.3.2 现行设计规范抗震措施规定

在土石坝相关规范中，对需采取抗震措施的均有所规定。

（1）《碾压式土石坝设计规范》（SL 274—2020）从枢纽布置和坝型选择、筑坝材料性质和填筑要求、坝体结构设计、坝基处理、坝体与坝基及其他建筑物的连接等方面，对抗震措施做了系统的规定。其中，对地震设计烈度为Ⅶ度及以上的土石坝，应研究尽快降低库水位的措施；地震设计烈度为Ⅷ度、Ⅸ度的土石坝或1级、2级高坝，应论证设置放空设施均属较为重要的要求。以上地震背下，不应采用非岩基坝下埋管，采用砂砾料筑坝还应关注以下要求和措施：

1）地震设计烈度为Ⅷ度、Ⅸ度的1级、2级高坝，应研究筑坝材料的地震动力特性；均匀中砂、细砂及粉砂可用于中坝、低坝的坝壳干燥区，但地震区不宜采用。在填筑标准确定方面，应考虑抗震要求。对于砂砾石和砂的墙筑标准应以相对密度作为设计控制指标，并应符合下列要求：砂砾石的相对密度不应低于0.75，砂的相对密度不应低于0.70，反滤料宜为0.70；砂砾料中粗粒料含量小于50%时，应保证粒径小于5mm的细料的相对密度也符合上述要求；地震区的相对密度设计标准，应符合《水工建筑物抗震设计标准》（GB 51247—2018）的规定。1级、2级坝和3级以下高坝的相对密度标准宜采用现场大型碾压试验对有关指标进行修正。

2）在坝体结构设计上：对于坝坡，当地震设计烈度为Ⅷ度、Ⅸ度时，坝顶附近上游、下游局部坝坡可放缓，可采用加筋堆石、表面钢筋网或大块石堆筑等加固措施。对于坝顶超高，地震区安全加高应增加地震沉降和地震地震壅浪高度，应按GB 51247—2018的有关规定执行。

3）对于坝顶构造，坝顶宽度应根据构造、施工、运行管理和抗震等因素确定，高坝的坝顶宽度可选用10～15m，中坝、低坝可选用5～10m，地震设计烈度为Ⅷ度、Ⅸ度时坝顶宜加宽。地震区应核算防浪墙的动力稳定性。

4）对于坝基处理，砂砾石坝坝基应查明砂砾石的空间分布，以及级配、密度、渗透系数、允许渗透比降等物理力学指标。地震区还应了解标准贯入击数、剪切波速、动力特性指标等。对地震区的坝基中可能发生液化的无黏性土和少黏性土，应按GB 50487进行地震液化判别。对判别可能液化的土层，宜挖除、换土。在挖除困难或不经济时，根据液化层的分布和厚度，可采用加密、设置盖重等措施，加密措施宜采用振冲、强夯等方法，还可结合振冲处理设置砂石桩，加强坝基排水。地震区的土石坝与岸坡和混凝土建筑物的连接还应按照GB 51247—2018的有关规定执行。

（2）混凝土面板堆石坝设计规范有关抗震措施规定。

1）坝体填筑标准，垫层区、过渡区、主填筑区材料的填筑标准应根据坝的等级、高度、河谷性状、地震烈度及坝料特性等因素，并参考同类工程经验，经分析论证后确定。混凝土面板堆石坝坝坡宜参照已建工程选用，对Ⅶ度区等坝、及地震设计烈度Ⅷ度、Ⅸ度的坝，应进行稳定分析。

2）在采取的抗震措施上，确定地震区坝的安全超高时，应包括地震涌浪高度。当地震设计烈度为Ⅷ度、Ⅸ度时，安全超过应计入坝体和地基在地震作用下的附加沉降。对库区内可能因地震引起的大体积塌岸和滑坡等而形成的涌浪应进行专门研究。地震涌浪高度和地震附加沉降应按《水工建筑物抗震设计规范》（SL 203—97）执行。

3）当地震设计烈度为Ⅷ度、Ⅸ度时，应进行专门的抗震设计。应包括以下抗震措施：应加大坝顶宽度，放缓坝坡或采用上缓下陡的下游坝坡，在坝坡变化处设置马道；应在下游坝坡上部采取坡面防护和坝体加固措施；应加大垫层区及其与地基、岸坡接触带的宽度；应降低防浪墙的高度；部分面板压性缝内应填塞沥青浸渍模板，橡胶板等具有一定强度的可压缩填充材料；分期面板施工缝缝面应垂直于面板表面，并在施工缝上下一定范围内布置双层钢筋；应提高坝体堆石料特别是地形突变部位的压实密度。

4）坝体用砂砾石料填筑时，应增加排水区的排水能力。下游坝坡以内一定区域宜采用堆石填筑。当地震设计烈度为Ⅷ度、Ⅸ度时，应对建在覆盖层地基上的面板堆石坝进行专门论证。

（3）《水工建筑物抗震设计标准》（GB 51247—2018）有关抗震措施的规定。

1）对于设计烈度为Ⅵ度、Ⅶ度、Ⅷ度、Ⅸ度的1级、2级、3级的碾压式土石坝。设计烈度为Ⅵ时，可不进行抗震计算，但仍应采取抗震措施。设计烈度高于Ⅸ度的水工建筑物、高度大于200m或有特殊问题的雍水建筑物，其抗震安全性应进行专门研究论证。对于坝、闸等雍水建筑物的地基，应满足在设计烈度地震作用下不发生强度失稳破坏（包括砂土液化、软黏土震陷等），避免产生影响建筑物适用的有害变形。水工建筑物的地基和岸坡中的断裂、破碎带级层间错动等软弱结构面，特别是缓倾角夹泥层和可能发生泥化的岩层，应根据其产状、埋藏深度、边界条件、物理力学性质以及建筑物的设计烈度，论证其在地震作用下不致发生失稳和超过允许的变形，必要时应采取抗震措施。

2）地基中的可液化土层，可根据工程的类型和具体情况，选择采用下列抗震措施：挖除液化土层并用非液化土置换；振冲加密、强夯击实等人工加密；压重和排水；振冲挤密碎石桩等复合地基或桩体穿过可液化土层进入非液化图层的桩基。混凝土连续墙或其他方法围封可液化地基。地基中的软弱黏土层可根据建筑物的类型和具体情况，选择采用下列抗震措施：挖除或置换地基中的软软弱黏土；预压加固；压重和砂井排水、塑料排水板。桩基或振冲挤密碎石桩等复合地基。

3）水工建筑物地基和岸坡的防渗结构及其连接部位，以及排水反滤结构等，应采取有效措施防止地震时产生危害性裂缝，或发生渗透破坏。土石坝抗震计算应包括抗震稳定计算、永久变形计算、防渗体安全评价和液化判别等内容，结合抗震措施，进行抗震安全性综合评价。

4）强震区土石坝的安全超高应包括地震涌浪高度和地震沉陷，可按下列原则确定：根据设计烈度和坝前水深，取地震涌浪高度为0.5~1.5m；设计烈度为Ⅶ度、Ⅷ度、Ⅸ度时，安全超高应计入坝体和地基的沉陷；对库区内可能因地震引起的大体积崩塌和滑坡等形成的涌浪，应进行专门研究。

5）设计烈度为Ⅷ度、Ⅸ度时，宜加宽坝顶，放缓上部坝坡。坡脚可采用铺盖或压重措施，上部坝坡可采用浆砌块石护坡，上部坝坡内可采用钢筋、土工合成材料或混凝土框架等加固措施。

6）应选用抗震性能和渗透稳定性较好且级配良好的土石料筑坝。均匀的中砂、细砂、粉砂及粉土不宜作为强震区筑坝材料。对于无黏性土的压实，浸润线以上材料的相对密度不应低于0.75，浸润线以下的材料的相对密度不应低于0.80；对于砂砾料，当大于5mm的粗粒料含量小于50％时，应保证细料的相对密度满足上述对无黏性土压实的要求，并应根据相对密度提出不同含砾量的砂砾料压实干密度作为填筑控制标准。

（4）规范修订借鉴。紫坪铺水利枢纽大坝原抗震设计标准为Ⅷ度，在"5·12"汶川特大地震中，由于坝体堆石的显著地震变形，使面板混凝土及接缝止水、坝顶结构、下游护坡等部位的局部破坏，尤其是发生了面板的挤压破坏和面板水平施工缝的错台，对大坝防渗系统性能产生影响。新修编规范主要根据紫坪铺水利枢纽大坝等工程的震害经验和震害机理研究成果，增加了针对混凝土面板堆石坝的抗震工程措施，包括坝体地震变形控制、坝顶及其附近坝坡防护、面板及垂直缝抗挤压、水平施工缝抗错台及接缝细部构造设计等，具体提出了以下针对混凝土面板堆石坝抗震的抗震工程措施：①加大垫层区的厚度，加强其与地基及岸坡的连接。当岸坡较陡时，适当延长垫层料与基岩接触的长度，并采用更细的垫层料；②在河床中部面板垂直缝内填塞沥青浸渍木板或其他有一定强度的较柔性的填充材料；③适当增加河床中部面板上部的配筋率，特别是顺坡向的配筋率；④分期面板水平施工缝垂直于面板，并在施工缝上下一定范围内布置双层钢筋；⑤采用变形性能好的止水结构，并减少其对面板截面面积的削减；⑥适当增加坝体堆石料的压实密度，特别重视地形突变处的压实质量；⑦坝体用砂砾石料填筑时，要设置内部排水区，保证排水通畅，在下游坝坡一定区域内采用堆石填筑。

7.3.3　典型工程抗震措施

7.3.3.1　阿尔塔什混凝土面板砂砾石坝

阿尔塔什水利枢纽混凝土面板砂砾石坝坝高164.8m，坝址区地震基本烈度为Ⅷ度，工程设防类别为甲类，大坝抗震设计烈度为Ⅸ度，按100年超越概率2％设防，基岩峰值加速度为0.375g；大坝抗震校核工况按100年超越概率1％复核，基岩峰值加速度为0.441g。工程采用了动力有限元分析方法，对大坝在场地设计地震动作用下的动应力变形进行了研究，重点分析了坝体、坝基覆盖层、防渗墙和面板的抗震安全性，根据坝体动力响应分析结果，坝体的抗震措施结合坝体结构、坝壳料设计统一考虑，参考国内外已建类似工程经验，拟定以下几个方面措施：

（1）考虑足够的地震涌浪高度和地震附加沉陷。按规范要求，地震涌浪高度一般采用0.5～1.5m，按地震烈度大小和坝前水深选用大值1.5m，地震附加沉陷采用2.4m。

（2）适当增加坝顶宽度，降低坝顶地震力作用，并防止因坝顶堆石体塌滑而造成上游面板破坏，类比国内外强震区高坝工程实例，坝顶宽度采用12m。

（3）适当放缓上、下游坝坡。上游坝坡采用1:1.7，下游"之"字形道路之间1:1.6，平均坝坡1:1.89。在正常蓄水位遇Ⅸ度地震情况下，下游坝顶局部出现不满足安全系数的表层滑弧。参考国内外一些高震区土石坝的设计资料，特别是"5·12"汶川特大地震后，紫坪铺水利枢纽混凝土面板堆石坝下游坡顶区域浆砌石整体较完整，说明高部位有固结力的连续坡面具有良好的抗震性能。考虑到阿尔塔什水利枢纽坝高超过150m、并且有近 100m 深厚覆盖层、坝线长度近 800m 等情况，为提高坝坡整体抗震性能，并兼顾外观质量和便于施工，施工图设计阶段对设计方案进行调整优化。设计在上、下游坝坡高程 1793.00m、1803.00m、1813.00m 布置 3 层阻滑钢筋网，以增强坝体顶部的抗震能力。

初设设计大坝下游高程 1790.00m 以上采用厚 0.4m 浆砌石块石护坡，综合考虑提高坝后坡整体抗震性、外观质量和调整后的护坡形式便于施工等因素，施工图设计时，大坝下游坝坡高程 1790.00m 以上护坡变更为混凝土网格梁加浆砌石护坡型式。并在下游坝坡高程 1793.00m、1803.00m、1813.00m 布置 3 层阻滑钢筋网，以增强坝体顶部的抗震能力。每层钢筋网与坝内锚固板连接（板厚 0.4m，板斜长 2m）。下游侧与钢筋混凝土网格梁搭接。高程在 1790.00～1825.80m 范围内的下游坝坡上设置厚 400mm 的浆砌块石护坡，以确保下游坝坡稳定。

（4）适当提高坝壳料的压实标准，砂砾料的相对紧密度 $D_r \geqslant 0.9$，坝体较高部位抗震区堆石料填筑孔隙率 $n \leqslant 19\%$，并采取了双控标准。

（5）加强混凝土面板、趾板及坝体各分区间及其与坝基和岸坡的连接，防止地震情况下造成破坏。

（6）增加混凝土面板厚度，面板顶部厚度为 0.4m、底部厚度为 0.96m。面板采用单层双向配筋，根据三维计算结果，对面板混凝土的受拉区、及边角部位采用双层钢筋配置。

（7）在混凝土面板上游面低部位上游铺盖区和盖重区，并于周边缝下游侧设置特殊垫层区，形成反滤，以防止周边缝在地震时张开破坏而引起大量渗漏。

7.3.3.2 大石峡面板砂砾石坝

2015 年，中国地震局地壳应力研究所对地震安评成果进行复核，主要成果：工程场地 50 年超越概率 10% 的地震动峰值加速度为 0.177g，地震基本烈度为Ⅶ度；100 年超越概率 2% 的地震动峰值加速度为 0.387g，100 年超越概率 1% 的地震动峰值加速度为 0.467g。2018 年 5 月，经补充设定地震相关内容，对 2015 年复核的动峰值加速度进行修正，调整工程场地 100 年超越概率 2% 的地震动峰值加速度为 0.365g；100 年超越概率 1% 的地震动峰值加速度为 0.436g。

工程设计依据调整后的动峰值加速度，并结合工程经验，大坝采用以下抗震措施。

（1）安全超高设计包括了地震作用下的附加沉陷和地震涌浪高度。设计计算地震涌浪高度为 1.317m，从安全考虑取规范高限即地震涌浪高度取 1.5m。三维有限元动力计算表明，设计地震下坝顶沉陷为 1.01m，约占最大坝高的 0.4%，考虑大石峡坝高达 247m，且位于高地震烈度区，出于安全考虑坝顶震陷率取坝高的 1.2%，即约为 3.0。

（2）参考国内已建、在建高坝及高震区工程设计实例，当大坝遭遇设计地震、坝顶下游部分出现浅层局部滑落时，剩余坝顶宽度仍具备支撑上游面板的作用，同时仍有足够宽度确保应急抢修、维护的交通，坝顶宽度取 15m。

（3）坝顶上游防浪墙采用了有利于抗震的分离式结构型式，墙高 4.7m，沿坝轴线方向每 15m 设有沉降缝。下游挡土墙高 3.2m，沿坝轴线方向每 10m 设有沉降缝，上游防浪墙与下游挡土墙之间填筑 S3 料场天然砂砾料，相对密度大于 0.9。

（4）根据规范要求并参考国内外已建 200m 级混凝土面板砂砾石坝工程经验，确定上游坝坡为 1:1.60，下游坝坡设置马道，采用上缓下陡布置形式，综合坡比 1:1.76。

（5）坝体不同分区采用了较高的填筑压实标准，主堆砂砾料设计孔隙率不大于 17%，相对密度施工质量控制标准为 0.92。设置了底部砂砾石增模区，左右岸坡较陡部位在 20~50m 范围内设置特殊碾压区或填筑胶凝砂砾石，以减小不均匀沉降梯度。

（6）面板顶部厚度取 0.5m，面板底部最大厚度为 1.23m。面板采用双层双向配筋，纵向配筋率 0.40%，横向配筋率 0.30%。为增强面坝顶部、底部级接缝部位的抗变形、抗拉和抗挤压能力，在周边缝和垂直等部位加强配筋。

（7）加强混凝土面板、趾板、趾墩及坝体各分区间及其与坝基和岸坡的连接，防止地震情况下造成破坏。为减小主河床和左岸陡岸坡处周边缝的变形，在河床高趾墩下游背坡、坝基河谷水平排水区下部和左右岸高陡岸坡分别设置增模胶凝砂砾石分区料。

7.3.3.3 大石门沥青混凝土心墙坝

根据 2018 年 6 月工程场地地震安全性评价补充工作报告，工程场地 50 年超越概率 10%、5%、2% 地震动峰值加速度分别为 0.263g、0.363g、0.510g；100 年超越概率 2% 及 1% 的基岩峰值加速度值分别为 0.645g、0.795g。按照《中国地震动参数区划图》（GB 18306—2015）附录 G 的规定，地震基本烈度由 50 年超越概率 10% 的 Ⅱ 类场地地震动峰值加速度确定，工程场地类别为 Ⅰ 类地，地震动峰值加速度为 0.30g，地震基本烈度为 Ⅷ 度。

工程拦河坝抗震设防类别为甲类，根据《水工建筑物抗震设计标准》（GB 51247—2018）的规定，工程抗震设防类别为甲类的水工建筑物，可根据其遭受强震影响的危害性，在其基本烈度基础上提高 1 度作为设计烈度，故大坝抗震设计烈度在基本烈度基础上提高 1 级，为 Ⅸ 度，地震动峰值加速度采用 50 年超越概率 2%，即为 0.52g。

工程初设阶段在上、下游坝坡（高程 2262.50m、2270.50m、2278.50m、2286.50m、2294.50m）布置 5 层阻滑钢筋网，以增强坝体顶部的抗震能力。顺水流方向 3 根 φ25mm 受拉钢筋绑成一束，间距 0.5m；顺轴线方向分布钢筋为 φ25mm，间距 0.4m，以确保下游坝坡和防浪墙的稳定。上游坝坡采用素混凝土护坡，护坡厚 0.3m，护坡范围由高程 2240.00m 至坝顶，即自死水位以下 5m 护至坝顶。

施工图阶段结合专题研究和综合类比咨询，在坝体上、下游高程 2262.50m 以上至坝顶一定区域范围内，上游每间隔 1.6m、下游每间隔 2.4m 铺设一层钢塑土工格栅。为保证大坝整体抗震性，上游坝坡采用 0.3m 钢筋混凝土护坡，护坡范围由高程 2229.00m 至坝顶，使其土工格栅与上、下游钢筋混凝土护坡有效连接，提高大坝抗震稳定性。

7.3.3.4 卡拉贝利水利枢纽混凝土面板砂砾石坝

卡拉贝利水利枢纽大坝抗震设计工程措施包括两方面。

1）结构设计主要包括：地震安全超高取为 2.9m，其中地震坝顶沉陷 1.4m 和地震涌浪高度 1.5m；坝顶宽度采用 12m；混凝土面板顶部厚度为 0.4m；降低防浪墙的高度，采用 3.7m；适当放缓上、下游坝坡，采用上游坝坡 1:1.7，下游坝坡 1:1.8；适当提高坝体砂砾料的压实标准，相对密度 $D_r \geqslant 0.85$；在高程 1750.00~1771.00m 坝顶区域内铺设土工格栅，土工格栅沿坝高方向层间距为 1.5m，中间格栅深入坝体长度 2m 等差布置；下游坝坡高程 1750.00m 以上设置混凝土网格梁浆砌卵石护坡。

2）考虑地震可能造成防渗系统损害所采取的预防措施主要包括：在周边缝下设一垫层特别级配小区，形成反滤，以防止周边缝在地震时张开破坏而引起大量渗漏；在坝体加强排水措施，在砂砾料主堆石区内设置竖向和水平向排水体，尽可能排除地震时在坝体内产生过大的超孔隙水压力。

7.4　工程抗震设计案例

7.4.1　工程设计基本情况

（1）工程概况。KLBL 水利枢纽工程位于新疆南疆乌恰县境内，是克孜河中游河段的控制性工程，工程的开发任务为防洪、灌溉为主，兼顾发电等综合利用。水库总库容 2.62 亿 m³，电站装机容量 70MW，多年平均有效发电量 2.596 亿 kW·h。KLBL 水利枢纽工程为大（2）型Ⅱ等工程，工程总布置方案：大坝为混凝土面板砂砾石坝，布置在主河床，最大坝高 92.5m，按规范大坝等级提高一级，为 1 级水工建筑物；左岸山体由岸边到岸里分别为 1 号泄洪排沙放空洞、2 号泄洪排沙洞、引水发电洞形成联合进水口，厂房布置在坝轴线下游左岸河床边，开敞式溢洪道利用右岸台地地形布置。枢纽平面布置见图 7-4。

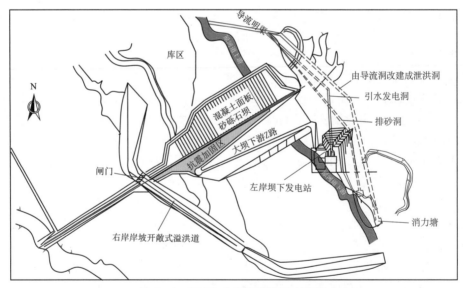

图 7-4　KLBL 水利枢纽平面布置图

（2）坝体分区材料设计。混凝土面板砂砾石坝为 1 级建筑物，坝顶高程 1775.50m，河床趾板建基面高程 1683.00m，最大坝高 92.5m，坝顶坝轴线长 760.7m，坝顶宽 12m。大坝采用砂砾料填筑，上游坝坡为 1∶1.7，下游坝坡 1∶1.8。坝体分区从上游至下游分为上游砂砾料盖重区、上游土料铺盖区、混凝土面板、垫层区、上游砂砾料区、排水料区、下游砂砾料区、利用料区、排水棱体。工程砂砾料填筑量约为 740 万 m³，C3 料场砂砾料厚度为 5~8m。料场复查结果有效储量为 851 万 m³。坝体典型断面与坝体分区见图 7-5。

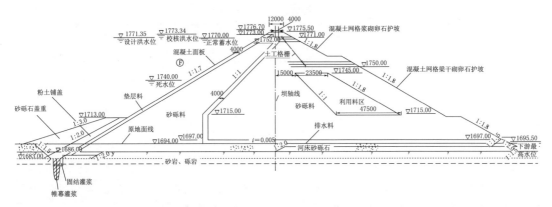

图 7-5 KLBL 水利枢纽混凝土面板砂砾石大坝典型剖面图（单位：mm）

砂砾料主要用于主堆砂砾料区、垫层料和排水料区。采用 C3 砂砾料场全料，施工期主堆砂砾料区采用填筑相对密度 $D_r \geqslant 0.85$；垫层料区采用 C3 料场砂砾料筛分，D_{max} 为 80mm，小于 5mm 的含量为 $30\% \sim 47\%$，小于 0.075mm 含量少于 8%，渗透系数控制在不大于 1×10^{-3} cm/s。填筑相对紧密度 $D_r \geqslant 0.85$；排水料区粒径范围 $D \geqslant 5$mm，填筑相对密度为 $D_r > 0.8$。施工期利用料区采用枢纽开挖砂砾料，填筑相对密度 $D_r \geqslant 0.85$。

（3）砂砾料工程特性。KLBL 水利枢纽工程大坝砂砾料填筑料主要特点是垫层料、排水料是利用砂砾料筛分调整级配获得，砂砾料主堆料最大粒径 600mm，垫层料最大粒径 80mm，建筑物开挖利用料不控制最大粒径。砂砾料料场复查包络线见图 7-6。

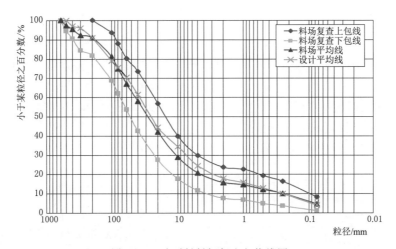

图 7-6 砂砾料料场复查包络线图

（4）施工控制参数。大坝砂砾料填筑碾压控制参数见表 7-1。原初步设计坝体相对密度大于 0.8，但根据现场原级配试验，相对密度均大于 0.88，原因是 P_5 处于较优区域，压实效果好，获得的相对密度较高。因此，在施工期提高了填筑质量控制标准（$D_r \geqslant 0.85$），工程实施后的填筑质量验收均满足要求。

表 7 - 1   大坝砂砾料填筑碾压控制参数表

名称	料源	级　配	填筑标准	铺料厚度/cm	碾压遍数/遍	碾压机具/t	备注
砂砾料	C3 料场	$D_{max} \leq 300mm$	$D_r \geq 0.85$	80	10	22t 振动碾	进占法
垫层料	筛分厂	$D_{max} = 80mm$ <5mm 的含量为 30%～47%， <0.075mm 含量少于 8%	$D_r \geq 0.85$	40	8	20t 振动碾	后退法
垫层小区料	筛分厂	$D \leq 20mm$	$D_r \geq 0.85$	20	10	20t 振动碾	振动夯夯击

注 2014—2016 年冬季砂砾料填筑，取消砂砾料加水程序，采用 C3 料场开采砂砾料直接上坝，并增加 2 遍碾压。

（5）大坝抗震设计。2013 年工程初步设计阶段，采用的设计和校核地震动基岩峰值加速度分别为 0.382g 和 0.432g，大坝抗震设计工程措施包括两方面。

1）结构设计，主要包括：地震安全超高取 2.9m，其中地震坝顶沉陷 1.4m 和地震涌浪高度 1.5m；坝顶宽度采用 12m；面板顶部厚度 0.4m；降低防浪墙的高度采用 3.7m；适当放缓上、下游坝坡，采用上游坝坡 1:1.7，下游坝坡 1:1.8；适当提高坝体砂砾料的压实标准；在高程 1750.00～1771.00m 坝顶区域内铺设土工格栅，土工格栅沿坝高方向层间距 1.5m，中间格栅深入坝体长度 2m 等差布置；下游坝坡高程 1750.00m 以上设置混凝土网格梁浆砌卵石护坡。

2）考虑地震可能造成防渗系统损害所采取的预防措施，主要包括：在周边缝下设一垫层特别级配小区，形成反滤，以防止周边缝在地震时张开破坏而引起渗漏；在坝体加强排水措施，在砂砾坝主堆料区内设置竖向和水平向排水体，尽可能排除地震时在坝体内产生过大的超孔隙水压力。

7.4.2　抗震设计标准

KLBL 水库地处帕米尔、南天山隆起和塔里木坳陷三大新构造单元的交汇地带，区域内有南天山地震带、帕米尔地震带和西昆仑地震带等三个地震带，地震构造环境复杂，是新构造运动与变形最为强烈的地区之一。工程所在区域地震活动频繁，据 100 多年来记载，这三个地震带的地震活动一直很活跃，曾记录到 8.25 级地震 1 次，6.0～7.5 级地震几十次。

7.4.2.1　初步设计阶段抗震设计标准

依据《中国地震动参数区划图》（GB 18306—2001），坝址区地震基本烈度为Ⅷ度，按照《水工建筑物抗震设计规范》（SL 203—97）的相关规定，大坝设防地震烈度应在基本烈度基础上提高一度，即设计地震烈度为Ⅸ度。工程场地地震安全评价主要结果见表 7-2，不同超越概率水平的场地基岩加速度反应谱曲线见图 7-7。场地 50 年内超越概率 P_{50} 为 10%、2% 及 100 年内超越概率 P_{100} 为 5%、2% 的基岩地震动水平向峰值

表 7 - 2　基于《中国地震动参数区划图》
 （GB 18306—2001）的地震安全评价结果表

重现期/年	超越概率/%	峰值加速度
50	63	0.120g
	10	0.257g
	5	0.308g
	2	0.382g
100	5	0.366g
	2	0.433g

加速度分别为 $0.257g$、$0.382g$ 和 $0.366g$、$0.433g$。

工程初步设计采用 50 年内超越概率 P_{50} 为 2% 水准作为设计地震（基岩峰值加速度 $0.382g$），采用 100 年内超越概率 P_{100} 为 2% 校核地震（基岩峰值加速度 $0.433g$），对大坝进行抗震设计。

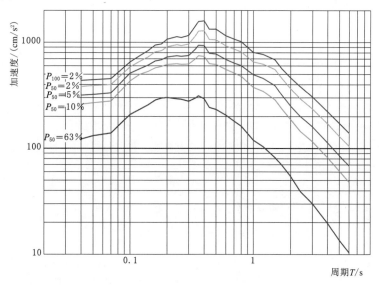

图 7-7 不同超越概率水平的场地基岩加速度反应谱曲线图（注：P_{100}=5% 未标注）

7.4.2.2 建设期抗震设计标准

在工程建设阶段，2015 年颁布实施了《中国地震动参数区划图》（GB 18306—2015），原《中国地震动参数区划图》（GB 18306—2001）废止；2018 年颁布实施了《水工建筑物抗震设计标准》（GB 51247—2018），原《水工建筑物抗震设计规范》（SL 203—97）废止。在现行地震区划图和水工建筑物抗震规范实施条件下，初步设计阶段抗震设计标准和设计采用的地震动参数是否能够满足要求需要复核，故再次进行了工程场地地震安全性评价工作，并于 2018 年 12 月提出新的安全评价结果（见表 7-3）。不同超越概率水平大坝工程场地基岩加速度反应谱曲线见图 7-8。

表 7-3　基于《中国地震动参数区划图》(GB 18306—2015) 的地震安全评价结果表

重现期	超越概率/%	峰值加速度	β_m/m	T_1/s	T_2/s	γ
50 年	63	$0.146g$	2.5	0.10	0.35	0.90
	10	$0.393g$	2.5	0.10	0.45	0.90
	2	$0.660g$	2.5	0.10	0.55	0.90
100 年	10	$0.498g$	2.5	0.10	0.50	0.90
	5	$0.619g$	2.5	0.10	0.50	0.90
	2	$0.788g$	2.5	0.10	0.55	0.90

从表 7-3 中可以看出，设计地震的 50 年内超越概率 P_{50} 为 2% 的基岩场地水平峰值加速度为 $0.660g$，校核地震的 100 年内超越概率 P_{100} 为 2% 的基岩场地水平峰值加速度为

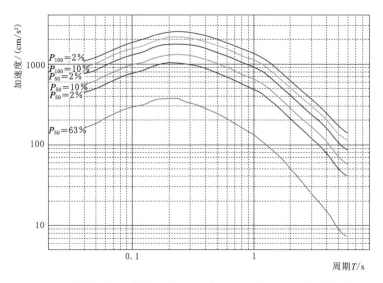

图 7-8　不同超越概率水平大坝工程场地基岩加速度反应谱曲线图

0.788g。

根据《水工建筑物抗震设计标准》(GB 51247—2018) 的规定，结合 2018 年 KLBL 工程地震安全性评价的相关成果，以乌恰 7.5 级潜在震源区作为设定地震的发震区域，给出了对应于峰值加速度为 0.660g 的设定地震震级 M＝7.4、震中距 R＝26.4km；对应于峰值加速度为 0.788g 的设定地震震级 M＝7.4、震中距 R＝25.1km。根据新疆区基岩水平向长轴加速度反应谱预测方程确定了相应的归一化场地相关反应谱，继而得到坝址的场地相关反应谱（见图 7-9）。

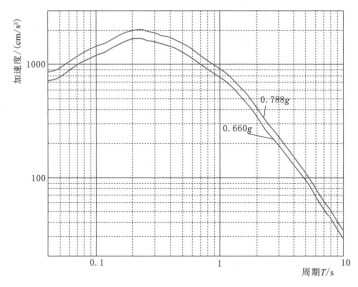

图 7-9　坝址设定地震加速度反应谱曲线图

7.4.3 历次地震安全评价成果对比

通过对比 2006 年、2018 年工程地震安全性评价报告和 2019 年工程设定地震场地相关反应谱研究得出以下主要成果：

（1）依据《中国地震动参数区划图》(GB 18306—2015)，工程场址的抗震防设烈度为Ⅸ度、设计基本地震加速度 $0.40g$，相对于原《中国地震动参数区划图》(GB 18306—2001) 抗震防设烈度提高一度，工程地震地质环境及其地震影响有较大程度的改变。

（2）相应概率水平的地震动峰值加速度存在明显变化：在 2006 年工程地震安全评价成果中，工程场地基岩地震动水平向峰值加速度 50 年超越概率 2‰ 的值为 $0.382g$。根据新的安全评价成果（2018 年和 2019 年），P_{50} 为 2‰ 的基岩场地水平峰值加速度为 $0.660g$；校核地震动峰值加速度从原设计值 $0.433g$，提高到 $0.788g$，两者提高幅度均较大。

（3）历次工程地震安全评价中校核地震 100 年内超越概率 P_{100} 为 2‰ 的基岩场地水平峰值加速度反应谱放大倍数与周期对比见图 7-10。从图 7-10 中可以看出：场地相关反应谱所得谱型最窄；2006 年所得结果整体高于最新成果；2018 年根据地震危险性分析所得成果介于 2006 年与 2019 年之间。

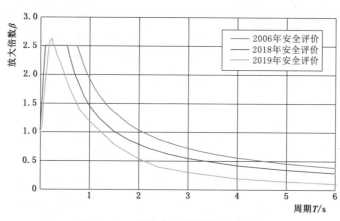

图 7-10　历次安全评价结果对比图

7.4.4 原设计大坝抗震安全评价

工程初步设计阶段大坝砂砾石是按填筑相对密度 0.8、填筑干密度 $2.20g/cm^3$ 进行室内静动力特性试验、抗震计算和抗震措施进行设计的。在填筑碾压施工时，开展了大型现场直剪和载荷试验，对坝体施工填筑检测表明，实际施工填筑的相对密度达 0.88 以上，填筑干密度 $2.37g/cm^3$，取得了更加符合实际填筑坝料的变形和强度参数，为大坝安全评价提供了更为真实的基础数据。因此，实际坝体施工填筑相对密度与设计相比有所提高。

7.4.4.1 大坝非线性有限元静力分析和评价

按照规范要求，静力计算工况包括竣工期空库和蓄水期（正常蓄水位）两种情况，通过建立三维有限元计算分析模型，对坝体自重及上游水荷载采用分级加荷的方法进行非线性有限元应力变形分析。主要内容包括：①坝体位移和应力，分别计算竣工期及蓄水期坝体的水平位移及垂直位移，最大主应力及最小主应力等；②蓄水期混凝土面板挠度和应力；③蓄水期混凝土面板周边缝和垂直缝位移等。根据计算结果，对工程设计的合理性和工程静力工况下的安全性进行复核和评价。

根据筑坝材料室内试验，采用的坝体等岩土材料的邓肯—张模型参数见表7-4。计算中涉及的混凝土构件均采用非线性弹性模型进行计算，混凝土趾板、面板强度指标为C30，防浪墙为C25。C30混凝土的杨氏弹性模量取30GPa，泊松比取0.167。C25混凝土的杨氏弹性模量取25.5GPa，泊松比取0.167。

表7-4　　　　　　　　　　　　材料的邓肯—张模型参数表

坝料	ρ_d /(g/cm³)	$\varphi_0/(°)$	$\Delta\varphi/(°)$	K	K_{ur}	n	R_f	K_b	m
砂砾料	2.31	51.07	6.40	1286	2572	0.45	0.8	565	0.40
垫层料	2.30	50.02	6.23	1245	2490	0.40	0.78	547	0.32

（1）根据坝体三维计算分析的结果。

竣工期，坝体的最大竖向位移为0.29m，占坝高的0.4%，其位置处于河床段坝体中部靠近下游料区附近。从河床部位的坝体横断面看，坝体水平位移基本上相对于坝轴线呈对称分布，上游区位移指向上游侧，下游区位移指向下游侧，指向上游方向的位移最大值为6.2cm，指向下游方向的位移最大值为5.2cm。坝体大主应力的最大值约为1.7MPa，小主应力的最大值约为0.6MPa，主应力最大值的位置均在坝体底部。从坝体沿坝轴线方向的水平位移分布看，其总体趋势是岸坡段坝体的位移均指向河谷中央。由于沿坝轴线处的纵断面两岸基本对称，坝体左右岸水平位移也基本上呈对称分布，水平位移"零线"基本上处于河谷中心线的位置。

满蓄期，坝体横断面上位移分布的变化较为明显，在上游库水压力的作用下，坝体上游区指向上游的水平位移减小，指向下游区的水平位移增大。受水荷载的作用，坝体的沉降有所增加，满蓄期最大沉降约为0.30m，其最大值位置与竣工期基本相同。坝体大主应力分布与竣工期大致相同，应力数值有所增加，坝体大主应力的最大值约为1.8MPa。水库蓄水以后，小主应力在坝体上游区有较大增加，小主应力分布等值线与竣工期相比呈明显的上抬趋势，最大值出现在坝体底部，数值为0.7MPa。竣工期坝体大部分区域的应力水平数值均较低，且应力水平分布相对均匀。蓄水后，由于水平向应力增大幅度高于竖向应力，坝体上游堆石区应力水平有所降低。

（2）坝体填筑到顶后，面板刚浇筑完毕，变形很小，相应面板的应力也较小，蓄水后，面板顺坡向应力和坝轴向拉压应力幅值略有增加，仍满足所选混凝土标号抗拉压要求，面板具备良好的安全性。

（3）正常运行期下，周边缝（面板与趾板连接缝）最大沉降差为0.4cm，最大拉伸1.4cm，最大剪切变形0.3cm，面板垂直缝最大沉降差为1.8cm，最大拉伸1.1cm，最大剪切变形为2.1cm。

7.4.4.2　大坝抗震安全评价

基于大型现场试验成果，根据现场施工实际填筑密度（相对密度0.88），进行室内补充试验，按照抗震设计规范等的要求，根据地震危险性分析结果，输入包括场地波和规范波等地震作用，对大坝进行正常蓄水位下的地震动力反应分析，研究大坝的地震动力反应性状、抗震性能、残余变形和破坏模式等，评价大坝的抗震安全性。

（1）大坝主体填筑材料动力特性参数。大坝主堆砂砾料的动力特性参数是根据试验结果，并通过工程类比确定。主堆砂砾石料最大动剪模量参数见表 7-5，动剪模量比 G/G_{max} 和阻尼比 D 与动剪应变幅 γ 的变化关系见表 7-6 和表 7-7，永久变形计算参数见表 7-8。

表 7-5　　　　　主堆砂砾石料最大动剪切模量系数 K 和指数 n

土　料	$\rho_d/(g/cm^3)$	固结比 K_c	C	n
主堆砂砾石料	2.31	1.5	3474	0.487
		2.5	4362	0.422

表 7-6　　　　主堆砂砾料应变效应的数值化结果表 （$K_c=1.5$）

$\sigma_3'=500kPa$			$\sigma_3'=1000kPa$			$\sigma_3'=1500kPa$		
γ	G/G_{max} /%	$D/\%$	γ	G/G_{max} /%	$D/\%$	γ	G/G_{max} /%	$D/\%$
6.64×10^{-6}	100	3.98	6.49×10^{-6}	100	3.47	5.08×10^{-6}	100	3.08
1.34×10^{-5}	94	4.17	1.48×10^{-5}	94	3.64	8.92×10^{-6}	98	3.16
3.01×10^{-5}	83	4.53	2.49×10^{-5}	88	3.79	1.99×10^{-5}	90	3.28
6.57×10^{-5}	68	5.55	5.03×10^{-5}	75	4.29	2.92×10^{-5}	86	3.32
1.27×10^{-4}	52	7.55	1.17×10^{-4}	58	6.03	5.23×10^{-5}	75	3.94
2.17×10^{-4}	43	9.65	1.96×10^{-4}	48	7.86	1.24×10^{-4}	60	5.56
3.44×10^{-4}	36	11.79	4.41×10^{-4}	37	11.02	1.90×10^{-4}	54	7.05
7.36×10^{-4}	29	14.86	8.36×10^{-4}	30	13.07	3.18×10^{-4}	45	8.72
1.28×10^{-3}	22	16.55	1.54×10^{-3}	24	15.03	4.70×10^{-4}	39	10.31
						8.44×10^{-4}	33	12.15

表 7-7　　　　主堆砂砾料应变效应的数值化结果表 （$K_c=2.5$）

$\sigma_3'=500kPa$			$\sigma_3'=1000kPa$			$\sigma_3'=1500kPa$		
γ	G/G_{max} /%	$D/\%$	γ	G/G_{max} /%	$D/\%$	γ	G/G_{max} /%	$D/\%$
5.93×10^{-6}	100	3.69	5.73×10^{-6}	100	3.33	5.59×10^{-6}	100	2.85
9.60×10^{-6}	98	3.76	9.51×10^{-6}	98	3.36	1.02×10^{-5}	98	2.90
2.07×10^{-5}	89	3.95	2.00×10^{-5}	92	3.45	1.69×10^{-5}	95	2.95
4.28×10^{-5}	81	4.42	3.41×10^{-5}	84	3.71	2.36×10^{-5}	92	3.06
7.57×10^{-5}	68	5.49	6.44×10^{-5}	73	4.29	4.71×10^{-5}	81	3.41
1.18×10^{-4}	58	6.98	1.12×10^{-4}	64	5.36	7.96×10^{-5}	72	4.11
2.11×10^{-4}	45	9.01	1.70×10^{-4}	56	6.67	1.34×10^{-4}	64	5.13
3.38×10^{-4}	38	10.86	2.76×10^{-4}	47	8.69	2.54×10^{-4}	52	7.09
5.97×10^{-4}	32	13.08	4.72×10^{-4}	39	10.53	4.80×10^{-4}	41	9.35
8.42×10^{-4}	28	14.36	7.75×10^{-4}	33	12.05	9.99×10^{-4}	34	11.39
1.68×10^{-3}	21	16.00	1.45×10^{-3}	28	13.84			

表 7-8　　　　　　　　　　　　筑坝材料永久变形计算参数表

土　料	ρ_d /(g/cm³)	σ'_3 /kPa	固结比 K_c	N=12 次		N=20 次		N=30 次	
				K_v	n_v	K_v	n_v	K_v	n_v
主堆砂砾料	2.31	500	1.5	1.436	1.573	1.702	1.533	1.930	1.491
		1500		3.641	1.598	3.806	1.485	4.642	1.508
		500	2.5	2.380	2.436	2.638	2.326	8.852	1.903
		1500		7.844	2.124	8.592	2.011	2.945	2.301

土　料	ρ_d /(g/cm³)	σ'_3 /kPa	固结比 K_c	N=12 次		N=20 次		N=30 次	
				K_p	n_p	K_p	n_p	K_p	n_p
主堆砂砾料	2.31	500	1.5	1.868	1.469	1.505	1.321	1.418	1.410
		1500		4.384	1.440	4.118	1.480	3.607	1.486
		500	2.5	5.089	2.352	4.763	2.369	4.544	2.473
		1500		24.019	2.273	23.440	2.331	23.148	2.419

　　（2）地震动参数。输入地震波对动力分析结果有较大影响，根据地震安全评价的加速度时程曲线，共有地震安全评价场地谱拟合时程和规范谱拟合时程两类时程曲线（见图7-11和图7-12）。针对归一化的波形文件分别计算了相应波的加速度反应谱（见图7-13和图7-14）。从图7-13和图7-14中可以看出，场地波谱型较宽，其特征周期更接近

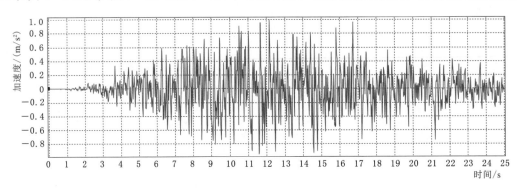

图 7-11　规范谱归一化拟合设计地震动时程曲线图（顺河向）

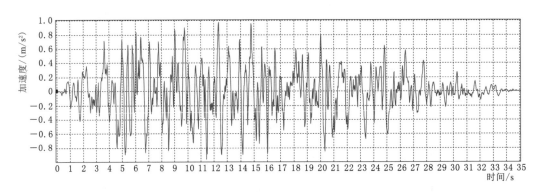

图 7-12　场地谱归一化拟合校核地震动时程曲线图（顺河向）

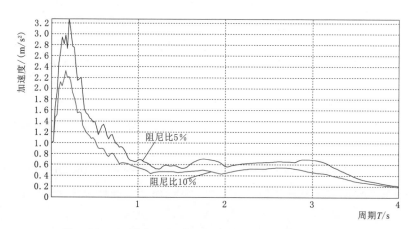

图 7-13　规范谱拟合设计地震动反应谱曲线图（顺河向）

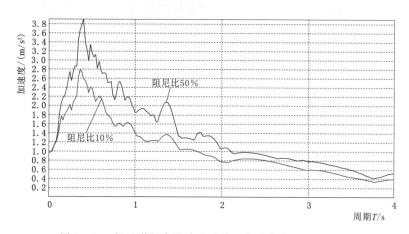

图 7-14　场地谱拟合设计地震动反应谱曲线图（顺河向）

坝体自振周期，引起的反应最强。选取基岩以上的坝体作为计算对象，地震动输入采用一致性均匀输入法。地震输入采用顺河向、竖向和坝轴向三向输入，竖向输入地震动峰值折减为顺河向的 2/3，计算时间步长取为 0.02s。通过上述频谱分析和动力计算分析，场地波的反应最大，按照有关规范及相关要求，以场地波的反应为主整理大坝地震反应分析成果，同时也给出规范谱两种波的计算结果。

（3）设计地震动参数下的计算结果。

1）在给定的场地谱设计地震作用下，主要计算成果如下。

①坝体顺河向加速度反应较为强烈，顺河向加速度反应在河谷靠近左岸岸坡（0＋175）坝顶达到最大。坝体顺河向最大响应加速度为 9.48m/s²，放大系数为 2.5 倍。建基面以上加速度反应沿坝体高程先有所降低再逐渐增大，在坝顶达到最大。坝体竖向最大加速度为 7.64m/s²，放大系数约为 3.0 倍，位于河谷靠近左岸岸坡（0＋125）坝顶下游坡附近；坝轴向最大加速度为 8.74m/s²，放大系数为 2.3 倍。总体上看，坝顶及坝顶附近下游坝坡区域的加速度反应较大，存在堆石松动和滑落的可能性，设计方案中采用的混凝

土框格梁和浆砌石护坡可防止堆石松动和滑落。

②面板顺坡向最大动压应力为 16.5MPa，最大动拉应力为 16.9MPa，发生在面板中上部，叠加地震变形后，面板顺坡向最大压应力 12.2MPa，发生在面板中上部位置，最大拉应力达 1.0MPa，出现在面板靠近两岸岸坡区域，相对于蓄水期拉应力区域和幅值均有所减小。面板坝轴向最大动压应力为 11.8MPa，最大动拉应力为 11.5MPa，发生在面板中上部靠近两岸岸坡区域，叠加地震变形后，面板坝轴向最大压应力 8.3MPa，发生在面板中上部区域，最大拉应力为 1.0MPa，出现在面板顶部与两岸岸坡接触区域。

③震后周边缝最大剪切位移量 8mm、沉陷量 8mm 和拉伸量 18mm；垂直缝最大剪切位移量 25mm、沉陷量 23mm 和拉伸量 14mm，各实体缝变形量均在安全控制范围内。

④竖向残余变形在河谷中央坝顶达到最大，最大沉降量约 0.36m，远小于坝顶震陷超高，地震变形对坝体稳定性影响较小，震后坝体向下塌陷，两侧向内收缩，符合一般规律，最大震陷约占坝高的 0.39%。震后变形分布规律符合面板坝一般规律。在坝轴向上，坝体残余变形较小。

⑤坝体中单元抗震安全系数大部分大于 1，但靠近坝顶的坝坡区域出现一些抗震安全系数小于 1 的单元，发生局部动力剪切破坏，但区域较小且未大面积联通，不影响坝体的整体抗震稳定性。

⑥在给定场地谱设计地震动作用下，地震过程中按动力时程线法算得大坝下游坝坡抗震稳定安全系数时程曲线最小值为 0.81，安全系数小于 1.0 的持续时间为 0.24s（小于 1s），滑动位移为 7.2cm，坝坡未发生不可承受的深层塑性滑移破坏。

2）在给定的规范谱设计地震作用下，主要计算成果如下。

①坝体顺河向加速度反应较为强烈，顺河向加速度反应在河谷中央坝顶达到最大。坝体顺河向最大响应加速度为 7.54m/s^2，放大系数为 2.0 倍。建基面以上加速度反应沿坝体高程先有所降低再逐渐增大，在坝顶达到最大。坝体竖向最大加速度为 4.7m/s^2，放大系数约为 1.9 倍，位于坝顶下游坡附近；坝轴向最大加速度为 6.7m/s^2，放大系数为 1.8 倍。总体上看，坝顶及坝顶附近下游坝坡区域的加速度反应较大，存在堆石松动和滑落的可能性，宜采取措施适当增强。

②面板顺坡向最大动压应力为 8.4MPa，最大动拉应力为 8.7MPa，发生在面板中上部，叠加地震变形后，面板顺坡向最大压应力 5.8MPa，发生在面板中上部位置，最大拉应力达 0.7MPa，出现在面板靠近两岸岸坡区域。面板坝轴向最大动压应力为 3.6MPa，最大动拉应力为 3.8MPa，发生在面板顶部靠近两岸岸坡区域，叠加地震变形后，面板坝轴向最大压应力 2.4MPa，发生在面板中上部区域，最大拉应力为 0.6MPa，出现在面板顶部与两岸岸坡接触区域。

③震后周边缝最大剪切位移量 5mm、沉陷量 4mm 和拉伸量 15mm；垂直缝最大剪切位移量 22mm、沉陷量 20mm 和拉伸 12mm，各实体缝变形量均在工程可接受范围内。

④竖向残余变形在河谷中央坝顶达到最大，最大沉降量约 0.2m，远小于坝顶超高，地震变形对坝体稳定性影响较小，震后坝体向下塌陷，两侧向内收缩，符合一般规律，最大震陷约占坝高的 0.22%。震后变形分布规律符合面板坝一般规律。在坝轴向上，坝体

残余变形较小。

⑤坝体中单元抗震安全系数大部分大于1,但靠近坝顶的坝坡区域出现一些抗震安全系数小于1的单元,发生局部动力剪切破坏,但区域较小且未大面积连通,不影响坝体的整体抗震稳定性。

⑥在给定规范谱设计地震动作用下,地震过程中按动力时程线法算得大坝下游坝坡抗震稳定安全系数时程曲线最小值为1.12,安全系数小于1.0持续时间为0s,滑动位移为0cm,坝坡未发生不可承受的深层塑性滑移破坏。

(4)校核地震动参数下的评价结果。

1)在给定的场地谱校核地震作用下,主要计算成果如下。

①坝体顺河向加速度反应最为强烈,顺河向加速度反应在河谷靠近左岸岸坡(0+175)坝顶达到最大,上部放大效应明显。坝体顺河向最大响应加速度为10.5m/s²,放大系数为2.4倍。坝体中部偏下位置,顺河向加速度无放大,中部以上加速度反应沿坝体高程逐渐增大,在坝顶达到最大。坝体竖向最大加速度为8.3m/s²,放大系数约为2.9倍,位于坝顶下游坡附近;坝轴向最大加速度为9.6 m/s²,放大系数为2.2倍。总体上看,坝顶及坝顶附近下游坝坡区域的加速度反应较大,存在堆石松动和滑落的可能性。

②面板顺坡向最大动压应力为18.8MPa,最大动拉应力为19.6MPa,发生在面板中部,叠加地震变形后,面板顺坡向最大压应力12.9MPa,发生在面板中上部位置,最大拉应力达1.2MPa,出现在面板靠近两岸岸坡区域。面板坝轴向最大动压应力为13.4MPa,最大动拉应力为13.0MPa,发生在面板顶部靠近两岸岸坡区域,叠加地震变形后,面板坝轴向最大压应力9.8MPa,发生在面板中上部位置,最大拉应力为1.3MPa,出现在面板顶部靠近岸坡区域,地震时程中面板中上部拉应力较大。

③震后周边缝和垂直缝变形量均小于3.0cm,均在工程安全控制范围内。

④竖向残余变形在河谷中央坝顶达到最大,最大沉降量约0.46m,远小于坝顶安全震陷超高,地震变形对坝体稳定性影响较小,震后坝体塌陷现象明显,两侧向内收缩,符合一般规律。其中,最大震陷约占坝高的0.48%。震后变形分布规律符合面板坝一般规律。在坝轴向上,坝体残余变形较小。

⑤坝体中单元抗震安全系数大部分大于1,但靠近坝顶的坝坡区域出现一些抗震安全系数小于1的单元,发生局部动力剪切破坏,但区域较小且未大面积连通,不影响坝体的整体抗震稳定性。

⑥在给定场地谱校核地震动作用下,下游坡最小安全系数为0.6,对应的滑动位移为29.6cm,安全系数小于1.0持续时间0.54s,坝体具备良好的抗震稳定性和整体性。另外,需要特别注意的是,在整个地震历时中,下游坡均出现安全系数小于1.0的浅层滑动面,且靠近坝顶的坝坡区域出现局部动力剪切破坏。

2)在给定的规范谱校核地震作用下,主要计算成果如下。

①坝体顺河向加速度反应最为强烈,顺河向加速度反应在河谷中央坝顶达到最大,上部放大效应明显。坝体顺河向最大响应加速度为8.3m/s²,放大系数为1.9倍。坝体中部偏下位置,顺河向加速度无放大,以上加速度反应沿坝体高程逐渐增大,在坝顶达到最大。坝体竖向最大加速度为5.1m/s²,放大系数约为1.8倍,位于坝顶下游坡附

近；坝轴向最大加速度为 7.4m/s^2，放大系数为 1.7 倍。总体上看，坝顶及坝顶附近下游坝坡区域的加速度反应较大，存在堆石松动和滑落的可能性，宜采取适当的抗震加固措施。

②面板顺坡向最大动压应力为 9.2MPa，最大动拉应力为 9.5MPa，发生在面板中部，叠加地震变形后，面板顺坡向最大压应力 6.5MPa，发生在面板中上部位置，最大拉应力达 0.9MPa，出现在面板靠近两岸岸坡区域。面板坝轴向最大动压应力为 3.9MPa，最大动拉应力为 4.2MPa，发生在面板顶部靠近两岸坡区域，叠加地震变形后，面板坝轴向最大压应力 2.8MPa，发生在面板中上部位置，最大拉应力为 1.0MPa，出现在面板顶部靠近岸坡区域。

③震后周边缝和垂直缝变形量均小于 2.5cm，均在工程安全控制范围内。

④竖向残余变形在河谷中央坝顶达到最大，最大沉降量约 0.32m，远小于坝顶超高，地震变形对坝体稳定性影响较小，震后坝体塌陷现象明显，两侧向内收缩，符合一般规律。其中，最大震陷约占坝高的 0.36%。震后变形分布规律符合面板坝一般规律。在坝轴向上，坝体残余变形较小。

⑤坝体中单元抗震安全系数大部分大于 1，但靠近坝顶的坝坡区域出现一些抗震安全系数小于 1 的单元，发生局部动力剪切破坏，但区域较小且未大面积连通，不影响坝体的整体抗震稳定性。

⑥在给定规范谱校核地震动作用下，下游坡最小安全系数为 1.02，坝体具备良好的抗震稳定性和整体性。

7.4.4.3　初设阶段大坝抗震安全综合评价

（1）根据静动力分析结果，大坝的设计方案能够满足原设防标准静力工况、给定的设计和校核地震工况下的安全性要求。

（2）根据数值分析和模型试验结果，在给定的设计和校核地震工况下，坝顶及坝顶附近下游坝坡区域的反应加速度较大，在无抗震措施情况下，存在局部堆石松动和滑落的可能性以及坡面局部动力剪切破坏和出现浅层局部瞬间滑移的可能性。针对上述抗震重点区域和薄弱环节，原设计方案采取的适当提高坝料压实标准、放缓坝坡、加宽坝顶，以及采用混凝土网格梁浆砌石护坡和土工格栅等抗震措施是合适的，可提高坝坡的局部稳定性和整体抗震性能，减小地震不均匀性变形，提高大坝的抗震安全裕度。

（3）根据分析结果，地震作用下面板动应力较大，存在挤压破坏和拉裂危险的区域主要在面板中上部和周边部位，对工程抗震安全影响较小，并具备可修复条件。

7.4.5　现行抗震设计标准大坝抗震安全评价

在 KLBL 面板砂砾石坝初期蓄水时，现行《中国地震动参数区划图》（GB 18306—2015）和《水工建筑物抗震设计标准》（GB 51247—2018）已颁布实施，为复核大坝在现行地震动参数区划下的抗震安全性，补充进行了现状抗震措施（土工格栅＋下游坝坡混凝土框格＋下游浆砌石或干砌石）条件下，在场地相关反应谱设计地震和校核地震作用下的大坝地震动力反应分析，复核大坝的抗震安全性，坝体动力响应计算结果（极值）汇总见表 7-9。

表 7-9 坝体动力响应计算结果（极值）汇总表

指 标 说 明			场地相关反应谱	
			设计地震	校核地震
最大加速度反应 /(m/s²)		顺河向	13.09 (2.02)	14.77 (1.91)
		竖向	8.00 (1.85)	9.23 (1.79)
		坝轴向	11.38 (1.76)	13.61 (1.76)
混凝土面板最大动应力 /MPa		坡向动压应力	17.02	21.23
		坡向动拉应力	18.44	21.16
		轴向动压应力	11.61	12.03
		轴向动拉应力	12.28	13.91
叠加地震变形后面板 最大应力/MPa		坡向压应力	12.54	13.29
		坡向拉应力	0.88	0.9
		轴向压应力	3.54	4.86
		轴向拉应力	1.19	1.32
震后周边缝最大位移 /mm		剪切量	23	28
		沉陷量	21	29
		张开量	22	27
震后垂直缝最大位移 /mm		剪切量	43	51
		沉陷量	38	49
		张开量	35	47
最大地震残余变形 /cm	水平向	向下游	19.17	20.13
		向上游	4.33	4.62
	坝轴向	左岸	16.93	21.75
		右岸	9.1	13.41
	竖向（沉降）		62.02/0.67%	77.47/0.84%
坝坡抗震稳定 最小安全系数	下游坡	动力时程线法	0.731/0.92s	0.426/2.24s
地震塑性滑移量/cm	下游坡	改进的动力 Newmark法	36.77	67.49

7.4.5.1 设计地震作用下的抗震安全性

现有抗震措施：土工格栅＋下游坝坡混凝土框格＋下游浆砌石（或干砌石）。在给定的场地相关反应谱设计地震作用下，主要成果如下。

（1）坝体顺河向加速度反应较为强烈，顺河向加速度反应在河谷中央坝顶达到最大。坝体顺河向最大加速度反应为 13.09m/s²，放大系数为 2.02 倍。建基面以上加速度反应沿坝体高程先有所降低再逐渐增大。坝体竖向最大加速度为 8.00m/s²，放大系数约为 1.85 倍，位于坝顶；坝轴向最大加速度为 11.38m/s²，放大系数为 1.76 倍。总体上看，坝体加速度反应并不强烈，下游坝坡坡脚位置存在堆石松动和滑落的可能性，设计方案中采用的抗震措施（土工格栅＋下游坝坡混凝土框格＋下游浆砌石或干砌石），可防止堆石松动和滑落。

（2）面板顺坡向最大动压应力为 17.02MPa，最大动拉应力为 18.44MPa，发生在面板中上部，叠加地震变形后，面板顺坡向最大压应力 12.54MPa，发生在面板下部位置，最大拉应力为 0.88MPa，出现在面板上部，相对于蓄水期拉应力区域和幅值均有所减小。面板坝轴向最大动压应力为 11.61MPa，最大动拉应力为 12.28MPa，发生在面板中上部靠近两岸岸坡区域，叠加地震变形后，面板坝轴向最大压应力 3.54MPa，发生在面板中下部区域，最大拉应力为 1.19MPa，出现在两岸岸坡接触区域。

（3）震后周边缝最大剪切位移量 23mm、沉陷量 21mm 和拉伸量 22mm；垂直缝最大剪切位移量 43mm、沉陷量 38mm 和拉伸量 35mm，各实体缝变形量均在安全控制范围内。

（4）竖向残余变形在河谷中央坝顶靠近下游坝坡侧达到最大，最大沉降量约 0.62m，最大震陷为 0.67%，低于规范规定的最大震陷控制标准 0.80%，震后坝体向下塌陷，两侧向内收缩，符合一般规律。震后变形分布规律符合面板坝一般规律。在坝轴向上，坝体残余变形较小。

（5）在给定场地相关反应谱设计地震动作用下，地震过程中按动力时程线法算得大坝下游坝坡抗震稳定安全系数时程曲线最小值为 0.731，滑动持续时间为 0.92s，低于规范规定的最大滑动持续时间控制标准 2.0s，累计塑性滑动位移为 36.77cm，低于规范规定的最大累计塑性滑动位移 60cm，坝坡具有足够的抗震稳定性和整体抗滑稳定性。

7.4.5.2　校核地震作用下的抗震安全性

现有抗震措施（土工格栅＋下游坝坡混凝土框格＋下游浆砌石或干砌石）条件下，大坝在给定的场地相关反应谱校核地震作用下的主要成果如下。

（1）坝体顺河向加速度反应较为强烈，顺河向加速度反应在河谷中央坝顶达到最大。坝体顺河向最大响应加速度为 14.77m/s²，放大系数为 1.91 倍。建基面以上加速度反应沿坝体高程先有所降低再逐渐增大。坝体竖向最大加速度为 9.23m/s²，放大系数约为 1.79 倍，位于坝顶；坝轴向最大加速度为 13.61m/s²，放大系数为 1.76 倍。总体上看，坝体加速度反应并不强烈，下游坝坡坡脚位置存在堆石松动和滑落的可能性，设计方案中采用的抗震措施（土工格栅＋下游坝坡混凝土框格＋下游浆砌石或干砌石）在一定程度上改善了砂砾石松动和滑落的情况。

（2）面板顺坡向最大动压应力为 21.23MPa，最大动拉应力为 21.16MPa，发生在面板中上部，叠加地震变形后，面板顺坡向最大压应力 13.29MPa，发生在面板下部位置，最大拉应力为 0.90MPa，出现在面板上部，相对于蓄水期拉应力区域和幅值均有所减小。面板坝轴向最大动压应力为 12.03MPa，最大动拉应力为 13.91MPa，发生在面板中上部靠近两岸岸坡区域，叠加地震变形后，面板坝轴向最大压应力 4.86MPa，发生在面板中下部区域，最大拉应力为 1.32MPa，出现在两岸岸坡接触区域。

（3）震后周边缝最大剪切位移量 28mm、沉陷量 29mm 和拉伸量 27mm；垂直缝最大剪切位移量 51mm、沉陷量 49mm 和拉伸量 47mm，各实体缝变形量均在安全控制范围内。

（4）竖向残余变形在河谷中央坝顶靠近下游坝坡侧达到最大，最大沉降量约 0.77m，最大震陷为 0.84%，高于规范规定的最大震陷控制标准 0.80%，震后坝体最大沉降不再满足规范抗震安全性要求。

（5）在给定场地相关反应谱校核地震动作用下，地震过程中按动力时程线法算得下游坡最小安全系数为 0.426，滑动持续时间为 2.24s，累积塑性滑动位移为 67.49cm，滑动持续时间和滑动位移均大于规范规定的 1.0～2.0s 和 60cm，大坝的下游坝坡不满足现行规范对坝坡抗震安全性的要求。

7.4.5.3 现行抗震标准下的大坝抗震安全综合评价

（1）根据设计地震作用下的动力分析结果，大坝现状设计抗震措施满足现行设防标准下大坝设计地震工况下的安全性要求。设计地震作用下，震后周边缝和垂直缝变形量均在安全控制范围内，坝体最大震陷量 0.62m，最大震陷率 0.67%，低于规范规定的最大震陷控制标准 0.80%。计算成果中，大坝下游坝坡最小安全系数为 0.731，滑动持续时间 0.92s，累计塑性滑动位移为 36.77cm，均低于规范规定的相应安全控制标准（即最大滑动持续时间不超过 1.0～2.0s，最大滑动位移不超过 60cm），坝坡满足整体抗滑稳定性要求，设计地震作用下具有足够的抗震稳定性。

（2）根据校核地震作用下的动力分析结果，大坝现状设计抗震措施条件下的坝体震陷和下游坝坡安全性不能满足现行设防标准下的大坝抗震安全性要求。震后面板周边缝和垂直缝变形量在安全控制范围内，但最大沉降量 0.77m，最大震陷率 0.84%，超出了规范规定的最大针线率控制标准 0.80%。下游坡最小安全系数 0.426，滑动持续时间 2.24s，滑动持续时间和滑动量均超出大坝抗震安全控制标准。

7.4.6 现状抗震措施大坝极限抗震能力

2008 年"5·12"汶川特大地震后，国家相关部门对工程防震抗震设计提出了具体规定和要求。对处在高烈度区、特别重要的、失事后可能产生严重次生灾害的挡水建筑物，还应研究其极限抗震能力和地震破坏模式。对于大坝极限抗震能力的评价，目前还没有统一的方法，但总体原则可做如下界定：基于数值模拟和物理模拟，考虑稳定、变形、防渗体系等影响大坝安全的关键因素，拟定相应的抗震安全性指标，综合评价大坝的极限抗震能力。

设计反应谱是抗震计算中最为关键的地震动参数之一。"标准设计反应谱"是在大量板块内浅地震的强震记录统计资料基础上规则化后的均值反应谱，与具体的场地不相关。"一致概率谱"具有包络线性质，谱值过大难以应用，缺乏明确的震级和震中距概念，不能反映场地实际可能遭遇的强震本身固有的频谱特性。采用"设定地震法"确定特定工程场地地质条件相关的设计反应谱是更为合理的途径。"设定地震法"确定场地相关设计反应谱时，首先用概率地震危险性分析方法对工程场址进行地震危险性分析，选出场址设计地震动加速度超越概率贡献最大的潜源，在潜源中选出对超越概率贡献最大的地震作为设定地震，再依据已知的震级、震中距，按反应谱衰减关系，求得与场地地震地质条件相关的归一化的设计反应谱。针对 KLBL 面板砂砾石坝，为评价其极限抗震能力，基于一致概率反应谱和设定地震场地相关反应谱，采用数值分析方法研究了大坝现状抗震措施（土工格栅＋下游坝坡混凝土框格＋下游浆砌石或干砌石）下的稳定、变形及损伤破坏等，从坝坡稳定、大坝地震变形、防渗体系安全等方面，评价大坝的抗震安全裕度。

7.4.6.1 基于概率反应谱的大坝极限抗震能力

依据 KLBL 工程场地地震安全性评价报告及 2018 年 12 月的概率方法安全评价成果，即设计地震 50 年内超越概率 $P_{50} = 2\%$ 的基岩场地水平峰值加速度为 $0.660g$，校核地震的 100 年内超越概率 $P_{100} = 2\%$ 的基岩场地水平峰值加速度为 $0.788g$。根据上述安全评价成果给出的校核地震概率反应谱生成人工加速度地震波，进行大坝极限抗震能力分析。

（1）坝坡稳定极限抗震能力。坝坡稳定分析表明，在地震动输入峰值加速度为 $0.70g$ 时，大坝的下游坝坡滑弧抗震稳定最小安全系数小于 1.0 的持续时间为 0.98s，塑性累积滑动位移为 45.7cm，两者均小于规范相应的许可值 1.0～2.0s 和 60cm；在地震动输入峰值加速度为 $0.75g$ 时，下游坝坡滑弧抗震稳定最小安全系数小于 1.0 的持续时间为 2.42s，塑性累积滑动位移为 64.2cm，两者均大于规范相应的许可值 1.0～2.0s 和 60cm，大坝的下游坝坡不满足抗震安全性要求。从坝坡稳定角度分析，大坝极限抗震能力为 $0.70g$。地震动峰值加速度 g_{max} 分别为 $0.70g$ 和 $0.75g$ 时大坝最危险滑弧见图 7-15。

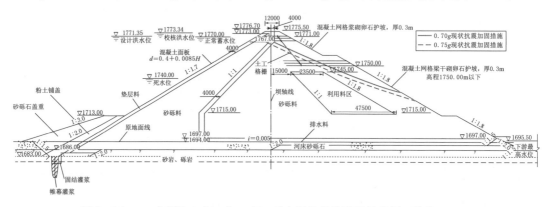

图 7-15　g_{max} 分别为 $0.70g$ 和 $0.75g$ 时大坝最危险滑弧示意图（单位：mm）

（2）地震残余变形极限抗震能力。地震动输入峰值加速度 $0.70g$、$0.75g$ 时，坝体竖向残余变形分布见图 7-16。现状抗震措施的条件下，地震动峰值加速度为 $0.70g$ 时，竖向沉降 67.5cm，震陷率 0.73%，满足抗震安全评价指标 0.6%～0.8% 的要求；地震动输入峰值加速度为 $0.75g$ 时，竖向沉降 74.9cm，震陷率 0.81%，超过震陷率控制标准。从地震残余变形角度分析，大坝极限抗震能力为 $0.70～0.75g$。

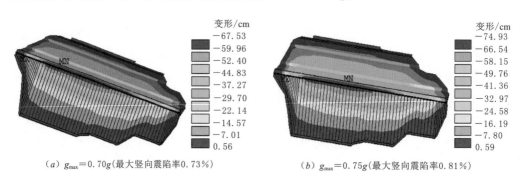

（a）$g_{max} = 0.70g$（最大竖向震陷率0.73%）　　　　（b）$g_{max} = 0.75g$（最大竖向震陷率0.81%）

图 7-16　输入不同 g_{max} 时坝体竖向残余变形分布图

（3）防渗体安全极限抗震能力。不同等级强震作用下静动力叠加后周边缝、垂直缝沉陷量见表7-10。现有抗震措施的条件下，地震动峰值加速度为$0.75g$时面板拉应力未超过许可值；但周边缝及垂直缝的最大变形量超过了10cm的许可值。从防渗体安全角度分析，大坝极限抗震能力为$0.70\sim0.75g$。

表7-10　　　　　　不同等级强震作用下面板防渗体系位移和应力极值

输入基岩峰值加速度	$0.70g$	$0.75g$	输入基岩峰值加速度	$0.70g$	$0.75g$
顺河向压应力	22.12	21.43	坝轴向拉应力	1.37	1.6
顺河向拉应力	0.96	0.96	周边缝最大变形量/cm	1.7, 9.4	1.7, 11.5
坝轴向压应力	7.72	7.76	垂直缝最大变形量/cm	6.6, 9.1	6.3, 11.7

（4）分析评价。现状抗震措施条件下，综合大坝永久变形、坝坡稳定以及防渗体安全等方面，大坝极限抗震能力为$0.70g$左右。在50年超越概率P_{50}为2%的设计地震（基岩场地水平峰值加速度$0.660g$）作用下，抗震安全性满足规范要求；在100年超越概率P_{100}为2%的校核地震（基岩场地水平峰值加速度$0.788g$）作用下，大坝抗震安全性不能满足规范要求。

7.4.6.2　基于设定地震场反应谱的大坝极限抗震能力

（1）坝坡稳定极限抗震能力。

现状抗震措施坝坡稳定分析表明：在地震动输入峰值加速度为$0.660g$（设计地震）时，下游坡最小安全系数为0.731，滑动持续时间为0.92s，累计塑性滑动位移为36.77cm；在地震动输入峰值加速度为$0.788g$（校核地震）时，下游坡最小安全系数为0.426，滑动持续时间为2.24s，累积塑性滑动位移为67.49cm，滑动持续时间和滑动位移均大于规范规定的$1.0\sim2.0s$和60cm，大坝的下游坝坡不满足抗震安全性要求。地震动峰值加速度g_{max}分别为$0.660g$（设计地震）和$0.788g$（校核地震）大坝最危险滑弧见图7-17。

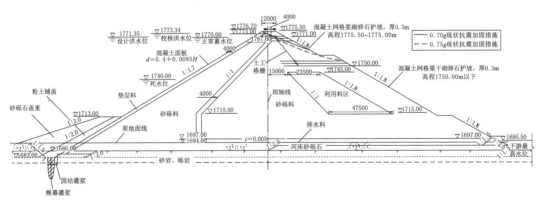

图7-17　地震动峰值加速度g_{max}分别为$0.660g$（设计地震）
和$0.788g$（校核地震）时大坝最危险滑弧示意图（单位：mm）

（2）地震残余变形极限抗震能力。地震动输入峰值加速度$0.660g$、$0.788g$时，坝体竖向残余变形分布见图7-18。在地震动输入峰值加速度为$0.660g$（设计地震）时，现状抗震措施条件下，竖向沉降 62.0cm，震陷率为 0.67%，满足抗震安全震陷率控制标准（不超过 0.6%~0.8%）的要求。

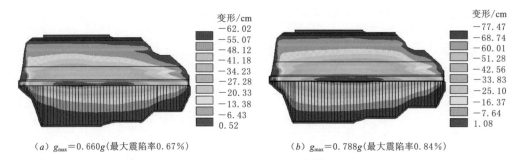

(a) $g_{max}=0.660g$（最大震陷率0.67%）　　(b) $g_{max}=0.788g$（最大震陷率0.84%）

图 7-18　坝体竖向残余变形分布图

在地震动输入峰值加速度为 0.788g（校核地震）时，现状抗震措施条件下，竖向沉降 77.5cm，震陷率为 0.84%，均超过最大震陷率控制标准，大坝的抗震安全性不能满足规范要求。

（3）防渗体安全极限抗震能力。不同等级强震作用下静动力叠加后周边缝、垂直缝沉陷量见表 7-11。在地震动输入峰值加速度为 0.788g（校核地震）时，现状抗震措施条件下，面板拉应力未超过许可值；周边缝及垂直缝的最大变形量均处于 10cm 的许可值以内。从防渗体安全角度分析，校核地震动作用下大坝尚具有一定的抗震安全裕度。

表 7-11　　　　　不同等级强震作用下的面板防渗体系位移和应力极值

输入基岩峰值加速度		$0.660g$	$0.788g$
抗震措施		现有抗震措施	现有抗震措施
顺河向压应力		13.04	14.21
顺河向拉应力		0.89	0.9
坝轴向压应力		4.15	5.96
坝轴向拉应力		1.2	1.32
周边缝最大变形量/mm	剪切量	24	33
	沉陷量	26	37
	张开量	23	36
垂直缝最大变形量/mm	剪切量	45	53
	沉陷量	43	51
	张开量	39	48

（4）分析评价。设定地震场地相关反应谱设计、校核地震作用下坝体动力响应结果（极值）汇总见表 7-12。

表 7 - 12 设定地震场地相关反应谱设计、校核地震作用下坝体动力响应结果（极值）汇总表

指 标 说 明			设定地震场地相关反应谱	
			设计地震	校核地震
最大动位移/cm		顺河向	19.31	20.93
		竖向	5.06	7.23
		坝轴向	16.52	19.96
最大加速度反应/(m/s²)		顺河向	13.09 (2.02)	14.77 (1.91)
		竖向	8.00 (1.85)	9.23 (1.79)
		坝轴向	11.38 (1.76)	13.61 (1.76)
混凝土面板最大动应力/MPa		坡向动压应力	17.02	21.23
		坡向动拉应力	18.44	21.16
		轴向动压应力	11.61	12.03
		轴向动拉应力	12.28	13.91
叠加地震变形后面板最大应力/MPa		坡向压应力	12.54	13.29
		坡向拉应力	0.88	0.9
		轴向压应力	3.54	4.86
		轴向拉应力	1.19	1.32
震后周边缝最大位移/mm		剪切量	23	28
		沉陷量	21	29
		张开量	22	27
震后垂直缝最大位移/mm		剪切量	43	51
		沉陷量	38	49
		张开量	35	47
最大地震残余变形/cm	水平向	向下游	19.17	20.13
		向上游	4.33	4.62
	坝轴向	左岸	16.93	21.75
		右岸	9.1	13.41
	竖向沉降/沉降率		62.02/0.67%	77.47/0.84%
坝坡抗震稳定最小安全系数	最小安全系数/持续时间（动力时程线法）		0.731/0.92s	0.426/2.24s
地震塑性滑移量/cm	改进的动力 Newmark 法		36.77	67.49

从表 7 - 18 中可以看出，设定地震场地相关反应谱地震动参数作用下，大坝的抗震安全状态为：①遭受设定地震场地相关反应谱设计地震动作用时，现状抗震措施条件下大坝有一定的抗震安全裕度；②遭受设定地震场地相关反应谱校核地震动作用时，现状抗震措

施条件下，尽管坝顶震陷率、下游坝坡安全系数小于 1.0 的持续时间以及塑性滑动位移量较设计地震动作用时均有所降低，但是仍然无法满足规范规定的最大许可值。

7.4.6.3 大型振动台模型试验研究

现有抗震措施大坝整体模型见图 7-19，大型振动台模型试验包括不同波形（包括白噪声、场地波和规范波）、不同输入方向（单向、双向、三向）、不同压缩比尺等 44 种工况。

（1）采用混凝土＋钢结构框架模拟岸坡地形，采用橡胶框格模拟现有的下游坡混凝土框格、玻璃纤维模拟土工格栅加筋、泥浆砌石模拟浆砌石护坡等工程抗震措施，制作三维整体模型。

（2）研究模型大坝系统的自振频率、阻尼比和振型等动力特性；测定坝体地震加速度反应特性、坝体动位移、面板的应力应变反应特性、坝体残余变形等地震反应性状和破坏机理。

（3）根据土石坝振动台模型试验相似关系，研究大坝的动力特性、地震动力反应性状、在强震作用下大坝从局部到整体的损伤渐近破坏过程，揭示地震灾变机理及破坏形态和大坝抗震的薄弱环节，研究和论证抗震措施的作用效果。

（a）大坝上游面板

（b）大坝下游抗震措施

图 7-19　现状抗震措施大坝整体模型

不同幅值地震动峰值加速度条件下大坝的破坏情况分别见图 7-20～图 7-22。

1）幅值为 0.06g 的白噪声作用下，模型坝基本自振频率约 49.0Hz，相应推算原型坝约为 1.95Hz。随着白噪声强度的增大,自振频率降低,阻尼比则随着激振白噪声强度的增大而增大,表现出土石材料较强的非线性特性。

2) 不同地震波类型、地震波压缩比尺、地震波输入方向对加速度放大反应有均一定影响。随着输入地震动强度的增大,放大倍数变小,体现出了土石材料结构动力响应的非线性特性;竖直方向地震动输入使得顺河方向振动幅度有明显提升;对于同样坝体高度,下游坝坡的表层加速度放大效应较明显,上游坝坡由于面板保护使加速度放大效应较下游坝小。加速度反应最为强烈的区域是坝顶至 3/4 坝高处。表明坝顶附近坝体和下坝坡上部是抗震防护的重点部位。

3) 试验表明,设计采用的坝坡抗震措施有较强的针对性,抗震措施是有效的。砌石护坡可以保护砂砾料坝坡,防止由于局部滑移而引发大面积的浅层滑动,而混凝土框格梁有助于保持砌石护坡的整体性;土工格栅不仅可以有效约束坝顶区土体变形,还可以为坝坡区域土体的稳定发挥作用,抑制坝坡表层滑动的发生,提高坝坡地震稳定性。在超强地震作用下,框格梁与下游坝坡有脱开的趋势,如果将框格梁与土工格栅连接起来组成一个整体,则能够更好发挥土工格栅对坝坡稳定的保护作用,提升大坝抗震加固的效果。

图 7-20 遭受峰值加速度为 0.6g 的地震动作用后模型坝外观

图 7-21 遭受峰值加速度为 0.816g 的地震动作用后模型坝外观

4) 在地震动输入峰值加速度达到 0.6g 时,坝体整体完好,上游面板没有开裂,下游坝坡只有局部的轻微表面破坏。遭受峰值加速度为 0.816g 的地震动作用后模型坝上游

（a）大坝上游面板

（b）大坝下游抗震后情况

图 7-22 遭受峰值加速度为 1.0g 的地震动作用后模型坝外观

面板多处开裂，下游框格梁鼓起。遭受峰值加速度为 1.0g 的地震动作用后模型坝坝体整体大面积破坏，上游面板多处开裂，坝顶面板脱空，下游框格梁护坡整体破坏向下游滑动，土工格栅裸露。

7.4.7 大坝极限抗震能力综合评价

（1）三维数值计算和大型振动台模型试验表明，坝顶及附近下游坝坡区域的反应加速度较大，是抗震的薄弱部位。在超强地震作用下，该部位首先发生浅层、局部破坏，进而引发整体失稳破坏；面板动应力较大，主要在面板中上部和周边部位存在挤压破坏和拉裂危险的区域，这与紫坪铺等面板坝的震害现象是一致的。KLBL 工程大坝现状抗震措施对上述抗震重点区域和薄弱环节具有针对性，增强了坝体坡面的整体性，提高了坝体材料的强度，一定程度上增加了大坝的极限抗震能力，现有的抗震措施是有效的。

（2）模型试验表明，在超强地震作用下，下游框格梁与坝坡有脱开的趋势，将框格梁与土工格栅连接起来组成一个整体，会更好发挥土工格栅对坝坡稳定的保护作用，提升大坝抗震措施的效果。

（3）现有抗震措施条件下后，从坝坝坡稳定、体残余变形、面板应力及周边缝位移等多工况分析，KLBL 大坝极限抗震能力主要受坝坡稳定控制，约为 0.70g。

（4）设计地震作用下（峰值加速度为 $0.660g$），现状抗震措施大坝抗震安全性满足规范要求；校核地震作用下（峰值加速度为 $0.788g$），大坝抗震安全性不满足规范要求。进一步对大坝一定高程范围上部坝体及一定深度范围的下游坝坡进行加固，提高坝坡浅表部位的坝料的强度参数，增强坝坡整体性，提高砂砾石填筑体综合抗震强度，可以做到符合现行规范要求。

（5）提高大坝整体抗震能力是一个综合技术的行为，对地震烈度高和复杂地震地质背景的土石坝工程，除按规范要求加大坝顶高度、放缓坝坡、设置坝高震陷量、规避涌浪爬高等风险外，工程技术进步也是提高坝体抗震能力的关键因素，即按现行抗震设计标准和设计方法进行设计，对具有良好级配的大坝填筑体，按较高压实控制标准，采用重型振动碾和配套施工参数，可有效提高砂砾料等填筑体的紧密度和抗剪强度。分析计算和模型试验表明，坝料的抗剪强度指标（c、φ）的提高对坝体抗震能力贡献明显，前述分析的坝体抗震安全裕度具有技术依据，现行设计和工程建设成果需要在未来遭遇强震工况时予以验证。

▶ 坝体砂砾石填筑

◀ 坝体沥青混凝土心墙及
过渡保护填筑

▶ 坝体砂砾石区抗震钢筋铺设

▶ 坝区下游全景

◀ 坝体下游与开挖边坡

▶ 坝区上游全景

卡拉贝利水利枢纽砂砾石坝下游全景（坝高92.5m）

卡拉贝利水利枢纽水库上游全景

8 砂砾石地基处理

我国西部地区及大渡河干支流、金沙江和怒江中上游等河流水利水电枢纽工程均存在砂砾石深厚覆盖层、建筑物抗震设防级别高、工程地形地质条件复杂等问题，在这样的条件下进行开发建设，利用砂砾石地基覆盖层建坝是不可避免的。通过工程实践检验的成果表明，我国在砂砾石地基防渗墙建设规模与深度以及有缺陷地基加固范围、复杂地层构造处理、古河槽灌浆减渗规模等方面均处于国际领先的水平。

已建砂砾石深厚覆盖层上代表性工程包括：长河坝水电站工程砾质土心墙土石坝，最大坝高 240m，河床覆盖层厚度约 80m，地震设防烈度为Ⅸ度；冶勒水电站工程沥青混凝土心墙砂砾石坝，最大坝高 124.5m，地基覆盖层厚度超过 420m，地震设防烈度为Ⅸ度；阿尔塔什水利枢纽工程混凝土面板砂砾石坝，最大坝高 164.8m，覆盖层最大厚度 93.8m，地震设防烈度为Ⅸ度；大河沿水库工程沥青混凝土心墙砂砾石坝，最大坝高 75m，覆盖层防渗处理成墙深达 186m，是目前世界最深坝基混凝土防渗墙。

近几年新建深厚覆盖层土石坝工程的防渗墙面积和投资规模均有所突破，如在建的那棱格勒水利枢纽沥青混凝土心墙土石坝，混凝土防渗墙最大深度 145m、防渗面积 3.4 万 m^2；东台子水库沥青混凝土心墙堆石坝，混凝土防渗墙最大深度 122m、防渗面积 10 万 m^2。已建的部分深厚覆盖层土质心墙、混凝土面板、沥青混凝土心墙防渗体土石坝工程见表 8-1。

8.1 砂砾石地基处理中的问题

8.1.1 概述

砂砾石地基防渗、加固与增模、变形过渡等处理是我国土石坝工程砂砾石地基处理涉及的重要项目，处理效果影响工程运行期的安全。

在设计方案论证过程中，对具有一定厚度的天然砂砾石地基采取加以利用、而不是挖除，是技术经济分析的主要工作；有些工程位于巨厚砂砾石覆盖层上，根本不具备挖除条件，加以利用也是必然的。在解决上述工程问题的实践过程中，通过工程运行检验，大多处理措施收效良好，投资回报获得认可，但以下问题仍值得进一步探讨：

（1）砂砾石地基帷幕灌浆控制标准的确定。

（2）砂砾石地基帷幕灌浆防渗效果不确定性的研判。

表 8-1　我国部分深厚覆盖层建坝工程表

序号	工程名称	省/自治区	所在河流	坝型	坝高/m	坝基土层性质	最大厚度/m	坝基覆盖层防渗型式/最大深度/m	建成时间/年
1	大河沿水库	新疆	大河沿河	沥青混凝土心墙砂砾石坝	75	砂砾石	185	混凝土防渗墙/186	2019
2	下坂地水利枢纽	新疆	塔什库尔干河	沥青混凝土心墙砂砾石坝	78	冰碛含漂块碎石层及冰水积含块卵砾石层	153	混凝土防渗墙/85＋帷幕灌浆/156（砂砾石＋基岩）	2010
3	阿尔塔什水利枢纽	新疆	叶尔羌河	混凝土面板砂砾石堆石坝	164.8	砂砾石	93.8	混凝土防渗墙/95	2019
4	长河坝水电站	四川	大渡河	砾质土心墙土石坝	240	漂卵砾石	80	混凝土防渗墙/52	2016
5	冶勒水电站	四川	南桠河	沥青混凝土心墙砂砾石坝	124.5	冰水堆积	＞420	混凝土防渗墙/158＋帷幕灌浆/60	2005
6	狮子坪水电站	四川	狮泉河	黏土心墙砂砾石坝	136	砂卵砾石多层复合	102	混凝土防渗墙/101.8m	2012
7	雅砻水库	西藏	雅砻河	沥青混凝土心墙砂砾石坝	73.5	砂砾石	124	混凝土防渗墙/124	2018
8	旁多水利枢纽	西藏	拉萨河	沥青混凝土心墙砂砾石坝	72.3	砂砾石	＞420	混凝土防渗墙/158	2013
9	那棱格勒水利枢纽	青海	那棱格勒河	沥青混凝土心墙砂砾石坝	78	砂砾夹卵石	144	混凝土防渗墙/145	在建
10	东台子水库	内蒙古	西拉木伦河	沥青混凝土心墙砂砾石坝	45.8	含砾砂土	129	混凝土防渗墙/122（清除表面风积沙）	在建

（3）砂砾石地基灌浆加固、增模处理实际效果与设计要求的差异性。

（4）深厚覆盖砂砾石地基变形对防渗结构及坝体变形的影响。

（5）有缺陷地基表层和复杂地层构造处理方式选择。

（6）坝基覆盖层特性参数拟定与地震响应分析。

（7）砂砾石地基质量验收方法与验收评定标准。

上述问题的提出，是因为深厚覆盖层形成的复式结构不能直观检查，帷幕灌浆效果不均衡，抽检结果具有不确定性；较深厚砂砾石地基变形对防渗结构及坝体变形的影响也只能通过设置监测点反馈信息，目前已建工程监测不到位，针对性差；而浅表层砂砾石地基加固和灌浆增模处理是可以直观检查的，但质量评定标准有待进一步明确；振动碾压或夯击仅解决表部加密问题，对于高坝基础变形影响有待进一步研判。

根据近 10 年工程建设经验，存在的问题包括：工程设计阶段勘查深度仅仅依据有限的钻孔，不可能展示坝基地层全貌；防渗墙施工槽段建造过程中，出现的孤石或层状岩石下仍存在透水砂砾石层、近坝岸坡倒坡覆盖层无法勘探、一定规模的沙层透镜体、冰堆积体架空结构等均有发生；也曾发生过复杂地下水状态对封孔槽段质量控制影响；考虑到砂砾石地基灌浆不确定性，如果已有工程成果存在误导，对后续进行砂砾石地层灌浆的有效性存在质疑，也是可能的。

8.1.2 施工过程中砂砾石层位判别及问题处理

在已建工程防渗墙施工过程中，已发现多起将砂砾石覆盖层中巨石误判为基岩面、岸端倒悬地基覆盖等情况，导致防渗体系不封闭，施工过程中需进一步采取工程处理措施。

（1）下坂地水利枢纽工程大坝基础右岸防渗墙未封闭段处理。大坝河床坝基覆盖层采用"上墙下幕"垂直防渗方案，两岸坡及坝肩采用基岩帷幕灌浆防渗方案。防渗墙深85.0m，厚1.0m，灌浆帷幕厚10.0m，布置 4 排灌浆孔。坝基渗漏量的控制标准为多年平均流量的 1%，即不大于 0.346m³/s，砂砾石层允许水力坡降为 0.1，砂砾石灌浆控制标准为 1×10^{-4}cm/s。

大坝右岸基础防渗墙 0＋319.50～0＋352.50 段施工完毕后，在防渗墙下帷幕灌浆钻孔取出的芯样含砂，部分钻孔取芯全部为砂。通过进一步查明地质情况，发现右岸岸坡段防渗墙下基岩岩体较破碎，断层裂隙发育，尤其是岸边卸荷张性裂隙发育，河水冲蚀严重，局部出现基岩倒坡，导致右岸浅槽段已成防渗墙底与勘探的基岩面之间未封闭。段长度约53m，在垂直方向已成防渗墙底距基岩面的高度约为21m，面积约813m²。

通过综合对比确定对未封闭段采用多排帷幕灌浆的防渗及补强方案。在未封闭段部位原设计的单排帷幕（防渗墙及大坝轴线）上下游侧各增加 2 排帷幕灌浆，增加排与原设计单排形成帷幕体，从上游向下游排距依次为 2.5m、2.5m、3.2m、2.5m。第 1、第 2、第 4、第 5 排孔距 2.5m，第 3 排孔距为 2.0m。第 1、第 5 排灌浆范围上下均超出天窗范围5.0m，第 2、第 4 排灌浆范围上下均超出天窗范围10.0m，第 3 排孔深应达到原设计帷幕底线。灌浆单位注入量达到 1674.29kg/m，灌浆后检查孔渗透系数小于 1×10^{-4}cm/s，满足设计要求。

（2）阿尔塔什水利枢纽工程大坝左右岸防渗墙端头与基岩封闭处理。左岸端头现场开挖揭露防渗墙与基岩未接触，上游侧基岩出露，基岩面下游侧与防渗墙斜交，呈上部宽30cm的窄槽，槽内充填砂卵砾石层，挖至3m左右深时，出露的基岩为弱风化岩体，为保证防渗体系的完整，阻断渗漏通道，在该段设置宽1.2m现浇混凝土防渗墙，左侧及底部嵌入岩石1m，混凝土指标为C30W12。

右岸防渗墙现场施工过程中，未按深入基岩面以下15m的设计要求（右端复勘孔深仅4m）进行复勘，造成防渗墙（防0+295.415）右侧基岩顶板高程误判。经现场开挖及补充勘探孔揭露，防渗墙右端未与基岩连接，存在三角形缺口。为了保证防渗体系的完整，阻断渗漏通道，在防0+295.415～防0+304.488段补设现浇混凝土防渗墙（见图8-1）。防渗墙右侧及底部嵌入岩石不少于1m。

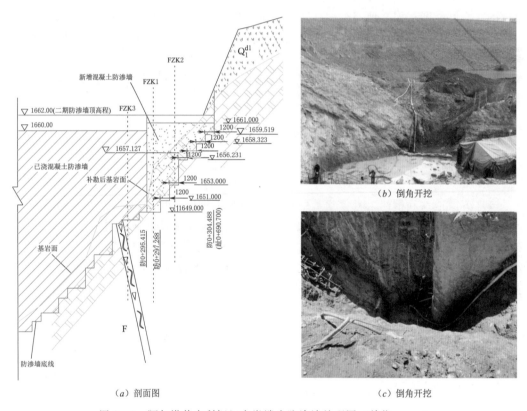

（a）剖面图 （b）倒角开挖 （c）倒角开挖

图8-1 阿尔塔什水利枢纽右岸端头防渗墙处理图（单位：mm）

（3）东台子水库工程左岸坝基覆盖层高压旋喷帷幕灌浆处理。工程施工过程中出现了如下两种情况需要采用高喷防渗墙处理：①由于左坝端坝基存在片麻岩孤石层，导致桩号ZB0+008.000～ZB0+050.000段岸坡基座基础及防渗墙未达到设计深度，对上述部位采用高喷防渗墙进行防渗处理；②左岸坝基覆盖层帷幕灌浆主要包括上游排的搭接段灌浆以及下游排防渗墙和岸坡基座以下至基岩段的灌浆，根据覆盖层灌浆试验成果，覆盖层（中砂夹圆砾地层）水泥灌浆效果较差，达不到设计要求的防渗帷幕合格标准，采用高压喷射灌浆（以下简称高喷灌浆）进行覆盖层的帷幕灌浆施工，基岩面以下的帷幕灌浆仍采用原设计的水泥灌浆施工。

高喷防渗墙采用双排孔旋喷套接形式，帷幕上游排搭接段高喷灌浆采用单排孔旋喷套接形式，孔距0.75m。高喷灌浆合格标准为：下游排灌浆孔以检查孔压水试验为主要依据，合格标准为透水率不大于5Lu，上游排灌浆孔以检查孔注水试验为主要依据，合格标准为渗透系数 $K \leqslant 5 \times 10^{-5}$ cm/s，结合施工成果资料和其他检验测试资料，对缺失部位进行补充处理。

8.1.3　防渗墙墙体受力状态、变形适应性

已建工程砂砾石地基防渗墙应力应变安全监测资料分析表明，所采用的钢性混凝土防渗墙体受力状况基本正常，蓄水期总体有向下游变形的趋势。

（1）察汗乌苏水电站各工程安全监测资料存在不连续不系统的情况，总体而言，已建砂砾石地基防渗墙监测资料尚不完整，成果缺失较多，仪器完好率较低。覆盖层防渗墙最大深度为46m，共设置了3个监测变形断面，每个监测断面在防渗墙中心线处布置1根测斜管，测斜管底部深入基岩5m。采用固定测斜仪监测防渗墙变形。测斜仪布置原则：每孔孔底和基础交界面各布置1支固定测斜仪，各孔测点从上至下对应布置，上部测点较下部密。监测成果表明：①在水库蓄水和水位抬升时，防渗墙都有向下游位移的趋势，防渗墙最大挠度变形11.7cm。②防渗墙钢筋计大部分测点都受压，最大压应力值在10～70MPa之间，个别测点为拉应力，最大拉应力值为44.36MPa；应变计均为受压状态，最大压应变为343$\mu\varepsilon$。

（2）阿尔塔什水利枢纽坝基防渗墙四个监测断面（防0+160、防0+185、防0+200和防0+230）共布置单向应变计14支、无应力计7支。混凝土应变计基本处于压缩变形状态，最大压应变发生在防0+200、高程1590.00m的下游侧，应变值为$-651.8\mu\varepsilon$，应变变化过程线平稳无突变。

（3）冶勒水电站大坝坝基混凝土防渗墙四个监测横剖面（坝0+120.00、坝0+153.00、坝0+220.00、坝0+320.00）共布置了30支应变计和8支无应力计。在坝防0+120.00渗墙内埋设的双向固定式测斜仪反映出的规律为，混凝土防渗墙总体均向下游方向位移，实测向下游最大位移21.33mm，小于前期计算值。在右岸山体混凝土防渗墙内（坝桩号0+442.00）安装有活动式测斜管VE4，监测防渗墙水平位移总体为向下游、向右岸位移的趋势，量值较小，基本在$-5\sim5$mm之间，变形规律与工程右岸覆盖层不同程度泥钙质胶结和超固结压密作用等地质条件是相符的。

（4）大河沿水库深厚覆盖层混凝土防渗墙是当今已建同类墙体最深、难度较高的水利工程，根据防渗墙的工作环境，布置了应力应变、挠度等监测断面，以评估防渗墙的工作性态，大河沿典型断面防渗墙下游侧应变和相对变形分布见图8-2。由监测数据可知，截止2020年8月9日，防渗墙顶部上、下游侧竖向和左、右岸方向均呈受拉状态；高程1520.00m以下墙体竖向基本呈受压或微拉状态，竖向和左、右岸压应变最大值分别出现在高程1483.00m的上游侧和高程1513.00m的下游侧。大坝填筑前，墙体顶部测点表现为向下游位移，埋设初期位移增量相对较大，墙体底部测点表现为向上游位移，其相对变形微小；向上游最大相对位移值出现在墙体顶部约1/3处，其最大值为1.90mm，向下游

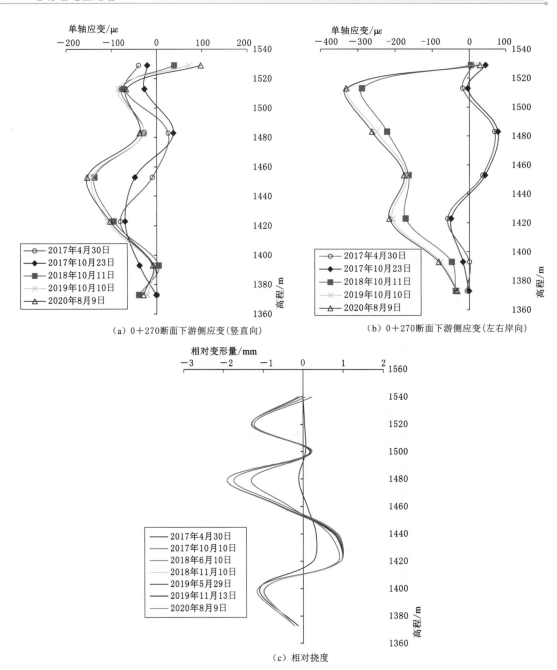

（a）0+270断面下游侧应变（竖直向）

（b）0+270断面下游侧应变（左右岸向）

（c）相对挠度

图 8-2　大河沿典型断面防渗墙下游侧应变和相对变形分布图

最大相对位移则出现在墙体底部约 1/3 处，其最大值为 0.93mm；大坝填筑后，两个部位的相对位移分别增加 0.52mm 和 0.04mm，说明大坝填筑后坝体盖重对墙体和底部的相对位移影响不大。

断面 0+270 墙体上游侧顶部和底部竖向呈压应变，中部偏下呈拉应变状态，最大拉应变出现在中部偏下的高程 1423.00m，其最值为 315.9$\mu\varepsilon$。防渗墙位移变化大的部位通常也是应变变化较大的部位，监测断面顺河向的防渗墙挠度变形分布与防渗墙上游侧竖直应变分布特征较为吻合。

8.1.4　砂砾石地基变形对防渗连接结构安全性的影响

深厚覆盖层坝基防渗结构在工程运行期会发生明显变形，若干工程运行监测资料表明，集中变形部位多位于较陡岸坡与覆盖层连接段；对于沥青混凝土心墙砂砾石坝，其影响导致该部位坝基廊道错位（以沉降和廊道结构缝剪断为主），覆盖层中的混凝土防渗墙与沥青混凝土心墙防渗结构为直连式，当防渗墙墙体入岩与岸坡嵌固时，地基沉降变形产生的附加应力，对防渗体结构安全和防渗有效性影响不大；但对悬挂式墙体可能存在变形与应力不连续情况，尚无证据表明沥青混凝土防渗结构发生破坏。对于混凝土面板坝，岸坡趾板地基稳定，刚度较大，与之过渡的深覆盖层陡边坡具有变形不协调性，运行期会发生相对明显沉降变形，需对该部位地基进行模量过渡处理，以规避其不均匀变形和结构应力不连续变化导致局部防渗失效。

下坂地水利枢纽及旁多水利枢纽工程均为深厚覆盖层上的沥青混凝土心墙砂砾石坝，且均在心墙下游侧设置了纵向廊道，运行初期均出现了近岸廊道沿混凝土结构分缝错位变形情况（大于 20cm），以及廊道漏水现象；三座店水库沥青混凝土心墙坝基座与混凝土防渗墙连接段发生渗漏，也与覆盖层地基和混凝土防渗墙变形有关。

近几年新建土石坝的深厚覆盖层防渗墙工程防渗面积和规模均有增加趋势，如在建的那棱格勒水利枢纽沥青混凝土心墙坝（混凝土防渗墙深度 145m、防渗面积 3.4 万 m^2）、东台子水库沥青混凝土心墙坝（混凝土防渗墙深度 122m、防渗面积 10 万 m^2），应重视砂砾层地基处理，尽量避免因地层不均匀变形和墙体向下游水平变形引起基础防渗结构损伤，甚至导致渗漏流量偏大而影响工程安全和效益。

8.1.5　坝基覆盖层特性参数确定

对坝基覆盖层的计算模拟，通常将其当作土石坝系统的一部分进行网格剖分，取各自材料的参数进行计算。目前土石坝应力变形计算的方法较多，如 $E \sim \mu$ 模型、$E \sim B$ 模型、双屈服面弹塑性模型等，对于地基防渗墙结构，各种模型计算结果差别较大，还不能反映防渗墙体处于深厚覆盖层的真实工作性态，主要原因是覆盖层材料力学性能的复杂性、运行监测成果不够完整，以及人们对其工作状态的认知有限所致。合理确定覆盖层特性参数，也是工程界面临的疑难问题。

选择和测定覆盖层特性参数途径如下：

（1）进行现场载荷试验和旁压试验，依据荷载～变形曲线，进行计算模型参数反演。

（2）现场测定土层剪切波速、标准贯入击数、旁压模量等特性参数，在室内研究级配、密度（包括干密度或相对密度）与这些特性参数的关系，标定原位密度，然后以该密度进行室内相应力学试验，测定所需要的计算模型参数。

（3）利用有代表性的已建或在建土石坝覆盖层特性资料，统计各种材料物理力学参数的合理取值范围，并根据大坝变形监测资料进行参数反演分析，并完善本构模型。

8.2 砂砾石地基帷幕灌浆

砂砾石地基帷幕灌浆的目的：一是确保设计标准工况下坝基覆盖层的渗透稳定性；二是减少或控制渗流量。对于坝基覆盖层的渗透稳定性，帷幕浆材与砂砾石胶结作为地基复合结构，起到消减上游水头、降低坝体浸润线等作用；需保持渗流作用下自身渗透稳定安全，即帷幕在运行期间不能产生破坏。

在坝基覆盖层的渗透稳定性符合要求基础上，减少或控制渗流量就取决于帷幕厚度和深度，其效果也与施工工艺合理性和实施技术水平密切相关。其中地层结构与物料构成、针对性灌浆技术、各序灌浆压力控制等对帷幕质量较为关键。

当深厚覆盖层采用垂直防渗墙结构，坝基覆盖层的渗透稳定性符合要求，考虑到下游生态补水和总体渗透流量可以接受时，从经济角度不进行墙下帷幕灌浆技术上是可行的；尤其是地下水环境要求，可在砂砾石地基直接采取悬挂式垂直防渗墙，与工程安全和投资有关的重点是墙体深度的选择。

8.2.1 帷幕灌浆防渗设计要点

覆盖层帷幕灌浆设计应是依据工程地质条件详查成果，经设计论证，在明确处理标准、帷幕的厚度与强度的基础上，提出与之相适应的灌浆材料、灌浆方式、灌浆工艺流程和特殊处理方法等。设计要求进行地基渗透稳定计算，实际上，与坝体关联的地基渗透稳定性很难通过单一的计算确定。现阶段帷幕灌浆设计是按相关规范要求，类比已建工程经验，经现场灌浆试验复核和检验综合判断加以确定的。

（1）设计标准拟定。《水电水利工程覆盖层灌浆技术规范》（DL/T 5267—2012）中规定，帷幕的设计标准应按渗透系数（K）控制，并根据工程的防渗要求和渗流控制标准确定。事实上，当砂砾石地层灌浆标准定得过高，工程实施难以达标或经济成本过大时，在不影响坝基渗透稳定和坝体安全情况下，应调整或适当降低灌浆标准。比如大石门水库左岸古河槽原设计标准为：灌浆幕体的透水率 $q \leqslant 3\text{Lu}$。经过帷幕灌浆试验后，很难达到原设计要求，在满足渗透稳定的提前提下，将设计标准调整为按照渗透系数控制，即灌后渗透系数小于 $1 \times 10^{-4} \text{cm/s}$。

（2）帷幕厚度拟定。覆盖层灌浆帷幕的作用：一是消减地层的上游水头，降低幕后浸润线，增加覆盖层的渗透稳定性；二是减少渗流量。这两问题在具体的工程中有时同时存在，但有时各有侧重。对于以解决渗透稳定性为主要目的的灌浆工程，帷幕作为降渗和挡水构筑物，有其自身的渗透安全需求，即帷幕在运行期间不能产生破坏。帷幕的破坏比降与幕厚有直接的关系，因此帷幕厚度是一个与安全和投资有关的重要设计指标。

砂砾石地层灌浆形成减渗构造体的实际厚度是极不均匀的，帷幕厚度选择主要控制指标允许水力坡降值，减渗构造体的厚度是按最深部位防渗安全灌浆排数确定的；满足地基渗透稳定要求也有工程经验类比因素。帷幕允许水力坡降随着深度的增加而提高，《水电水利工程覆盖层灌浆技术规范》（DL/T 5267—2012）中规定可采用 3~6，但在实际工程中也有采用较大值（如密云水库、岳城水库等都采用 6.0，小湾水电站中下游围堰采用 13）。

（3）帷幕灌浆方案选择。砂砾石覆盖层本身具有不均质且强度低的特点，灌浆形成的幕体多为原状地层与水泥结石相互层叠的不均质体。存在问题是在压力作用下，浆液会沿颗粒间最小阻力方向行进，应力路径劈裂后发生充填挤密作用；排数越多、灌后吃浆量梯次递减越明显时，形成的原状地层与水泥结石相互层叠增密效果越好，也就是形成了降低渗透系数的区间。

对于古河道、深厚覆盖层上墙下幕地基防渗处理：

1）对于砂质土或有砂质土充填的卵、砾石层，灌量递减梯次明显情况下，一般可达到 $n \times 10^{-4}$ cm/s。

2）对卵、砾、粗砂地层，孔隙中少有细颗粒充填，即便采用多层次施灌，实施后抗渗整体灌浆效果也难以达标；灌浆后的渗透系数检测也存在不确定性。浆液扩散原理见图8-3。

3）对中、细、粉砂地层，其间少有黏

图8-3 浆液扩散原理

粒充填情况，水泥灌浆对地层渗透系数基本无改善作用，灌后开挖检查多未形成防渗结构，故对砂层地基和颗粒均匀的地层不可采用灌浆方式作为地基防渗处理，应采用垂直防渗墙形式，以水泥土搅拌防渗墙或高喷防渗墙为合适。

（4）质量检查与评定。目前常用的方法以检查孔注水试验来评定灌浆帷幕质量是否具备验收合格条件；辅助检查手段也有采用电、磁等物探方法；有条件时进行局部开挖可直接观察确认。

覆盖层中进行钻孔压水试验所取得的结果通常是不准确的，即使进行长期透水试验，其结果的可信度也没有想象的那么高。因此，使用这些方法评定效果前，应做必要的经验性处理，首先应测定灌浆前的数据，以便与灌浆后数据比较，已获得的数据需由经验丰富的技术人员进行综合分析判断。

灌浆效果的可靠性检查是一项综合技术，灌浆效果需要合理客观评定。

8.2.2 古河槽砂砾石控渗工程案例

（1）工程概况。大石门水利枢纽工程位于巴音郭楞蒙古自治州且末县境内的车尔臣河干流河道，具有灌溉、防洪、发电等综合效益，水库正常蓄水位为 2300.00m，设计洪水位为 2300.00m，校核洪水位为 2303.36m，水库总库容 1.12 亿 m^3，水电站装机容量 50MW，控制灌溉面积 42.40 万亩。

大石门水利枢纽工程为大（2）型Ⅱ等工程。枢纽建筑物由沥青混凝土心墙砂砾石坝、底孔泄洪洞、表孔溢洪洞、发电洞、发电厂房等建筑物组成，工程总布置方案为：主河床布置沥青混凝土心墙砂砾石坝，泄水系统及发电引水系统均布置在右岸，右坝肩上游侧布置表孔溢洪洞，其右侧依次布置底孔泄洪洞、发电洞和交通洞；底孔泄洪洞通过龙抬头方式与导流洞结合，其进口与发电洞进口联合布置，发电厂房为河岸式地面厂房，布置在坝后右岸河床边，大坝左岸为古河道阻渗段处理。工程总工期为 48

个月，2016 年 5 月工程开工建设，枢纽平面布置见图 8-4。2021 年 9 月下闸蓄水，截至 11 月底，上游蓄水位 2270m，心墙、帷幕前渗透水位 2261.99m，心墙帷幕后水位 2203.52m，坝后未发现渗流；坝体防浪墙前最大外部垂直位移为 91.4mm。安装在古河槽帷幕后的 20 支测压管水位计中，只有在 0—150 断面的 UP9 和 UP13（高程 2259.00m、2260.00m）没有渗压水，其他 18 支测压管水位都有大幅上升，帷幕后最高水位已达到了 2233.94m。由古河槽防渗处理后侧排水洞、交通洞等合计渗流约为 64.3L/s，随着库水位古河槽帷幕后渗透水位持续升高，坝左岸排水洞下游远端岸坡有渗水点，排水廊道渗流量也会持续增大。

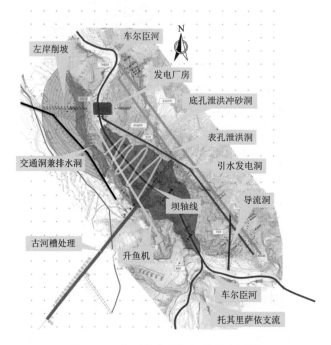

图 8-4 大石门水利枢纽平面布置图

（2）砂砾石帷幕灌浆设计方案。大石门水利枢纽工程左岸古河槽宽度 2.6km，槽内沉积了深厚的砂卵砾石层，为中等透水地层，下部地层架空结构占该地层 15%，为强透水地层（见图 8-5）。根据水库左岸古河槽三维渗流计算分析研究报告（2015 年 7 月）计算结果，在全帷幕灌浆防渗情况下水库渗漏量减少不明显，且工程投资和施工难度大，因此该部位处理以防止左岸渗透破坏为主，采用帷幕灌浆＋排水洞的综合措施解决绕坝渗漏及坝肩岸坡稳定问题。为此，在左岸坝顶高程沿坝轴线方向设长 575m 灌浆平洞，对砂卵砾石地层采用布设 2 排帷幕灌浆进行减渗处理，帷幕孔距为 3m，排距为 2m，梅花形布置，孔深按入岩以下 5m 控制，原设计灌浆幕体的透水率 $q \leqslant 3Lu$，最大帷幕灌浆深度约为 195.0m。左岸古河槽地质剖面见图 8-5。

（3）工程实施。

1）帷幕试验及设计调整。施工单位按照招标文件要求开展了灌浆试验，在帷幕灌浆现场试验和生产性试验完成后，由业主组织专家对灌浆试验成果进行咨询，设计单

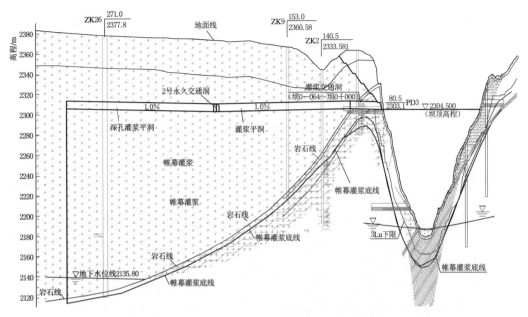

图 8-5 左岸古河槽地质剖面图（单位：m）

位在专家咨询意见的基础上确定了最终的帷幕灌浆施工工艺参数及质量控制标准：灌浆平洞内布设 2 排帷幕灌浆孔，孔距为 3m，排距为 2m，梅花形布置，古 0+000～古 0+200 段帷幕灌浆孔终孔深度按进入基岩以下 10m 控制，古 0+200～古 0+575 段帷幕灌浆终孔深度按进入基岩以下 5m 控制。帷幕灌浆的质量检查采取注水试验，灌后控制标准渗透系数小于 $1×10^{-4}\,cm/s$。

2）帷幕灌浆施工。帷幕灌浆轴线长 575m，划分为 19 个单元，1～18 单元布置 20 灌浆孔，19 单元布置 22 灌浆孔。帷幕灌浆施工程序按分序加密的原则进行。先下游排，后上游排，同排分Ⅲ序施工，其施工顺序为：Ⅰ序→Ⅱ序→Ⅲ序。在进行帷幕灌浆时，同一排相邻的两个次序孔之间，以及后序排的第Ⅰ序孔与其相邻部位前序排的最后次序孔之间，钻孔灌浆的高差不小于 10m。

钻孔采用 XY-42 型地质钻机配绳索钻具泥浆护壁钻进法，帷幕灌浆采用孔口封闭灌浆法进行施工，钻灌施工程序如下：孔位放样→固定校正钻机→钻灌孔口管段→埋设孔口管→待凝 72h→泥浆护壁钻孔→下管、阻塞→灌浆→跟踪测斜→下一段钻孔、下管、阻塞、灌浆→……→终孔→验收→封孔。

灌浆材料为水泥和膨润土，采用 1:0.2 灰土比的水泥膨润土浆液分为 4:1、3:1、2:1、1:1、0.7:1 五级水固比进行灌注，并以水固比为 4:1 的水泥膨润土浆液开灌。在规定灌浆压力下，注入率不大于 2L/min 后继续灌注 30min，可结束灌浆，最大灌浆压力 3.5MPa。终孔后进行钻孔验收，合格后进行终孔段灌浆。全孔灌浆结束后，以水灰比为 0.5 的新鲜普通水泥浆液置换孔内稀浆或积水，采用全孔灌浆纯压式封孔法封孔。封孔灌浆压力采用 3.5MPa，封孔灌浆时间为 1h。

在灌浆单元完成后，进行帷幕灌浆工程的质量和效果检查，以检查孔注水试验成果为主，结合对施工记录、成果资料和其他检验测试资料的分析，进行综合评定。灌浆检查孔的钻进和注水试验在帷幕灌浆结束14d后进行。经检查，部分孔段不满足设计要求，根据质量检查情况，对相应的灌浆不合格孔段进行补强灌浆，补强灌浆孔深度为25～100m。补强灌浆的方法是：在原设计的两排帷幕灌浆孔之间增加一排灌浆，灌浆孔深度根据不合格的实际深度确定。

3）完成情况及评价。左岸古河槽控渗帷幕灌浆共19个施工单元，最大孔深223.3m，属国内覆盖层帷幕灌浆最大深度；完成灌浆工程量为63672.07m，总注入水泥量19659.01t，膨润土量4878.84t。下游排Ⅰ序孔单孔注入量平均为497.39kg/m，Ⅱ序孔单孔注入量平均为426.07kg/m，Ⅲ序孔单孔注入量平均为387.18kg/m；上游排Ⅰ序孔单孔注入量平均为422.31kg/m，Ⅱ序孔单孔注入量平均为404.00kg/m，Ⅲ序孔单孔注入量平均为384.09kg/m。

各次序孔间单位注入量虽然符合"随灌浆次序的增加而递减"的规律，但递减幅度不大，且最后Ⅲ序孔耗浆量偏大。上述成果为注入量平均值，仍存在Ⅲ序孔大于平均值的情况。鉴于注浆孔较深，其有效注浆效果需要运行后进一步评价。

工程于2021年9月下闸蓄水，截至11月底，上游蓄水位2270m，心墙、帷幕前渗透水位2261.99m，心墙帷幕后水位2203.52m，坝后未发现渗流；坝体防浪墙前最大外部垂直位移为91.4mm。安装在古河槽帷幕后的20支测压管水位计中，只有在0—150断面的UP9和UP13（高程2259.00m、2260.00m）没有渗压水，其他18支测压管水位都有大幅上升，帷幕后最高水位已达到了2233.94m。监测到由古河槽防渗处理后侧排水洞、交通洞等合计渗流约为64.3L/s，随着库水位上升古河槽帷幕后渗透水位持续升高，坝左岸排水洞下游远端岸坡有渗水点，排水廊道渗流量也会持续增大。

8.3 砂砾石地基固结与增模

砂砾石地基固结与增模是指混凝土面板坝地基防渗墙、连接板段和趾板的地基处理，沥青混凝土心墙防渗体相邻地基以及黏土直心墙基底砂砾石地层的处理。

当土石坝层面地基范围大，清除表部土层并振动碾压后，可基本满足防渗体变形要求时，一般不需进一步处理。当地基变形模量不满足要求或存在软弱带与较集中沙层透镜体等，即需要加以处理。处理要求是达到变形总体协调，坝体与地基满足稳定和接触渗透稳定。对于沥青混凝土心墙土石坝，改善心墙过渡层与大坝变形过渡条件，提高防渗墙和心墙基座在水压力作用下刚度，提高抗变形能力；对于混凝土面板坝地基防渗墙、连接板段和趾板结构，考虑尽量减少地基变形量，增加局部地基整体刚度，把连接结构的变形量控制在可接受范围内；对于黏土直心墙基底处理，按满足地基、坝体、防渗体变形过渡协调控制，防止心墙与基础结合面发生集中渗流破坏，增强土质心墙下部覆盖层防渗性能及抗变形能力。

8.3.1 工程措施

坝基深厚砂砾覆盖层会加大坝体的沉降变形及不均匀变形，有必要根据工程具体情况对坝基浅层一定范围内的覆盖层进行加固处理，以增加地基强度及稳定性，降低覆盖层压缩性，减少坝体沉降及不均匀沉降，防止发生防渗体裂缝。在分析论证和借鉴工程经验基础上，加固方式要确保防渗体结构安全，满足过渡和变形协调原则。

根据国内外利用覆盖层筑坝的实践，坝基覆盖层的处理技术主要有挖除法、强夯法、振冲加密法、固结灌浆法、高压旋喷桩等。

（1）挖除法。挖除法对坝体稳定和变形最为有利，但基坑排水难度大，且工程量大，施工工期长，造价较高。

（2）强夯法。强夯法施工方便，但处理深度有限，视地基土体性状，强夯影响深度大约在 4~10m 之间，坝基处理效果随覆盖层组成变化较大。强夯法震动和噪声对周围环境影响较大。强夯施工前，应在施工现场进行试夯，通过试验确定强夯的设计参数——单点夯击能、最佳夯击能、夯击遍数和夯击间歇时间。

（3）振冲碎石桩。振冲碎石桩是通过对软弱地基进行置换及挤密形成复合地基，可提高地基变形模量和承载力，改善地基不均一性，减少不均匀沉降。同时，软弱地层经过激振后，碎石桩加速了孔隙水压力的消散，能够有效防止地基液化。自 1977 年引进我国以来，因设备简单、施工方便、经济快捷等优点，在工程上得到了广泛应用，但一般适用于地基处理工程量较小且深度不大的情况。

（4）固结灌浆。固结灌浆是指将水泥浆液灌入坝基覆盖层，提高坝基的抗变形能力及渗透性。其中架空或大孔结构及大部分连通性较好的孔隙被水泥结石充填，但对于细颗粒材料，灌浆效果不理想。固结灌浆工期较长，且必须在大坝截流之前开始施工，施工强度较大，灌浆质量不易保证。

（5）高压旋喷桩。高压旋喷桩是将带有特殊喷嘴的注浆管置于预定深度，在喷射的同时，以一定的速度旋转、提升喷嘴，形成喷浆液与土体混合的圆柱形桩体。该技术是在 20 世纪 70 年代发展起来的，之后在国内外发展十分迅速，但存在工程量不易控制等问题。

（6）组合方案。地基固结或增模处理通常会采取上述一种或两种及以上的工程措施组合方案。

8.3.2 工程案例

（1）阿尔塔什水利枢纽工程——固结灌浆。

1）设计要点。阿尔塔什水利枢纽大坝趾板与混凝土防渗墙之间采用柔性连接方案，以适应混凝土面板底部产生较大的变形。河床段趾板宽 4m，通过 2 块宽度为 3m 的连接板与防渗墙相连，形成 3m+3m+4m 的布置。河床趾板下游 20m 及河床段趾板和连接板范围内进行固结灌浆加固处理，灌浆深度为 10m，孔、排距 3m，灌浆压力控制在 0.1~0.2MPa 之间。固结灌浆检测标准为：经灌浆后波速有明显的提高、基本消除 2200m/s 以下的低波段。

2）工程实施与检测。坝基趾板段固结灌浆段的主要目的是加强一定范围内地基均一性，尽量减少可能的变形不协调。固结灌浆施工时段为 2015 年 10 月至 2016 年 12 月。主要施工参数为：表层砂砾石 2m 作为灌浆盖重保留，砂砾石层先进行碾压密实后再进行灌浆；灌浆时先灌注周边孔，再分序加密；加密采取先灌下游排、再灌上游排，采取孔口封闭、孔内循环灌浆；灌浆设 15 排，排距 2m，孔距 3m，孔深 10m；灌浆分段进行，接触段灌浆段长 2.0m，其余段长不应大于 4m，初始压力控制在 0.1～0.2MPa 之间；在规定的灌浆压力下，注入率不大于 2L/min 时继续灌注 30min，即可结束。Ⅰ序孔共计 20 个孔，灌浆 60 段，最大注入率为 2277.95kg/m，最小注入率为 36.86kg/m，平均注灰量为 536.27kg/m。根据覆盖层固结灌浆统计资料，在施工过程中，河床砂砾石固结灌浆既存在吃浆量偏小的孔段，也存在部分Ⅱ序孔吃浆量仍然偏大的孔段，甚至有Ⅱ序孔吃浆量大于Ⅰ序孔的孔段。

砂砾石灌浆检测在灌浆结束 28d 后进行，检测方法采用地震波纵波波速检测，灌前纵波平均波速 1840.1m/s；灌后单孔平均波速 2295.1m/s，跨孔平均波速 2261.67m/s，灌前、灌后平均波速提高 24%。

受连接板上部盖重施工影响，连接板基础沉降监测值最大达到了 22.6mm。其基础沉降与其顶部盖重填筑高程呈正相关关系。大坝蓄水以来（2019 年 11 月至 2021 年 11 月），连接板基础累计沉降量为 41.4mm，蓄水后沉降增加量较小，总沉降量亦较小，说明覆盖层变形不大。

（2）河口村水利枢纽工程——振动碾＋高压旋喷桩。

1）工程概况。河口村水利枢纽位于黄河一级支流沁河最后一段峡谷出口处，挡水建筑物采用混凝土面板堆石坝，坝址处岸坡陡峻，河谷呈 U 形。最大坝高 122.5m，坝顶长度 481.0m，坝顶宽 10.0m，上、下游坝坡分别为 1：1.5 和 1：1.6。趾板置于覆盖层上，与防渗面板通过设有止水的周边缝连接，趾板上游坝基采用混凝土防渗墙截渗。趾板与防渗墙之间采用连接板连接，连接板宽度 4.0m，厚度 0.9m。防渗墙两端和底部嵌入基岩 0.5m，为防止产生过大的应力集中，嵌入处设置石渣柔性支座。其大坝典型剖面见图 8-6。

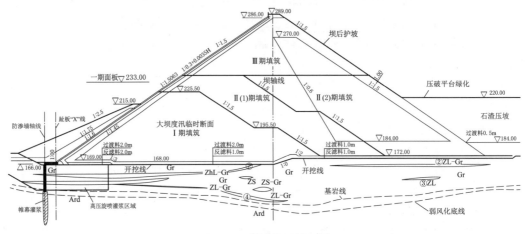

图 8-6 大坝典型剖面图

大坝基础坐落在含漂石及泥的砂卵石覆盖层上，覆盖层平均厚度约 30m，最大厚度 41.87m。根据河床钻孔资料，在坝轴线附近及下游内存在 14 个砂层透镜体，其中 6 个透镜体分布在地面以下 8m 以内，4 个分布在地面 20m 以下。覆盖层中发现 4 层较连续的黏性土夹层，黏性土夹层累计厚度 5～20m，占覆盖层总厚度的 1/6～1/2，压缩系数为 0.1～0.2MPa^{-1}，属中低压缩性土，顺河延伸 350～800m，对坝基稳定、变形起控制作用。砂卵砾石层的压缩系数为 $0.01\sim0.068\text{MPa}^{-1}$，属低压缩～不可压缩；根据标贯击数及相对密度，砂层透镜体相当于中密～密实。

2）设计方案确定。由于本工程覆盖层的砂卵石粒径较大，振冲碎石桩的处理方式不适用。因此，制定了强夯、强夯＋固结灌浆、强夯＋旋喷三种坝基处理方案，采用非线性有限元法，系统研究了各坝基处理方案对坝体和防渗体接缝变形的影响，进而确定了覆盖层处理的设计方案。

考虑到固结灌浆工程量较大，需要盖重并配合降水，而河口村水利枢纽覆盖层渗透系数较大，降水效果不明显。另外，根据有限元计算结果，采用强夯＋旋喷方案时，防渗体接缝位移对强夯能量变化不敏感，在较小的强夯加固系数下，即可取得较好效果。而强夯需要专门的施工设备，施工不便，且强夯施工后，需进一步对强夯作业面进行振动碾找平。现场碾压试验表明，大型振动碾能实现与强夯相同的加密效果。因此，工程最终选用振动碾＋高压旋喷桩的地基处理方式。

3）工程实施与效果评价。对防渗墙上游 50m 范围内的河床覆盖层开挖至高程165.00m，并采用高压旋喷桩进行处理。高压旋喷桩的布置情况为：防渗墙下游侧布置 5排间距 2m 的高压旋喷桩；为满足变形过渡的要求，向下游方向，桩间距逐渐变大，依次为 2.0m、3.0m、4.0m、5.0m 和 6.0m；桩长 20m，桩径 1.2m，总工布置 630 根。高压旋喷桩技术要求：采用硅酸盐水泥，强度等级为 42.5。要求成桩后，桩体最小直径不小于 1.2m，桩体 28 天抗压强度不小于 3MPa。

为监测坝基沉降变形，在坝基 0＋140 断面，高程 170.00m，沿上下游方向布置 1 套水平固定测斜仪。坝基沉降变化分布曲线见图 8－7。监测结果表明，随坝体填筑高度增加，坝基沉降量逐渐增大。由于采用了高压旋喷桩加固，上游坝基沉降量较小，且收敛较快。下游仅采用强夯处理的覆盖层变形较大，在 2019 年 2 月 27 日也趋于稳定。坝基沉降

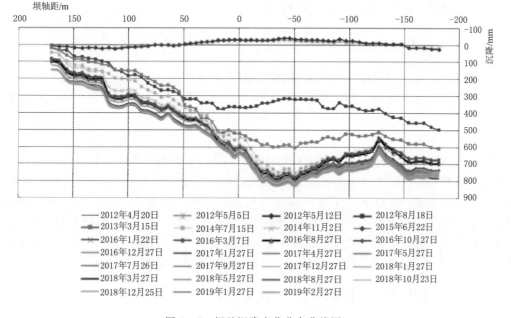

图 8－7 坝基沉降变化分布曲线图

与上游的高压旋喷桩和下游的强夯处理呈现强关联性。总体而言，坝基沉降符合一般规律，当前变形处于安全稳定状态。

为监测大坝防渗体运行情况，在坝后布置一支堰流计。截至 2019 年 2 月 27 日，当前坝后渗漏量为 236.19m^3/h，渗流量已趋于稳定。

综上，现场监测结果显示，经处理后的上游覆盖层变形显著减小，目前已趋于稳定。防渗体接缝位移可控，坝后渗流量较小。表明坝基覆盖层处理设计方案合理有效。

（3）其他工程地基加固处理。

1）大河沿水库考虑坝基不均匀性，为确保墙体与大坝变形协调一致，对防渗墙上游设置 2 排、下游侧设置 4 排孔深均为 8～10m 的低压固结灌浆；墙体上下游各 10m 范围进行强夯处理。

2）瀑布沟水电站大坝的坝基对心墙下面河床表层厚 8～10m 的覆盖层进行了浅层铺盖式固结灌浆，用于防止心墙与基础结合面发生集中渗流破坏，同时有利于减轻坝基廊道的不均匀变形。

3）泸定水电站黏土直心墙堆石坝为减小心墙基底覆盖层沉降变形，对心墙范围内的覆盖层坝基进行深度为 8～10m 的固结灌浆处理；考虑到坝基覆盖层深厚，坝基细粒土层分布不均，为改善坝基下细粒土层条件，对坝基右岸下部细粒土层用 1m 桩径的高压旋喷桩进行处理。

4）狮子坪水电站碎石土心墙堆石坝，为了增强土质心墙下部覆盖层防渗性能及抗变形能力，对心墙基底 15m 深度内的覆盖层进行了固结灌浆；心墙与下游堆石体下部的含碎砾石粉砂层，由于其压缩模量及抗剪强度均较低，对坝体稳定和变形不利，对此进行了深度为 8～15m 的振冲加固处理。

8.4 砂砾石地基处理施工新技术

8.4.1 智慧化灌浆施工技术

随着我国大量水利水电工程的建设，覆盖层帷幕灌浆工艺创新很多，灌浆材料与工艺技术发展很快。特别是近几年，信息化、智能化技术不断运用到灌浆工艺中，使工艺水平大幅提高。

智慧化灌浆施工以灌浆控制管理系统为核心（见图 8-8），控制和管理各环节设备，使制浆、送浆、配浆、压力控制等各环节设备协调工作，实现灌浆过程的智慧化运行。各环节设备，根据自己的工作内容，具有自主控制运行的能力，通过 PLC 程序响应管理系统的指令，按照管理系统发送的参数或运行指令，完成相应任务。现场监理和值班工程师，可通过手持终端或 APP 应用对灌浆作业的情况进行监视和查看，并对灌浆结果进行确认。灌浆过程数据，通过管理系统发送到远程服务器进行数据存储，并可通过服务器软件进行数据查询、显示、分析，供业主、施工单位、灌浆专家等参考。

8.4.2 超深防渗墙施工技术

坝基渗漏及覆盖层地基的渗透稳定是砂砾石覆盖层地基存在的主要问题，垂直防渗是

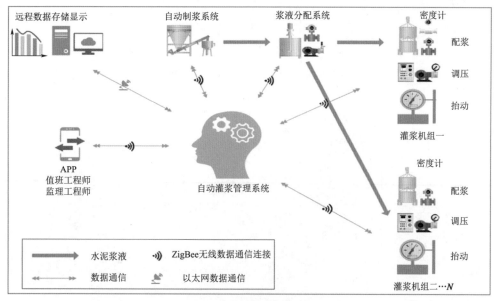

图 8-8　智慧化灌浆技术

有效解决坝基渗流控制问题的可靠手段，目前中高土石坝基本采用垂直防渗或以垂直防渗为主的渗流控制措施。垂直防渗方案包括防渗墙、灌浆帷幕、上墙下幕组合等。随着超深防渗墙施工技术的发展，上墙下幕垂直防渗形式目前应用较少。

混凝土防渗墙是在覆盖层中连续造孔，以泥浆固壁，在泥浆下浇筑混凝土而建成的、起防渗作用的地下连续墙，是保证地基稳定和大坝安全的工程措施。

我国是当前世界上应用混凝土防渗墙最多的国家，在防渗墙规模（面积）、防渗墙深度、防渗墙墙体材料、施工工艺、施工速度方面都达到了国际领先的水平。在大河沿水库工程防渗墙施工中，研发了 200m 级超深防渗墙造孔成槽施工成套装备，形成了系统的施工技术和工艺体系。

（1）工程概况。大河沿水库工程位于吐鲁番市高昌区境内的大河沿河上，坝址距离大河沿镇约 17km。工程是大河沿河上的控制性水利枢纽，主要任务是城镇供水、灌溉和工业供水。水库工程等级为Ⅲ等中型工程，总库容 3024 万 m³，主要建筑物有挡水大坝、溢洪道、灌溉放水洞及泄洪放空冲沙兼导流洞等，拦河坝为沥青混凝土心墙坝，最大坝高 75m。

（2）坝基覆盖层特点。坝基河床堆积为巨厚（84～185m）含漂石砂卵砾层石，级配不良，成分复杂，最小干密度 $1.62g/cm^3$，最大干密度 $2.05g/cm^3$，颗粒比重 $2.70g/cm^3$。河床浅部（厚 0～3.5m）的含漂石砂卵砾石层天然干密度 $1.90g/cm^3$，相对密度 0.71；3.5m 以下天然干密度 $1.95g/cm^3$，相对密度 0.81，属密实状态。渗透系数多在 $8.7 \times 10^{-2} \sim 1.2 \times 10^{-3} cm/s$ 之间，上部属中等透水层，下部属强透水层，存在坝基渗漏问题。作为坝基持力层，在库水长期作用下，该层内或与坝体、基岩接触面可能产生机械管涌，需采取适宜的工程处理措施。

大河沿水库工程区地震基本烈度为Ⅶ度，河床坝基第四系全新统覆盖层深厚，结构较松散，其中大于 5mm 粒径在 70% 以上，为不液化地基。坝基工程地质剖面见图 8-9。

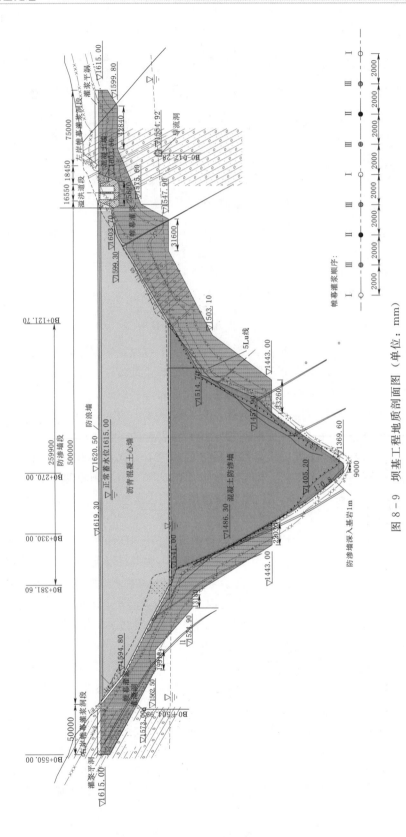

图 8 - 9 坝基工程地质剖面图（单位：mm）

（3）防渗墙设计要点。设计采用 GeoStudio 软件之地下水渗流分析模块 SEEP/W 进行了计算分析。在不封闭覆盖层（防渗深度 80m、100m、120m、130m、140m、150m）的情况下，水库渗漏量明显偏大，砂砾石坝体渗透坡降和出溢点渗透坡降均不满足渗透稳定要求，只有采取全封闭方案，渗漏量和渗透稳定才能满足要求，但对下游河道原态地下水产生影响。混凝土防渗墙设计厚度 1m，深入下部基岩 1m，最大墙深 186m，成墙面积 2.41 万 m^2。墙体混凝土结构设计标准为采用 C30W10 且 $R_{180} \geqslant 35MPa$；粗骨料粒径为 5～20mm，细骨料细度模数为 2.6，外加剂采用高性能减水剂（缓凝型）JB-Ⅱ型。

大坝典型断面见图 8-10。

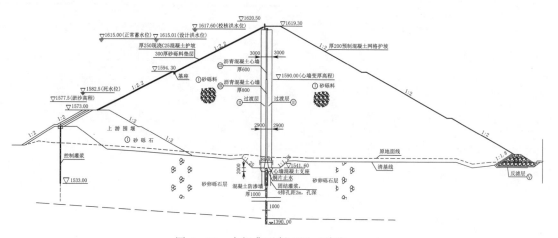

图 8-10　大坝典型断面图（单位：mm）

（4）超深防渗墙施工难点。大河沿水库工程超深防渗墙施工难点主要包括：

1）超深防渗墙合拢段槽孔选取对防渗墙闭气至关重要，在防渗墙基本封闭时，由于地下水位太高和水力坡降大时，在闭气槽段易于形成过水通道，甚至槽孔稳定性容易被破坏，需根据地质条件选定合拢槽段。

2）需实现接头管法在超深防渗墙墙段连接中的应用技术突破（拔管深度、成孔率），即零风险拔管，最大限度压缩钻凿接头量。

3）研究超深墙体混凝土性能及与浇筑、接头施工技术协调性问题，使混凝土浇筑、接头拔管与清理融为一体，互不制约。

4）研究在 186m 的深度中选取挖掘设备与应用，槽孔挖掘工艺、方法与抑制孔斜和塌孔的有效技术措施；墙体底部高陡坡（基岩面坡度为 55°～60°）嵌岩方法与措施，基岩面鉴定方法，预防孔内事故发生等。

（5）超深防渗墙施工技术发展。查明水库坝基砂砾石层物料构成和基本特性是建设超深防渗墙的必要条件。针对超深防渗墙施工技术难点，承建单位研发了 200m 级超深防渗墙造孔成槽施工成套装备，形成了系统的施工技术和工艺体系，主河床段孔斜率控制在 1‰。

1）采用的成套装备包括重型冲击反循环钻机、冲击钻机、钢丝绳抓斗、液压抓斗等。研制的重型钢丝绳抓斗和重载破力器、重型冲击锤，使得最大造墙深度达 200m 以上。

2）防渗墙成槽遭遇孤、漂（块）石和硬岩地层，采用包括钻孔预爆、聚能爆破、槽内钻孔爆破等控制爆破处理技术，其中密封耐压性柱状定向聚能弹技术，解决了深 200m 槽孔水下爆破的难题。采用陡坡基岩嵌岩技术，解决了在大于 70°硬岩陡坡内的墙体嵌岩施工难题。

3）"钻抓法"充分发挥钻机和抓斗的各自特长，与传统单一设备单一工法技术相比，综合工效可提高 10%。

4）运用超深槽孔"气举法"清孔换浆技术和泥浆下混凝土浇筑技术，实现了最大成墙深度 201m 的浇筑纪录。

吉音水利枢纽工程枢大坝（左岸为砂砾石古河槽地基）（坝高125m）

吉音水利枢纽工程坝区北昆仑山地貌

拉洛水利枢纽全景（坝高61.5m）

旁多水利枢纽砂砾石沥青混凝土心墙坝上游全景（坝高72.3m）

吉林台一级水电站混凝土面板砂砾石坝（坝高157m）

乌鲁瓦提水利枢纽工程混凝土面板砂砾石坝（坝高133m）

库斯塔依水电站沥青混凝土心墙砂砾石坝（坝高91.8m）

参 考 文 献

［1］　关志诚. 水工设计手册：第6卷　土石坝［M］. 2版. 北京：中国水利水电出版社，2014.

［2］　蒋国澄，傅志安，凤家骥. 混凝土面板坝工程［M］. 武汉：湖北科学技术出版社，1996.

［3］　屈智炯，何昌荣，刘双光，等. 新型石渣坝—粗粒土筑坝的理论与实践［M］. 北京：中国水利水电出版社，2002.

［4］　刘杰. 土的渗透破坏及控制研究［M］. 北京：中国水利水电出版社，2014.

［5］　刘杰. 土石坝渗流控制理论基础及工程经验教训［M］. 北京：中国水利水电出版社，2006.

［6］　黄文熙. 土的工程性质［M］. 北京：水利电力出版社，1983.

［7］　汪小刚，刘小生，陈宁，等. 深厚覆盖层力学特性测试技术研究［M］. 北京：中国水利水电出版社，2011.

［8］　汤洪洁，杨正权. 高土石坝筑坝材料特性的认识与思考［J］. 水利规划与设计，2019（1）：125-129.

［9］　陈生水，凤家骥，袁辉. 砂砾石面板坝关键技术研究［J］. 岩土工程学报，2004，26（1）：16-20.

［10］　宋晓建，裴彦青，赵宇飞，等. 大石峡水利枢纽工程智慧建设总体规划与顶层设计［J］. 水利规划与设计，2021（5）：5-13+40+93.

［11］　杨玉生，刘小生，赵剑明，等. 覆盖层土体和筑坝堆石料力学参数室内外联合确定方法［J］. 中国水利水电科学研究院学报，2020，18（5）：377-387.

［12］　杨玉生，赵剑明，王龙，等. 级配特征对筑坝砂砾料填筑标准的影响［J］. 水利学报，2019，50（11）：1374-1383.

［13］　李康达，杨玉生，柳莹，等. 采砂改变级配砂砾料筑坝压实特性及碾压施工参数研究［J］. 中国水利水电科学研究院学报，2020，18（5）：401-407.

［14］　陈祖煜，赵宇飞，邹斌，等. 大坝填筑碾压施工无人驾驶技术的研究与应用［J］. 水利水电技术，2019，50（8）：1-7.

［15］　刘小生，汪小刚，马怀发，等. 旁压试验反演邓肯-张模型参数方法研究［J］. 岩土工程学报，2004，26（5）：601-606.

［16］　马怀发，孔俐丽，侯淑媛，等. 基于旁压试验反分析土体本构参数的有限元方法［J］. 水利水电技术，2005，36（6）：58-60，64.

［17］　孔宪京，宁凡伟，刘京茂，等. 基于超大型三轴仪的堆石料缩尺效应研究［J］. 岩土工程学报，2019，41（2）：255-261.

［18］　宁凡伟，孔宪京，邹德高，等. 筑坝材料缩尺效应及其对阿尔塔什面板坝变形及应力计算的影响［J］. 岩土工程学报，2021，43（2）：263-270.

［19］　李文波. 粗粒土渗透特性影响因素及渗透规律试验研究［J］. 价值工程，2013，32（36）：105-107.

［20］　陈生水，凌华，米占宽，等. 大石峡砂砾石坝料渗透特性及其影响因素研究［J］. 岩土工程学报，2019，41（1）：26-31.

［21］　苏立君，张宜健，王铁行. 不同粒径级砂土渗透特性试验研究［J］. 岩土力学，2014（5）：1289-1294.

[22] 邹德高，付猛，刘京茂，等. 粗粒料广义塑性模型对不同应力路径适应性研究 [J]. 大连理工大学学报，2013，53 (5)：702 - 709.

[23] 傅华，凌华，蔡正银. 砂砾石料渗透特性试验研究 [J]. 水利与建筑工程学报，2010，8 (4)：69 - 71.

[24] 郭爱国，凤家骥，汪洋，等. 砂砾石坝料渗透特性试验研究 [J]. 武汉水利电力大学学报，1999，32 (3)：93 - 97.

[25] 杨得勇，雍莉. 混凝土面板砂砾石坝垫层料过渡料渗流及渗透稳定性试验研究 [J]. 西北水电，2001 (2)：47 - 50.

[26] 邹德高，徐斌，孔宪京，等. 基于广义塑性模型的高面板堆石坝静、动力分析 [J]. 水力发电学报，2011，30 (06)：109 - 116.

[27] 柳莹，李江，杨玉生，等. 新疆高混凝土面板堆石坝筑坝填筑标准及变形控制 [J]. 水利学报，2021，52 (2)：182 - 193.

[28] 杨玉生，李江，赵继成，等. 含水率对砂砾料筑坝填筑标准和压实特性的影响 [J]. 中国水利水电科学研究院学报，2021.

[29] 汤洪洁，王传菲，柳莹，等. 碾压机械对土石坝压实质量的影响 [J]. 水利规划与设计，2021.

[30] 历从实，张耀中，皇甫泽华，杨玉生. 筑坝砂砾料现场大型相对密度试验应用研究 [J]. 治淮，2018 (4)：99 - 100.

[31] 皇甫泽华，张兆省，历从实，等. 前坪水库筑坝砂砾料现场碾压试验研究 [J]. 中国水利，2017 (12)：25 - 26＋39.

[32] 刘小生，赵剑明，杨玉生，等. 基于汶川地震震害经验的土石坝抗震设计规范修编 [J]. 岩土工程学报，2015，37 (11)：2111 - 2118.

[33] 赵剑明，刘小生，杨玉生，等. 高面板堆石坝抗震安全评价标准与极限抗震能力研究 [J]. 岩土工程学报，2015，37 (12)：2254 - 2261.

[34] 赵剑明，温彦锋，刘小生，等. 深厚覆盖层上高土石坝极限抗震能力分析 [J]. 岩土力学，2010，31 (S1)：41 - 47.

[35] 郝永志. 大石门水利工程深厚砂砾石覆盖层防渗处理设计 [J]. 水利规划与设计，2019 (2)：139 - 144.

[36] 亚森·钠斯尔，童耀. 古河槽超深砂砾石层帷幕灌浆试验研究 [J]. 水利建设与管理，2019，39 (10)：32 - 36.

[37] 郝永志. 新疆大石门水利枢纽建筑物工程布置及关键技术 [J]. 中国水利，2018 (16)：49 - 51

[38] 李江，李湘权. 新疆特殊条件下面板堆石坝和沥青混凝土心墙坝设计施工技术进展 [J]. 水利水电技术，2016，47 (3)：2 - 8，20.

[39] 李为，苗喆. 察汗乌苏面板坝监测资料分析 [J]. 水利水运工程学报，2012 (5)：30 - 35.

[40] 邢建营，关志诚，吕小龙. 面板堆石坝深覆盖层处理技术研究及在河口村水库工程中的应用 [J]. 岩土工程学报，2020，42 (07)：1368 - 1376.

[41] 汤洪洁. 南疆土石坝工程若干问题探析 [J]. 水利规划与设计，2017 (12)：107 - 111＋127.

[42] 关志诚. 高混凝土面板砂砾石（堆石）坝技术创新 [J]. 水利规划与设计，2017 (11)：9 - 14＋36.

[43] 关志诚. 强震区砂砾石筑坝技术进展 [J]. 中国水利，2012 (12)：4 - 5＋20.

[44] 关志诚. 高土石坝的抗震设防依据与选用标准 [J]. 水利规划与设计，2009 (5)：1 - 3＋27.

[45] 刘启旺，杨玉生，刘小生，等. 考虑原位结构效应确定深厚覆盖层土体的动力变形特性参数 [J]. 水利学报，2015，46 (9)：1047 - 1054.

[46] 关志诚. 堆石及砂砾（卵）石料的设计强度取值 [J]. 水利水电技术，1992 (7)：13 - 17.

[47] 关志诚，王庆华. 土石坝设计中砂砾料的若干技术问题 [J]. 东北水利水电，1992 (1)：11 - 17.

[48] 关志诚. 堆石坝抗剪强度指标的选择 [J]. 人民长江, 1991 (9): 36-42.

[49] 杨晓东, 张怀友, 张金接. 大孔隙地层水泥膏浆灌浆技术 [J]. 水利水电技术, 1991 (4): 42-46.

[50] 杨晓东, 张金接. 坝基灌浆防渗与加固技术的研究及应用 [J]. 水利水电技术, 1991 (1): 35-40.

[51] 杨玉生, 刘小生, 赵剑明, 等. 考虑原位结构效应确定深厚覆盖层土体的动强度参数 [J]. 水利学报, 2017, 48 (4): 446-456.

[52] 宗敦峰, 刘建发, 肖恩尚, 等. 水工建筑物防渗墙技术60年Ⅱ: 创新技术和工程应用 [J]. 水利学报, 2016, 47 (4): 483-492.

[53] 杨玉生, 刘小生, 汪小刚, 等. 覆盖层地基和筑坝土石料本构模型参数反分析研究进展[C].//第六届中国水利水电岩土力学与工程学术研讨会论文集. 2016: 94-102.

[54] 赵剑明, 刘小生, 陈宁, 等. 高心墙堆石坝的极限抗震能力研究 [C]. 中国水力发电工程学会、中国长江三峡工程开发总公司、中国水电顾问集团成都勘测设计研究院. 现代水利水电工程抗震防灾研究与进展. 中国水力发电工程学会、中国长江三峡工程开发总公司、中国水电顾问集团成都勘测设计研究院: 中国水力发电工程学会, 2009: 587-594.

[55] 王雪樵. 察汗乌苏水电站面板堆石坝坝体及坝基施工期沉降监测及分析初探 [C]. //中国混凝土面板堆石坝安全监测技术实践与进展, 2010: 169-177.

[56] 杨玉生, 刘小生, 赵剑明, 等. 基于计算结果和监测资料的坝基覆盖层沉降对比分析 [C]. //关志诚. 土石坝工程——面板与沥青混凝土防渗技术, 2015.

[57] 赵军, 丁海龙, 李昌华, 等. 90m级深厚覆盖层振冲碎石桩基试验 [A]. 中国水利学会地基与基础工程专业委员会. 2015水利水电地基与基础工程——中国水利学会地基与基础工程专业委员会第13次全国学术研讨会论文集 [C]. 中国水利学会地基与基础工程专业委员会: 中国水利学会地基与基础工程专业委员会, 2015: 4.

[58] 关志诚. 中国高土石坝的发展水平与关键技术 [A]. 水利部水利水电规划设计总院、水电水利规划设计总院、中国水电工程顾问集团公司、中国水利水电勘测设计协会. 大坝安全与新技术应用 [C]. 中国水利水电勘测设计协会, 2013: 9.

[59] 关志诚. 中国高面板坝的技术创新与发展 [A]. 中国大坝协会. 水库大坝建设与管理中的技术进展—中国大坝协会2012学术年会论文集 [C]. 中国大坝协会: 中国大坝协会, 2012: 5.

[60] 杨晓东, 张金接. 灌浆技术及其发展 [A]. 中国岩石力学与工程学会锚固与注浆分会. 第四届中国岩石锚固与注浆学术会议论文集 [C]. 中国岩石力学与工程学会锚固与注浆分会: 中国岩石力学与工程学会, 2007: 11.

[61] 杨玉生. 覆盖层静动力特性参数确定方法研究 [D]. 中国水利水电科学研究院, 2010.

[62] 杨晓东, 大孔隙地层水泥膏浆灌浆技术 [D]. 北京: 中国水利水电科学研究院, 2000.

[63] 中国电建集团西北勘测设计研究院有限公司. 新疆大石峡水利枢纽工程初步设计报告5工程布置及建筑物 [R]. 西安: 中国电建集团西北勘测设计研究院有限公司, 2018.

[64] 陈生水, 李国英. 新疆大石峡水利枢纽工程面板坝全级配渗透变形试验研究 [R]. 南京水利科学研究院, 2018

[65] 杨玉生. 碾压式土石坝设计规范填筑标准专题论证报告 [R]. 中国水利水电科学研究院, 2021.

[66] 水利部水利水电规划设计总院. 新疆阿尔塔什水利枢纽工程初期蓄水安全鉴定报告 [R]. 2019.

[67] 水利部水利水电规划设计总院. 河南省前坪水库工程蓄水安全鉴定报告 [R]. 2019.

[68] 水利部水利水电规划设计总院. 新疆卡拉贝利水利枢纽工程下闸蓄水安全鉴定报告 [R]. 2017.

[69] 水利部新疆维吾尔自治区水利水电勘测设计研究院. 新疆车尔臣河大石门水利枢纽工程初步设计报告 [R]. 2015.

[70] 水利部新疆维吾尔自治区水利水电勘测设计研究院. 新疆车尔臣河大石门水利枢纽工程蓄水安全

鉴定设计自检报告［R］. 2020.

［71］ 水利部新疆维吾尔自治区水利水电勘测设计研究院. 新疆吐鲁番大河沿引水工程初步设计报告［R］，2015.

［72］ SEED H B，WONG R T，IDRISS I M，et al. Moduli and damping factors for dynamic analyses of cohesionless soils［J］. Journal of Geotechnical Engineering，1984，112（11）：1016－1032.

［73］ SEED H B，IDRISS I M. Simplified Procedure for Evaluating Soil Liquefaction Potential［J］. Journal of Soil Mechanics and Foundations Division，1971，97（9）：1249－1273.

［74］ KYLE M ROLLINS，MARK D EVANS，et al. Shear Modulus and Damping Relationships for Gravels［J］，J. of Geotechnical and Geo Environmental Engineering，ASCE，1998，124（5）：396－405.

［75］ ZHANG J，ANDRUS R D，JUANG C H. Normalized Shear Modulus and Material Damping Ratio Relationships［J］. Journal of Geotechnical & Geoenvironmental Engineering，2005，131（4）：453－464.

［76］ LIN，SY，LUO，et al. Shear modulus and damping ratio characteristics of gravelly deposits［J］. Canadian Geotechnical Journal，2000，37（3）：638－651. Hoar R J and Stokoe K H，Field and Laboratory Measurement of Material Damping of Soil in Shear［C］，Proc. 8th. WCEE，Sanfrancisco，California，Vol. Ⅲ，1984.

［77］ 张翠然，陈厚群，李德玉，李敏. 基于设定地震确定重大水电工程场地相关设计反应谱［J］. 水电与抽水蓄能，2018，4（2）：56－61.

［78］ 张翠然，陈厚群，李敏. 基于 NGA 衰减关系的坝址设定地震研究［J］. 中国水利水电科学研究院学报，2010，8（1）：1－10.

［79］ 孔宪京. 混凝土面板堆石坝抗震性能［M］. 北京：科学出版社，2015.

［80］ 陈生水，阎志坤，傅中志，等. 特高面板砂砾石坝结构安全性论证［J］. 岩土工程学报，2017，39（11）：1949－1958.

［81］ 陈生水. 土石坝地震安全问题研究［M］. 北京：科学出版社，2015.

［82］ 郦能惠. 高混凝土面板堆石坝新技术［M］. 北京：中国水利水电出版社，2007.

［83］ 刘小生，王钟宁，赵剑明，等. 面板堆石坝振动模型试验及动力分析研究［J］. 水利学报，2002（2）：29－35.

［84］ 刘小生，汪钟宁，汪小刚，等. 面板坝大型振动台模型试验与动力分析［M］. 北京：中国水利水电出版社，2005.

［85］ 刘小生，刘启旺，王钟宁，等. 联合室内和现场试验确定土体本构模型参数方法研究［J］. 中国水利水电科学研究院学报，2006（3）：220－225.

［86］ 汪小刚. 高土石坝几个问题探讨［J］. 岩土工程学报，2018，40（2）：203－222.

［87］ 汪小刚，邢义川，赵剑明，等. 西部水工程中的岩土工程问题［J］. 岩土工程学报，2007（8）：1129－1134.

［88］ 杨玉生，李江，赵继成，等. 含水率对土石坝砂砾料填筑标准控制和压实特性的影响［J/OL］. 中国水利水电科学研究院学报：1－8［2022－02－21］. DOI：10.13244/j. cnki. jiwhr. 20200217.

［89］ 董承山，杨正权，王龙，等. 大石峡高面板坝筑坝砂砾料现场大型相对密度试验［J］. 吉林大学学报（地球科学版），2018，48（5）：1603－1608.

［90］ 王龙，李彦坡，王志坚，等. 阿尔塔什水利枢纽混凝土面板堆石坝筑坝砂砾料相对密度试验及工程应用［J］. 水利水电技术，2018，49（S1）：21－26.

［91］ 王龙. 高混凝土面板砂砾石坝填筑标准及其工程应用［D］. 北京：中国水利水电科学研究院，2017.

［92］ 王龙. 砂砾石料压实特性与压实标准控制方法研究［D］. 北京：中国水利水电科学研究

院，2021.

[93] 赵剑明，刘小生，杨正权，等. 卡拉贝利面板砂坝考虑现有抗震措施的大型振动台模型试验与抗震安全裕度复核补充研究报告 [R]. 中国水利水电科学研究院，2019.

[94] 刘小生，赵剑明，杨正权. 卡拉贝利面板坝大型振动台模型试验研究报告 [R]. 中国水利水电科学研究院，2017.

[95] 赵剑明，刘小生，李红军. 卡拉贝利面板坝基于设定地震考虑抗震加固措施的大坝抗震安全评价和抗震裕度复核研究 [R]. 中国水利水电科学研究院，2019.

[96] 李江，柳莹，贾洪全，等. 新疆深厚覆盖层坝基超深防渗墙建设关键技术 [J/OL]. 中国水利水电科学研究院学报：1-10 [202-02-23]. DOI：10.13244/j. cnki. jiwhr. 20200181.

[97] 李江，李湘权. 新疆大坝 50 年施工关键技术进展 [J]. 水利规划与设计，2014 (7)：1-7.